진화론을 이해하면 믿음에 방해가 되기는커녕 우주가 ...을 깨닫게 된다고 말한다.
_ **폴 데이비스**, 《제5의 기적 : 생명의 기원》의 저자

절대적 믿음을 지닌 영적 세계관으로 옮겨가기까지 ...월한 책이다. 내면에서 과학과 신앙이 어떻게 화해하게 ...료한 언어로 설명했다. 한번 손에 잡으면 내려놓을 수 ...
_ **아맨드 니콜라이**, 《루이스 VS 프로이트》의 저자

...론의 여지가 있음을 증명한다. 그는 신이 단지 존재할 ...세계관의 과학적 정당성을 대단히 읽기 쉬운 글로 ...
_ **토니 캄폴로**, 이스턴대학 교수, 《내 마음을 고백하며》의 저자

...존 가능성을 아주 특별한 개인적 증언으로 이야기한다. ...득력이 있다. 그의 개인적 믿음은 가슴에 와 닿는다.
_ **뉴트 깅그리치**, 정치인

...대한 열정과 개인적 신앙을 풀어놓은 뛰어난 책이다. ...람이라면 누구에게나 가슴에 와 닿을 이야기다.
_ **알리스터 맥그래스**, 《도킨스의 신》의 저자

신의 언어

THE LANGUAGE OF GOD: A Scientist Presents Evidence for Belief
by Francis S. Collins

Copyright ⓒ2006 by Francis S. Collins
All rights reserved.

This Korean edition was published by Gimm-Young Publishers, Inc. in 2009 by arrangement with the original publisher, Free Press, A Division of Simon &Schuster, Inc., New York through KCC(Korea Copyright Center Inc.), Seoul.

유전자 지도에서 발견한 신의 존재

신의 언어
THE LANGUAGE OF GOD

프랜시스 S. 콜린스
FRANCIS S. COLLINS

이창신 옮김

신의 언어

1판 1쇄 발행 2009. 11. 20.
1판 17쇄 발행 2025. 7. 10.

지은이 프랜시스 S. 콜린스
옮긴이 이창신

발행인 박강휘
발행처 김영사
등록 1979년 5월 17일(제406-2003-036호)
주소 경기도 파주시 문발로 197(문발동) 우편번호 10881
전화 마케팅부 031) 955-3100, 편집부 031) 955-3200 | **팩스** 031) 955-3111

이 책은 (주)한국저작권센터(KCC)를 통한 저작권자와의 독점계약으로 김영사에서 출간되었습니다.
저작권법에 의해 한국 내에서 보호를 받는 저작물이므로 무단전재와 무단복제를 금합니다.

값은 뒤표지에 있습니다.
ISBN 978-89-349-3621-3 03400

홈페이지 www.gimmyoung.com **블로그** blog.naver.com/gybook
인스타그램 instagram.com/gimmyoung **이메일** bestbook@gimmyoung.com

좋은 독자가 좋은 책을 만듭니다.
김영사는 독자 여러분의 의견에 항상 귀 기울이고 있습니다.

내게 배움의 즐거움을 가르쳐주신

부모님께

머리말

새 천 년에 접어든 지 불과 6개월이 지난 어느 여름, 인류는 새로운 시대로 들어가는 역사적인 다리를 건넜다. 인간게놈의 1차 초안, 다시 말해 우리 몸의 설계도 초안이 완성되었다는 소식이 전 세계에 울려 퍼지면서 거의 모든 주요 일간지를 화려하게 장식했다.

인간게놈은 인간 종을 구성하는 모든 DNA로 구성되며 생명의 유전 암호를 포함한다. 새로 밝혀진 초안은 30억 개의 알파벳으로 길게 늘어져 있는데, 여기에는 낯선 암호 같은 네 가지 알파벳이 사용된다. 인간의 몸을 구성하는 각 세포에 들어 있는 정보는 놀랍도록 복잡해서, 1초에 알파벳 하나를 읽는다고 할 때 암호 전체를 읽으려면 밤낮을 쉼 없이 읽어서 꼬박 31년이 걸린다. 또 이 알파벳을 보통 글자 크기로 본드지에 출력해 묶는다면 워싱턴 기념비 높이의 탑을 쌓을 수 있다. 인간의 몸을 만드는 데 필요한 모든 설명을 담은 이 놀라운 초안이 그해 여름 아침에 처음으로 세상에 공개된 것이다.

DNA 서열 밝히기에 10년 넘게 매달려온 국제적 프로젝트인 '인간게놈 프로젝트'를 이끌어온 나는, 같은 연구를 경쟁적으로 진행했던 민간 기업 대표 크레이그 벤터(John Craig Venter)와 함께 백악관 이스트룸에서 빌 클린턴 대통령 곁에 서게 되었다. 이 행사에는 토니 블레어 영국 총리도 인공위성으로 연결되었고, 세계 곳곳에서 동시다발적으로 축하 메시지가 이어졌다.

클린턴 대통령은 연설을 시작하면서, 이번에 완성된 인간 유전자 지도를 약 200년 전 바로 이 방에서 메리웨더 루이스(Meriwether Lewis, 윌리엄 클라크와 함께 미국 대륙을 횡단했던 탐험가—옮긴이)가 토머스 제퍼슨 대통령 앞에 펼쳐놓은 지도와 비교하며 말했다. "이 지도는 인류가 만든 가장 중요하고 경이로운 지도가 틀림없습니다."

그러나 대통령의 연설에서 사람들의 주의를 가장 많이 끌었던 부분은 과학적 시각을 영적인 시각으로 끌어올린 대목이었다. "오늘 우리는 하나님이 생명을 창조할 때 사용한 언어를 배우고 있습니다. 우리는 하나님이 내려준 가장 신성하고 성스러운 선물에 깃든 복잡성과 아름다움과 경이로움에 그 어느 때보다도 큰 경외심을 느끼게 되었습니다."

자유 국가의 지도자가 이 같은 순간에 그런 노골적인 종교적 발언을 했으니, 과학자로서 엄격한 훈련을 거친 내가 화들짝 놀라지 않았을까? 당혹감에 오만상을 찌푸리며 시선을 바닥으로 떨어뜨리지는 않았을까? 천만의 말씀이다. 솔직히 말하면 대통령이 연설을 하기 며칠 전에 나는 연설문 작성자와 긴밀히 연락하면서 그 문안을 꼭 넣어달라고 신신당부했었다. 그리고 내가 직접 몇 마디 덧붙여야 하는 순간에 나는 이렇게 말했다. "오늘은 전 세계에 경사스러운 날입니다. 지금까지 오직 하나님만이 알고 있던 우리 몸의 설계도를 처음으로 우리가 직접 들여다보았다는 사실에 저는 겸허함과 경외감을 느낍니다."

이게 대체 어찌된 상황일까? 생물학과 의학에 획기적인 이정표가 세워졌음을 선포해야 할 대통령과 과학자가 하나님과의 연관성을 강조해야 한다고 느낀 까닭이 무엇이었을까? 과학적 세계관과 영적 세계관은 서로 정반대이거나 최소한 이스트룸에 함께 나타나는 일만은 피해야 하지 않는가? 연설자들의 마음에 하나님이 떠오른 이유는 무엇이었을까. 낭만? 위선? 종교인의 비위를 맞추려고? 아니면 인류를 기계로 전락시키는 연구로 인간게놈 연구를 폄하하는 사람들을 무장해제하려는 냉소적 시도?

천만에. 당치않은 말이다. 오히려 그 반대다. 인간게놈 서열을 관찰하고 그 놀라운 내용을 밝히는 일은 내게 경이로운 과학적 성취이자 하나님을 향한 경배의 시간이었다. 나의 이런 감정에 많은 사람이 당혹스러워 할 것이다. 진정한 과학자가 어떻게 초월적 신을 믿는다는 말인가. 이 책을 쓴 목적은 바로 그러한 선입견을 떨치기 위해서이다. 이를 위해 나는 하나님에 대한 믿음은 전적으로 이성적 선택일 수 있으며 신앙의 원칙과 과학의 원칙은 상호 보완 관계에 있음을 드러내 보일 것이다.

현대의 사람들은 과학적 세계관과 영적 세계관을 통합하기란 불가능하며, 그것은 마치 자석의 양극을 한곳에 붙여놓으려는 시도와 같다고 생각한다. 그러나 이러한 생각에도 불구하고 많은 사람들이 일상에서 이 두 세계관의 정당성을 통합하는 데 관심을 갖고 있다. 최근의 설문 조사에 따르면 미국인의 93퍼센트가 어떤 형태로든 신의 존재를 믿는 것으로 나타났다. 그러면서 이들 대부분이 차를 몰고 전기를 쓰고 일기예보에 귀를 기울이며, 그런 것들을 지탱하는 과학을 대체적으로 신뢰할 만하다고 여긴다.

그렇다면 과학자들 사이에서는 영적 믿음이 얼마나 퍼져 있을까? 1916년 생물학자, 물리학자, 수학자들을 대상으로 인간과 활발하게 소통하는 신, 혹은 기도에 응답을 해주는 신을 믿느냐고 물었다. 약 40퍼센트가 그렇다고 대답했다. 1997년에도 같은 질문을 했다. 그러자 80여

년 전과 거의 똑같은 수치가 나와 설문 조사원들을 놀라게 했다.

그렇다면 과학과 종교 간의 '싸움'은 겉보기만큼 극과 극을 치닫는 게 아니란 말인가? 안타깝게도 양쪽의 조화는 이 논쟁의 극단을 점령한 자들이 외치는 귀청이 떨어질 듯한 주장에 가려지고 만다. 극단에 선 자들은 상대방에게, 아닌 게 아니라 그야말로 폭탄을 던진다. 예를 들어, 동료 40퍼센트가 가진 영적 믿음을 말도 안 되는 감상이라며 불신하는 저명한 진화론자 리처드 도킨스(Richard Dawkins)를 떠올려보자. 그는 진화론을 믿는다면 마땅히 무신론자라야 한다는 견해를 대변하는 대표적인 인물이다. 그는 눈이 휘둥그레질 만한 말을 많이도 남겼다. "신앙은 증거를 평가하고 진지하게 고민하기를 회피하는 가장 그럴듯한 도피이자 핑계다. 신앙은 증거 부족에도 불구하고, 아니 어쩌면 증거 부족 때문에 믿음이 된다. (…) 증거에 기초하지 않은 믿음인 신앙은 어느 종교에서나 주요 악이다."[1]

한편 종교 근본주의자들은 과학을 위험천만하며 믿지 못할 것으로 공격하면서, 과학의 진실을 밝혀낼 유일한 수단은 성경이나 경전을 문자 그대로 해석한 것뿐이라고 주장한다. 이런 부류의 사람들 가운데 창조론 운동의 지도자였던 헨리 모리스(Henry Morris)의 말이 눈에 띈다. "진화론의 거짓이 모든 분야에 속속들이 스며들어 현대적 사고를 지배한다. 그런 까닭에, 치명적이고도 불길한 정치 발전, 그리고 곳곳에서 날로 증대하는 무질서한 도덕적, 사회적 붕괴의 근본 원인은 바로 진화론적 사고라는 필연적인 결론에 도달하게 된다. (…) 과학과 성경이 차이를 보이는 곳에서 과학은 그 자료를 명백히 오역해왔다."[2]

적대 세력 간의 점점 고조되는 불협화음은 그것을 지켜보는 순진한 사람들을 혼란과 실망에 빠뜨린다. 생각이 있는 사람이라면 양극단 어느 쪽에서든 위안을 얻을 수 없지만, 어쨌거나 내키지 않는 둘 중 하나를 택할 수밖에 없다는 결론에 이른다. 그런가 하면 양쪽의 날카로운 대립에 환멸을 느낀 사람들은 과학적 결론의 신뢰성이나 체계적 종교의 가치를 모두 부정하고, 비과학적 사고, 천박한 영성 또는 단순한 무관심에 빠진다.

또 어떤 이는 과학과 영적인 것의 가치를 둘 다 받아들이되, 영적 존재와 물질적 존재를 분리함으로써 외견상의 대립이 주는 불편함을 피해간다. 이 부류에 속하는 생물학자 스티븐 제이 굴드(Stephen Jay Gould)는 과학과 신앙은 서로 별개인 '겹치지 않는 영역'을 담당해야 한다고 주장했다. 그러나 여기에도 탐탁지 않은 구석이 있다. 이 주장은 내적 갈등을 유발하면서, 사람들에게 과학이나 영적인 것을 충분히 이해할 기회를 빼앗는다.

여기 이 책의 핵심 질문이 있다. 우주론, 진화론, 인간게놈을 말하는 요즘 같은 시대에 과연 과학적 세계관과 영적 세계관이 더없이 만족스러운 조화를 이룰 수 있을까? 나는 단호하게 대답한다. 있고 말고! 내 생각에는 엄격한 과학자가 되는 것과, 우리 한 사람 한 사람에게 관심을 갖는 하나님을 믿는 것 사이에는 상충되는 요소가 전혀 없다. 과학의 영역은 자연을 탐구하는 것이다. 신의 영역은 영적인 세계이며, 과학적 언어라는 수단으로는 탐색할 수 없는 영역이다. 따라서 가슴으로, 머리로, 영혼으로 탐색해야 하며, 머리는 양쪽 영역을 끌어안을 방법을 찾아야만 한다.

나는 이 두 견해가 한 사람 안에 공존할 수 있을 뿐 아니라 인간의 경험을 풍부하게 하고 정신을 고양시킬 수도 있다는 점을 말하고자 한다. 과학은 자연계를 이해하는 믿을 만한 수단이며, 과학이라는 도구를 적절하게 이용한다면 물질적 존재를 들여다보는 심오한 통찰력을 키울 수 있다. 그러나 과학이 대답할 수 없는 질문도 있다. "우주는 왜 생성되었는가?" "인간 존재의 의미는 무엇인가?" "우리 사후에 어떤 일이 일어날까?" 인류가 지닌 가장 강렬한 욕구 중 하나는 심오한 질문에 답을 찾는 것이다. 눈에 보이는 것과 보이지 않는 것을 이해하려면 과학적 관점과 영적 관점이 갖는 힘을 모두 동원해야 한다. 이 책의 목표는 두 견해를 냉정하고도 지적으로 정직하게 통합하기 위한 경로를 탐색하는 것이다.

이런 무거운 주제를 고민하자면 자칫 혼란에 빠질 수도 있다. 부르는 이름이야 무엇이든 간에 우리는 누구나 어떤 세계관을 갖고 있다. 그것은 우리 주위를 둘러싼 세계를 이해하는 데 도움을 주고, 윤리적 틀을 제공하며, 미래에 관한 우리의 결단을 이끈다. 그러한 세계관을 고민해본 사람이라면 그것을 결코 가볍게 다루어서는 안 된다. 아주 근본적인 것을 바꾸자고 제안하는 책은 위안이 되기보다는 마음을 불편하게 할 수 있다.

그러나 우리 인간에게는 진실을 캐고자 하는 뿌리 깊은 갈망이 있다. 지극히 일상적이고 소소한 일들로 그 갈망이 쉽게 억제될지언정 갈망 자체를 부인할 수 없다. 그러나 주의를 흐트러뜨리는 일상에다, 인간에 대해 깊이 고민하고 싶지 않다는 생각까지 더해지다 보니, 인간이란 존재를 둘러싼 영원히 사라지지 않는 질문을 한 번도 심각하게 고민하지 않은 채 여러 날, 여러 주, 여러 달, 심지어는 여러 해를 쉽게 지나치기도 한다. 이 책은 이러한 상황에 한낱 작은 자극제가 될 뿐이지만, 잘하면 자기성찰의 기회를, 깊은 안쪽을 들여다보고픈 욕구를 자극할 수도 있을 것이다.

자, 그럼, 유전학을 연구하는 한 과학자가 어쩌다가 시간과 공간의 제약을 받지 않는 신을, 인간 개개인에게 관심을 두는 신을 믿게 되었는지부터 설명해야겠다. 가족과 문화가 주입한 엄격한 종교적 분위기에서 자라다보니 성인이 되어도 거기서 빠져나올 수 없었으리라고 추측하는 사람도 있을 것이다. 미안하지만, 그건 아니다.

차 례

머리말 … 6

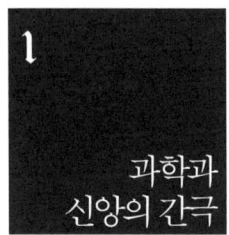
과학과 신앙의 간극

1. 무신론에서 믿음을 갖기까지 … 17
   불가지론에서 무신론으로 | 인간이기에 갖는 도덕법 | 과학자가 신앙을 갖는다는 것
2. 세계관 전쟁 한가운데 … 39
   신은 단지 욕구 충족을 위해 만들어진 희망사항인가 | 종교라는 이름으로 저지른 그 모든 해악은 어찌하려는가 | 자애로운 신이 왜 세상의 고통을 내버려두는가 | 이성적인 사람이 어떻게 기적을 믿을 수 있는가

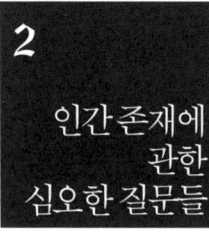
인간 존재에 관한 심오한 질문들

3. 우주의 기원 … 63
   대폭발, 우주의 시작 | 대폭발 전에는 무슨 일이 있었는가 | 우주 먼지로 만들어진 인간 | '인류 지향적 원칙'의 경이로움 | 과학과 믿음 사이의 조화
4. 미생물, 그리고 인간 … 90
   지구 생명체의 기원을 찾아 | 유기체 간의 유연관계를 보여주는 화석 | 진화는 지금도 계속된다 | DNA를 향한 경외감
5. 신의 설계도 해독하기 … 112
   유전질환 연구를 시작하다 | 중대한 프로젝트 앞에서 | 게놈을 처음 해독했을 때의 희열 | 의학도 진화론을 피할 수 없다 | 결국 인류 진화의 의미는 무엇인가 | 진화, 이론인가 사실인가

3

과학에 대한 믿음, 신에 대한 믿음

6. 창세기, 갈릴레오, 그리고 다윈 … 149
   창세기가 말하고자 하는 것 | 갈릴레오에게 배우는 교훈
7. 첫 번째 선택, 무신론과 불가지론 … 163
   무신론을 말하다 | 불가지론을 말하다
8. 두 번째 선택, 창조론 … 174
   절반의 선택 '젊은지구창조론' | 신은 위대한 사기꾼인가
9. 세 번째 선택, 지적설계론 … 183
   지적설계론이 대체 무엇이기에 | 지적설계론에 대한 과학적 반론 | 지적설계론에 대한 신학적 반론
10. 네 번째 선택, 바이오로고스 … 199
    '유신론적 진화'란 무엇인가 | 그렇다면 아담과 이브의 존재는 사실인가
11. 진리를 찾는 사람들 … 214
    신의 존재에 대한 개인적 심증 | 자연 앞에, 그리고 신 앞에 무릎 꿇다 | 종교인을 향한 간곡한 부탁 | 과학자들을 향한 간곡한 부탁

부록

생명윤리학, 과학과 의학의 도덕적 실천 … 237
의학유전학 | 개인 맞춤형 의학 | 도덕법을 기반으로 하는 생명윤리 | 포유동물이 최초로 복제되던 날 | 체세포핵치환, 윤리와 이익 사이에서 | 의학을 넘어서 | 인간 개선 | 결론

저자와의 인터뷰 … 275
옮긴이의 말 … 305
주석 … 310
찾아보기 … 316

1

과학과 신앙의 간극

새로운 사실이 발견됨에 따라 진화를
가설 이상의 것으로 인정해야 한다.
인간의 육체가 예전부터 존재했던 생물체에서 나왔다면,
정신적 영혼만큼은 하나님에 의해 직접 창조되었다.

요한 바오로 2세

THE LANGUAGE OF GOD

무신론에서 믿음을 갖기까지

　내 젊은 시절은 여러 면에서 틀에 얽매이는 생활은 아니었지만, 자유사상가를 부모로 둔 덕택에 신앙을 바라보는 태도만큼은 꽤나 전형적인 현대적 환경에서 자랐다. 한마디로 신앙은 그리 중요하지 않았다.

　나는 버지니아 섀넌도어 계곡에 있는 소규모 농장에서 자랐다. 수도도 없고, 물질적 편리함이라고는 거의 갖추어지지 않은 곳이었다. 그러나 부모님이 일군 뛰어난 사고의 토양에서 자라면서 여러 경험과 기회를 맛보며 자극을 받았고, 그것은 다른 불편함을 능히 상쇄하고도 남았다.

　부모님은 1931년 예일대학교 대학원에서 서로 만나, 웨스트버지니아에 있는 실험적 공동체 아서데일에 두 분의 공동체 조직 능력과 음악에 대한 애정을 쏟았다. 거기서 엘리너 루스벨트(Eleaner Roosevelt, 프랭클린 루스벨트 대통령의 부인— 옮긴이)와 함께 대공황의 늪에 빠진 황폐한 이 탄광지대를 되살리려고 노력했다.

그러나 루스벨트 행정부 내 다른 보좌관들은 생각이 달랐고, 얼마 후 자금지원도 끊어졌다. 결국 워싱턴 정계의 은밀한 공격으로 아서데일 공동체는 해체되었고, 부모님은 한평생 정부의 의심을 받으며 살아가야 했다. 그 뒤 두 분은 노스캐롤라이나 벌링턴으로 집을 옮겨 엘론 칼리지(Elon College)에서 학문에 전념했다. 시골 남부지역의 투박하고 아름다운 민속 문화가 살아 있는 그곳에서 아버지는 민요수집가가 되어 산과 계곡을 누비며 과묵한 노스캐롤라이나 사람들을 설득해 노래를 청했고, 이 노래를 프레스토 녹음기에 담았다. 이때 녹음한 노래는 앨런 로막스(Alan Lomax)가 대대적으로 수집한 노래와 함께 의회도서관의 미국 민요 소장 목록에서 중요한 위치를 차지하고 있다.

제2차 세계대전이 터지자 아버지의 음악적 열정은 당시 더욱 시급한 문제였던 국가방위에 밀려나야 했다. 아버지는 군수물자인 폭탄을 제조하는 일에 참여하셨고, 나중에는 롱아일랜드의 항공기 제작 총감독을 맡았다.

전쟁이 끝날 무렵, 부모님은 과도한 긴장에 시달려야 하는 그 일이 두 분에게는 맞지 않는다고 판단했다. 시대를 앞선 두 분은 1940년대에 '60년대 것'을 추구하며, 버지니아 섀넌도어 계곡으로 이사해 약 38만 제곱미터의 농장을 사들여 농기계를 사용하지 않는 소박한 영농생활을 시작했다. 그러나 몇 달이 안 되어 아버지는 그런 방식으로는 한창 나이의 두 아들을 (그리고 뒤이어 태어날 또 한 명의 아들과 나를) 먹여 살릴 수 없다는 걸 깨닫고는 그 지역 여자 대학교에서 연극을 가르치기 시작했다. 아버지는 마을 사람 가운데 남자 배우를 모집했는데, 연극을 올리는 일은 학생들이나 마을 상인들에게 대단히 즐거운 작업이었다. 그러나 여름방학이 길고 지루하다는 불평이 나오자 아버지와 어머니는 우리 농장 위쪽 참나무숲에 여름극장을 만들었다. '참나무숲 극장'은 그 뒤 50년이 넘도록 꾸준히 활기차게 운영되었다.

나는 이처럼 전원의 아름다움과 힘든 농장일, 여름극장, 그리고 음악이 한데 어우러진 환경에서 그것들을 만끽하며 자랐다. 사형제 중에 막내인 나는 심하게 말썽을 피울 수도 없었다. 부모님은 그런 상황에 익숙지 않았다. 나는 내 행동과 선택에 책임을 져야 하며 다른 누구도 그 문제를 대신해주지 않는다는 평범한 책임의식을 느끼며 자랐다.

형들처럼 나도 학교에 가지 않고 집에서 어머니에게 교육을 받으며 자랐다. 어머니는 훌륭한 교사였다. 이 시기에 나는 배움의 기쁨이라는 값진 선물을 받았다. 어머니는 체계적으로 학습시간표를 짜거나 수업계획을 세우지 않았지만, 어린아이의 마음을 사로잡을 주제를 족집게처럼 짚어내어 그 주제를 집중적으로 끌고 가다가 아이가 지루함을 느낄 때쯤이면 다른 흥미진진한 주제로 재빨리 넘어갔다. 공부는 꼭 해야 해서가 아니라, 하고 싶어 안달이 나서 하는 것이었다.

내 어린 시절에서 신앙은 중요한 부분이 아니었다. 나는 하나님이라는 개념을 막연하게 알고 있었지만 하나님과의 소통이란 그저 어렸을 때 흔히 그러하듯 나에게 이런저런 것을 해달라고 거래하는 정도에 머물렀다. 예를 들어 한번은(아홉 살 무렵) 하나님과 계약을 한 적이 있는데, 내가 무척이나 좋아했던 토요일 밤의 연극과 음악 파티 때 하나님이 비가 오지 않게 해주면 앞으로 담배를 피우지 않겠노라고 약속한 거래였다. 비는 진짜 오지 않았고, 이후로 나도 절대 담배를 피우지 않았다. 그보다 앞서 다섯 살 때는 부모님이 나와 내 바로 위의 형을 마을에 있는 성공회 교회의 소년성가대에 보내기로 결정했다. 그러면서 음악을 배울 아주 좋은 기회이지만 신학을 지나치게 심각히 받아들여서는 안 된다고 분명하게 말씀하셨다. 나는 부모님 말씀대로, 화성법과 대위법의 아름다움은 열심히 배웠지만 설교단에서 흘러나오는 신학 설교는 귓가로 들은 탓에 이렇다 하게 기억에 남아 있지 않다.

　내가 열 살이 되었을 때, 우리 식구는 건강이 안 좋은 할머니와 함께 살기 위해 도시로 이사했고, 그러면서 나는 공립학교에 들어갔다. 열네 살 때는 짜릿하고도 놀라운 과학의 세계에 눈을 떴다. 칠판에 똑같은 내용을 양손으로 동시에 필기하시던 카리스마 있는 화학 선생님의 영향으로 나는 이때 처음 질서정연한 우주에 큰 만족감을 느꼈다. 모든 물질은 수학적 원칙을 따르는 원자와 분자로 이루어진다는 것은 예상치 못한 사실이었으며, 과학이라는 도구를 이용해 자연계의 새로운 사실을 발견하는 능력은 곧바로 나를 사로잡았다. 나도 그 능력을 갖고 싶었다. 나는 전향자와 같은 열정을 가지고, 인생의 목표를 화학자가 되는 것으로 정했다. 과학의 다른 분야는 상대적으로 아는 바가 거의 없었지만 그러거나 말거나 어쨌든 이 풋사랑은 내 인생의 전환점이 되었던 것 같다.

　이와는 대조적으로 생물학과의 첫 만남은 싸늘함 그 자체였다. 적어도 10대인 내가 느끼기에 생물학의 기본은 원리를 해명하기보다는 단순한 사실을 무조건 외우는 것에 지나지 않았다. 나는 가재의 부위별 명칭을 외우거나 문, 강, 목의 차이를 이해하는 데 어떤 흥미도 느끼지 못했다. 생명의 엄청난 복잡성을 보며, 생물학은 차라리 실존철학에 가깝다고 결론을 내렸다. 생물학은 정말이지 말도 안 되는 헛소리였다. 이제 막 싹트기 시작한 내 환원주의적 사고에 따르면, 생물학에는 마음을 끌 만한 충분한 논리가 없었다. 열여섯에 학교를 졸업하고 버지니아대학교에 들어간 나는 화학을 전공해 과학자가 되리라고 마음먹었다.

대학 신입생이 흔히 그러하듯 나 역시 대학이라는 새로운 환경에 활기를 느꼈다. 강의실에서, 밤에는 기숙사에서, 온갖 생각이 마구 튀어나왔다. 다양한 질문 중에는 하나님의 존재에 관한 질문도 끼여 있기 마련이었다. 나는 10대 초반에 이따금씩 나의 밖에 있는 무언가를 동경했던 순간이 있는데, 그것은 대개 자연의 아름다움이나 대단히 심오한 음악적 체험과 관련이 있었다. 그렇기는 해도 영적인 것에 관한 내 생각은 여전히 아주 미숙했고, 대학 기숙사에 한두 명은 으레 있기 마련인 과격한 무신론자에게 만만한 표적이 되었다. 대학생이 되고 몇 달이 지나 나는 확신하게 되었다. 종교적 믿음이 예술과 문화에서 흥미로운 전통을 탄생시키는 영감이 되는 때가 많지만, 그 기반에는 진실이 없다는 것을.

**불가지론에서
무신론으로**

비록 당시에 불가지론자라는 말은 몰랐지만 그때 나는 불가지론자가 되었다. 이 용어는 19세기 과학자 헉슬리(Thomas Henry Huxley)가 단순히 신의 존재 여부를 알지 못하는 사람들을 가리켜 만든 말이다. 불가지론자에도 여러 부류가 있다. 증거를 열심히 분석하다가 불가지론자가 되는 사람도 있지만, 대개는 불가지론자라는 자리가 편안해서, 어느 편에 서나 불편하기는 마찬가지인 논쟁에 끼어들지 않기 위해서 불가지론자가 된다. 나는 분명히 후자였다. 사실 "모른다"라는 내 주장은 "알고 싶지 않다"에 더 가까웠다. 도처에 유혹이 가득한 세계에 사는 젊은이에게는 영적 질문에 대답해야 하는 당위성일랑 높은 영적 권한을 가진 사람에게 미루는 게 속 편했다. 나는 저명한 학자이자 작가인 C. S. 루이스가 "적극적 묵인"이라 부른 방식에 따라 내 행동과 사고를 훈련해갔다.

대학을 졸업한 뒤에는 예일대학에서 물리화학 박사과정을 밟으며, 맨 처음 나를 이 분야로 끌어들인 수학적 섬세함에 몰두했다. 내 지적 삶은 양자역학과 2차 미분방정식에 푹 빠져들었고, 내 영웅은 물리학의 거장 알베르트 아인슈타인, 닐스 보어, 베르너 하이젠베르크, 폴 디랙이었다. 모든 우주 만물은 방정식과 물리법칙을 기초로 설명될 수 있다는 내 확신은 점점 굳어져갔다. 아인슈타인의 전기를 읽으며, 열렬한 시온주의자였던 그가 제2차 세계대전이 끝나면서 유대인의 신인 야훼를 믿지 않게 되었다는 사실을 발견하고는, 지각 있는 과학자라면 지적 자살 행위를 감행하지 않고서야 어찌 신의 존재 가능성을 심각하게 받아들일 수가 있겠는가 하는 생각이 더욱 확고해졌다.

나는 점점 불가지론에서 무신론으로 옮겨갔다. 내 앞에서 영적인 믿음을 운운하는 사람들과 어렵지 않게 맞섰고, 그러한 믿음을 감상적이고 낡은 미신으로 치부했다.

박사과정 2년차가 되자, 이제까지 가까스로 쌓아놓은 삶의 계획에 서서히 금이 가기 시작했다. 날마다 즐거운 마음으로 이론적 양자역학에 관한 박사논문을 준비하던 중, 이 일이 과연 내 삶을 지탱하는 길일까 하는 의문이 들었다. 양자이론에서의 주요 진보는 거의 다 50년 전에 이루어진 것이며, 여기에 더해 나는 단순화와 근사치를 연속적으로 적용해 아름답지만 아직 풀리지 않은 몇 가지 방정식을 약간 더 풀기 쉽게 만드는 일을 하면서 한평생을 보내게 될 것이다. 좀 더 현실적으로 말하자면, 내 앞에 놓인 엄연한 길은 교수가 되어 학생들이 지루해하거나 혐오스러워하는 열역학과 통계역학을 수업시간마다 끝없이 강의하는 일일 것이다.

비슷한 시기에 나는 학문의 영역을 넓혀보겠다고 생화학 과정에 등록해, 예전에 그토록 피해 다녔던 생명과학을 공부하게 되었다. 생화학은 경이로움 그 자체였다. 전에는 한 번도 명확하게 이해한 적이 없던 DNA, RNA, 단백질의 원리가 명쾌하게 디지털화되어 눈부시게 펼쳐졌다. 과거에 내가 불가능하리라 여겼던, 엄격한 지적 논리를 적용해 생물을 이해하는 능력이 유전암호 해독과 함께 갑자기 현실로 나타났다. 서로 다른 DNA 조각을 원하는 대로 잘라내는 새로운 방법이 개발되면서, 이 모든 지식을 인간에게 이롭게 적용할 수 있는 가능성도 눈앞에 현실로 다가왔다. 나는 멍해졌다. 생물학이야말로 수학적 섬세함이 깃든 학문이었다. 생명은 헛소리가 아니었다.

그즈음, 겨우 스물두 살의 나이로 똑똑하고 호기심 많은 여자와 결혼한 나는 점차 사회적인 인간이 되어갔다. 어렸을 때는 혼자 있기를 좋아하는 때가 많았다. 그러나 이제는 사람들과의 교류가, 그리고 인류에 기여하려는 욕구가 어느 때보다 중요하게 느껴졌다. 나는 이 모든 갑작스러운 변화를 종합해보면서 과거 내 선택에 의문을 품었다. 과학을 하는 것이, 독자적으로 연구를 하는 것이 과연 내 적성에 맞는 일일까?

박사과정은 곧 끝날 예정이었지만, 나는 깊은 고민 끝에 의과대학에 입학 신청서를 냈다. 그리고 열심히 연습한 대로 입학 심사위원들 앞에서 이야기했다. 이 선택이 앞으로 이 나라에서 의사가 될 한 사람에게 정말 자연스러운 수련 과정이 되리라고. 하지만 속으로는 확신할 수 없었다. 어쨌거나 나는 한때 암기가 싫어 생물학이라면 질색을 하지 않았던가. 그런데 의학만큼 암기력을 많이 요구하는 학문 분야가 또 있을까. 그러나 지금은 다르다. 지금은 가재가 아니라 인간에 관한 문제다. 소소한 것들의 바탕에는 원칙이 있으며, 그것은 궁극적으로 사람들의 목숨을 좌우할 수도 있다.

노스캐롤라이나대학에서 입학 허가가 나왔다. 나는 불과 몇 주 만에 의과대학이 내게 딱 맞는 곳이라는 걸 깨달았다. 그곳에서의 지적 자극, 인간적 요소, 윤리적 문제, 그리고 인체의 놀라운 복잡성이 내 마음을 사로잡았다.

그해 12월, 나는 의학을 향한 새로운 애정과 수학을 향한 오래된 애정을 어떻게 접목할지 알게 되었다. 의과대학 신입생에게 의학유전학을 총 6시간 강의했던, 엄격하고 다소 범접하기 힘든 소아과 의사에게서 내 미래를 보았다. 그분은 강의실에 직접 환자를 데리고 왔다. 겸상적혈구빈혈증, 갈락토오스혈증(유제품을 소화하지 못하는 치명적인 증세로 이어지는 경우가 많다), 다운증후군을 앓는 환자들이었다. 모두 게놈에 이상이 생겨 발생한 질병으로, 알파벳이 딱 하나 없어진 경우도 있었다.

나는 인간 DNA 암호가 얼마나 정교한지, 그 복제 체계에 드물게 이상이 생기면 얼마나 복잡한 결과를 초래하는지를 알고는 이내 경악했다. 유전자 이상에서 오는 질병에 시달리는 수많은 사람들을 도울 길은 한없이 멀지만, 그래도 나는 즉시 그 과정에 매료되었다. 당시만 해도 '인간게놈 프로젝트' 같은 대대적이고 중대한 작업을 상상한 사람은 단 한 명도 없었지만, 나는 1973년 12월의 선택 덕에 인류 역사에 길이 남을 위대한 작업에 참여하는 행운을 얻게 되었다.

의과대학 3년차가 되었을 때는 환자를 돌보는 일을 포함해 혹독한 체험을 해야 했다. 의사 과정을 수련 중인 의대생들은 누군가가 병에 걸리면 그 사람이 생판 모르는 사람일지라도 그와 더없이 친밀한 관계로 빠져든다. 대단히 사적인 말은 주고받지 않는다는 그 흔한 문화적 금기도 의사와 환자의 민감한 신체 접촉 앞에서는 무너져버린다. 그 금기는 오랫동안 유지되고 존중되어온 환자와 의사 사이의 계약이다. 나는 환자와 의사 사이의 관계는 결코 평범한 관계가 아님을 깨달았고, 많은 스승이 가르쳐준 대로 의사로서 일정한 거리를 유지하고 감정적 개입을 피하기 위해 부단히 애를 써야 했다.

선량한 노스캐롤라이나 사람들의 머리맡에 앉아 그들과 대화를 나누면서 가장 인상 깊었던 부분은 그들 다수가 경험한 영적인 세계였다. 나는 환자들이 이승에서든 저승에서든 신앙의 힘으로 궁극적인 평화라는 커다란 위안을 얻는 광경을 무수히 목격했다. 대개는 아무런 잘못도 없이 극심한 고통에 시달리는 사람들이었다. 신앙이 심리적 버팀목이 되었다면 대단히 강력한 버팀목임에 틀림없었다. 그렇지 않고 신앙이 문화적 전통의 허식에 불과하다면 왜 이들은 하나님을 향해 주먹을 휘두르지 않는가? 제발 사랑스럽고 자비로운 초자연적 힘이 어쩌고저쩌고 하는 친구와 가족들의 입을 틀어막아달라고 하지 않는가?

내가 가장 당혹스러웠던 순간은 치료 불능의 심각한 앙기나(급성 편도염)로 날마다 고통에 시달리는 한 할머니가 내게 종교가 뭐냐고 물었던 때다. 지극히 점잖은 질문이었다. 우리는 삶과 죽음에 대해 중요한 많은 이야기를 나누었고, 독실한 그리스도교 신자인 할머니는 나에게 당신의 신앙을 이야기했다. 나는 얼굴을 붉히며 "확신이 가지 않습니다"라고 더듬거렸다. 할머니의 노골적인 놀라움은 내가 거의 26년 동안 회피해온 난처한 문제를 끄집어냈다. 나는 믿음을 찬성하거나 반대하는 근거에 대해 한 번도 심각하게 고민한 적이 없었던 것이다.

이때의 일은 며칠을 두고 나를 괴롭혔다. 나는 스스로를 과학자라고 생각하지 않았던가? 과학자가 자료를 검토하지 않고 결론을 내리는 경우도 있던가? 인생에서 "신이 존재하는가?"라는 질문보다 더 중요한 질문이 있을까? 오만이라고밖에는 달리 적절히 묘사할 말이 없는 그 무엇과 적극적 묵인이 합쳐져, 나는 이제까지 신이 실재할 수도 있다는 가능성을 심각하게 고민하기를 꺼렸다. 갑자기 내 모든 주장이 얄팍해 보였고, 발밑에서 얼음이 깨지는 것을 느꼈다.

처참한 깨달음이었다. 확고한 무신론적 입장에 더 이상 기댈 수 없다면, 깊이 따져보길 꺼렸던 행동을 책임져야 한단 말인가? 나이외에 다른 사람에게 책임을 인정해야 한단 말인가? 이 문제는 이제 회피할 수 없는 절박한 문제가 되었다.

**인간이기에
갖는 도덕법**

처음에는 신앙의 이성적 근거들을 철저히 조사해보면 믿음의 가치를 부인하고 내 무신론을 재차 확인할 수 있으리라고 확신했다. 그러나 결과가 어찌 나오든 일단 현실을 들여다보기로 했다. 나는 세계 주요 종교를 빠르게 훑어보면서 혼란스러움을 느꼈다. 〈클립스노츠(CliffsNotes)〉 시리즈로 나온 여러 종교에 관한 책을 읽으면서 거기에 나온 다양한 사실에 도무지 갈피를 잡을 수 없었고, 그 많은 종교 중에 어느 하나에도 끌릴 만한 구석이 없었다. 이들 신앙을 지탱하는 영적인 믿음에 도대체 이성적 근거가 있기나 한지 의문이 들었다. 그러나 그런 생각은 금방 바뀌었다.

나는 신앙에도 논리적 근거가 있는지 물어볼 요량으로 동네에 있는 감리교회 목사님을 찾아갔다. 그분은 두서없이 지껄이는 (그리고 분명 신을 모독하는) 내 말을 침착하게 듣고는 책꽂이에서 작은 책 한 권을 꺼내 읽어보라고 했다. 루이스가 지은 《순전한 기독교(Mere Christianity)》였다. 그 뒤 며칠간 책장을 넘기며 이 전설적인 옥스퍼드대학 학자가 펼치는 지적인 주장의 넓이와 깊이를 흡수하려 애썼고, 그러면서 신앙의 허구를 주장했던 내 논리가 초등학생 수준이었다는 사실을 알게 되었다. 나는 인간의 모든 질문 가운데 가장 중요한 질문을 고민하기 위해 백지에서 새로 시작해야 했다. 루이스는 내 반박을 죄다 꿰뚫었고, 때로는 내가 반박을 이끌어내기도 전에 어떤 반박이 나올지 미리 알아챘다. 그는 그것들을 일정하게 한두 페이지 안에서 다루었다. 루이스도 한때는 무신론자이면서 논리적 주장을 바탕으로 신앙을 부정하려 했다는 걸 알았을 때, 나는 그가 내 앞길에 깊은 통찰력을 보여줄 수 있으리라고 인정했다. 그 길은 그가 지나갔던 길이기도 했다.

나를 사로잡은 주장은, 그리고 과학과 영적인 것에 관한 내 생각을 송두리째 흔들어놓은 주장은 1부 '옳고 그름, 우주의 의미를 푸는 실마리'에 나와 있었다. 루이스가 '도덕법'이라고 표현한 것은 여러 면에서 인간 존재의 보편적 특징이었으나 또 어떤 면에서는 내가 생전 처음 보는 법칙 같았다.

도덕법을 이해하려면 루이스가 그랬듯이, 사람들이 어떤 주장을 할 때는 자기도 의식하지 못하는 사이에 도덕법이 그 근거가 된다는 사실을, 그래서 도덕법은 날마다 수백 가지 형태로 나타난다는 사실을 이해할 필요가 있다. 의견 차이는 날마다 일어난다. 그중 어떤 것은 아주 사소하다. 아내가 남편더러 친구에게 더 상냥하게 말할 수 없느냐며 불평을 늘어놓거나, 생일잔치에서 아이스크림이 똑같은 양으로 돌아가지 않았을 때 아이가 "이건 불공평해"라며 투정을 부리는 경우가 그러하다. 의미심장한 경우도 있다. 가령 국제적인 일과 관련해 어떤 이는 미국이 필요하다면 무력을 사용해서라도 세계에 민주주의를 전파할 도덕적 의무가 있다고 주장하고, 또 어떤 이는 공격적이고 일방적인 무력 사용과 경제력 남용은 도덕적 권위를 낭비하는 일이라고 주장한다.

의학 분야에서는 인간 배아줄기세포를 실험에 이용하는 것이 과연 타당한가를 두고 격렬한 공방이 한창이다. 어떤 이는 그 실험이 인간 생명의 존엄성을 훼손한다고 주장하고, 어떤 이는 훗날 인간의 고통을 완화해준다면 윤리적으로 문제가 없다고 주장한다(이 주제를 비롯해 생명윤리와 관련된 몇 가지 풀기 어려운 문제는 이 책의 맨 뒤 〈부록〉에 따로 모았다).

위의 몇 가지 예에서, 양측은 말로 표현하지는 않지만 어떤 높은 기준에 호소하려고 노력한다는 점에 주목하자. 이 기준이 바로 도덕법이다. '올바른 행동법'이라 불러도 좋을 것이며, 위의 예에서도 그 법이 존재한다는 것은 의심의 여지가 없어 보인다. 이때 논쟁이 되는 부분은 특정 행동이 과연 도덕법이 요구하는 수준에 근접하는가 하는 점이다. 아내의 친구에게 상냥하게 대하지 못하는 남편의 경우처럼, 그 수준에 미치지 못했다고 지목된 사람들은 대개 자기가 왜 그 기준에서 제외되어야 하는지 이런저런 핑계를 갖다 붙인다. 하지만 절대 "올바른 행동 좋아하시네" 같은 말로 반응하지는 않는다.

여기서 우리는 아주 특별한 사실을 발견한다. 옳고 그름에 대한 생각은 비록 그것을 적용한 결과가 극과 극일지언정 인간이라면 누구나 갖는 보편적인 생각이라는 점이다. 그렇다보니 중력의 법칙이나 특수상대성원리처럼 도덕법도 법칙에 준하는 현상으로 인식된다. 그러나 솔직히 말해, 지나치게 엄격히 적용할 경우 깨져버리는 종류의 법이다.

내가 보기에, 이 법은 오직 인간에게만 해당한다. 다른 동물도 간혹 도덕적인 면을 드러내기는 하지만 일반적인 상황은 분명 아니며 많은 경우 되레 보편적인 올바름과는 정반대로 행동한다. 옳고 그름에 대한 자각과 더불어 언어 발달, 자아 인식, 미래를 상상하는 능력 등은 과학자들이 호모사피엔스의 특징을 말할 때 흔히 열거하는 항목들이다.

그러나 옳고 그름에 대한 생각은 인간의 타고난 특징일까, 아니면 문화적 전통의 결과일까? 어떤 사람은 문화에 깃든 행동 규범이란 워낙 차이가 심해서 공통된 도덕법은 애초에 근거가 없는 것이라고 주장한다. 다양한 문화를 학습한 루이스는 이 주장을 "거짓 중에서도 아주 널리 퍼진 거짓"이라 지적하며 이렇게 말한다. "도서관에서 며칠간 《종교와 윤리 백과사전》을 읽다보면, 인간에 내재한 실천이성을 만장일치로 지지하는 수많은 목소리를 발견할 수 있다. 바빌로니아의 사모스 찬송에서, 마누법전(고대 인도의 힌두법전—옮긴이), 사자의 서(고대 이집트에서 미라와 함께 묻던 두루마리—옮긴이), 논어, 스토아학파, 플라톤학파, 오스트레일리아 원주민과 아메리카 원주민에게서, 억압과 살인과 배반과 거짓을 소리 높여 비난하는 한결같은 목소리를 발견할 수 있으며, 노인과 아이와 약자에게 친절히 대해야 한다는 규정도, 자선과 공평과 정직을 강조하는 규정도 만날 수 있다."[1]

다소 특이한 문화에서는 이 법이 놀라운 모습으로 변신한다. 17세기 미국에서 일어난 마녀 화형식을 떠올려보라. 얼핏 정신 나간 듯 보이는 이 행위도 자세히 들여다보면 선과 악을 구별하려는 강력한, 그러나 오해 섞인 조치에서 비롯됐다고 볼 수 있다. 마녀를 지상에 나타난 악의 화신이며 악마의 제자라고 확신한다면 그 같은 과감한 조치를 취하는 게 당연하지 않겠는가?

여기서 한 가지 짚어보고 넘어가자. 도덕법이 존재한다는 단정은, 절대적인 옳고 그름은 없으며 모든 윤리적 판단은 상대적이라고 주장하는 오늘날의 후기 모더니즘 철학과 심각하게 대립한다. 오늘날의 철학자들 사이에는 널리 퍼졌으나 일반 사람들 다수를 어리둥절하게 만드는 이 철학적 견해는 심각한 논리적 모순에 직면한다. 절대적 진실이 없다면 후기 모더니즘은 진실일까? 정말로 옳고 그름이 없다면, 애초에 윤리규범을 두고 논쟁을 벌일 이유도 없다.

또 다른 반대 의견으로는, 도덕법이란 단순히 진화의 압박에서 나온 결과라는 주장이다. 사회생물학이라는 새로운 분야에서 나온 이 주장은 이타적 행동을 다윈식 선택에 내재한 긍정적 가치를 바탕으로 설명하고자 한다. 만약 이 주장이 설득력 있게 들린다면, 이런저런 옳은 행동을 요구하는 도덕법을 신의 존재를 증명하는 표시로 이해하는 해석에 문제가 있다는 뜻이 된다. 따라서 이 시각을 더 자세히 살펴볼 필요가 있다.

우리가 도덕법의 힘이라고 느끼는 대표적 사례, 즉 아무런 보상을 받지 못해도 남을 도우라고 말하는 양심의 목소리인 이타적 감정을 생각해보자. 물론 도덕법의 필수 조항이 전부 이타주의로 귀결되지는 않는다. 이를테면 소득을 신고할 때 진실을 약간 왜곡한 뒤에 느끼는 양심의 가책은 다른 특정인에게 피해를 입혔을 때 느끼는 감정이라고 보기는 힘들다.

우선 지금 우리가 하는 이야기부터 명확히 해보자. 내가 말하는 이타주의는 '네가 내 등을 긁어주면, 나도 네 등을 긁어주겠다'는 식으로 상호이익을 기대하며 타인에게 호의를 베푸는 것이 아니다. 이타주의는 이보다 더 흥미롭다. 다른 동기를 품지 않고 진정으로 사심 없이, 나를 다른 사람에게 주는 것이다. 우리는 이런 종류의 사랑과 아량을 보면 경외감과 존경하는 마음에 압도되기 마련이다. 제2차 세계대전 중에 죽음을 무릅쓰고 천 명이 넘는 유대인에게 피난처를 제공해 그들을 나치의 인종말살에서 구해내고, 나중에는 무일푼으로 세상을 떠난 오스카 쉰들러를 생각하면 마음에서 존경심이 솟구친다. 테레사 수녀는 스스로 가난을 택해 콜카타의 병들고 죽어가는 사람들을 보살폈다. 오늘날 우리 문화를 지배하는 물질적 생활방식과는 정반대로 산 그녀는 우리시대에 가장 존경받는 인물로 꾸준히 거론된다.

더러는 이타주의가 철천지원수에게까지 미치기도 한다. 조안 치티스터(Joan Chittister) 베네딕트회 수녀가 들려주는 수피교도 이야기는 이렇다.[2]

    옛날에 갠지스 강둑에서 명상을 하던 한 노파가 있었다. 어느 날 아침, 명상을 마친 뒤에 거센 물살에 속수무책으로 떠내려 오는 전갈 한 마리를 보았다. 노파 쪽으로 가까이 다가오던 전갈은 그만 강물 속으로 깊이 뻗은 나무뿌리에 걸리고 말았다. 전갈은 필사적으로 발버둥을 쳤고 그럴수록 뿌리에 점점 더 얽혀들었다. 노파는 재빨리 손을 뻗어 익사해가는 전갈에 닿을 수 있었지만, 그 순간 전갈에 쏘이고 말았다. 노파는 팔을 움츠렸다가 이내 침착함을 되찾고 다시 전갈을 구하려 했다. 그러나 그때마다 전갈은 꼬리로 노파를 호되게 쏘았고, 노파는 손에 피를 흘리며 고통으로 얼굴을 찡그렸다. 이때 지나가던 사람이 전갈과 씨름하는 노파를 보고 소리쳤다. "어리석은 늙은이하고는. 그 몹쓸 것 하나 구하자고 목숨을 내놓을 참이오?" 노파는 낯선 사람의 눈을 들여다보며 대답했다. "전갈은 원래 찌르는 게 본성이라 그렇다오. 하물며 전갈을 구하려는 내 본성을 내가 무시하면 쓰겠소?"

다소 극단적인 예로 보일지도 모르겠다. 우리 자신을 위험에 맡기는 일을 전갈을 구하는 일과 연관시킬 수 있는 사람은 그리 많지 않을 것이다. 그러나 내게는 아무런 이익이 없을지언정 어려움에 처한 낯선 사람을 도와주라는 내부의 소리를 누구나 한 번쯤은 들었을 것이다. 그리고 우리가 그 충동에 따라 행동하면 그 결과로 '옳은 일을 했다'는 훈훈한 느낌을 받게 된다.

과학자가 신앙을 갖는다는 것

루이스는 훌륭한 저서 《네 가지 사랑(*The Four Loves*)》에서 사심 없는 이런 사랑을 자세히 탐구한다. 그는 이 사랑을 그리스어에서 따온 '아가페'라는 말로 부른다. 그리고 이 사랑이 다른 세 종류의 사랑(정, 우정, 연인 간의 사랑)과는 구별된다는 점을 지적한다. 이 세 가지 사랑은 상호이익이라는 말로 쉽게 이해되고 인간이 아닌 다른 동물에서도 그 예를 찾아볼 수 있다.

아가페, 즉 사심 없는 이타주의는 진화론자에게 가장 큰 과제다. 그리고 솔직히 말해, 환원주의자의 이성에는 적잖이 충격적인 사건이다. 개인의 이기적인 유전자가 영원히 살아남을 목적으로 그런 일을 했다고는 설명하기 힘들다. 오히려 그 반대다. 그런 사랑은 인간을 희생으로 이끌고, 그 희생은 별다른 이익도 없이 개인의 고통이나 부상 또는 죽음으로 이어지기도 한다. 그러나 우리가 양심이라 부르는 내적인 목소리를 자세히 살펴보면, 그런 사랑을 실천하게 만드는 동기는 우리가 그것을 아무리 외면하려 해도 우리 마음 속에 내재되어 있기 마련이다.

에드워드 윌슨(Edward O. Wilson) 같은 사회생물학자들은 이타주의를 실천하는 자에게 간접적으로 종족 번식의 이익이 돌아간다는 점을 들어 이타주의를 설명하고자 했지만 이런 주장은 곧바로 문제에 부딪힌다. 이 주장 가운데 하나는 개체가 이타적 행동을 되풀이하다보면 짝을 선택하는 데 긍정적인 기여를 한다는 설명이다. 그러나 인간이 아닌 영장류를 관찰해보면 이 주장은 전혀 맞지 않는다. 오히려 곧잘 정반대 상황이 나타나는데, 가령 새로 우두머리가 된 수컷 원숭이는 훗날 생길 자기 새끼의 앞날을 위해 다른 새끼들을 제거한다.

또 다른 주장은, 이타주의에는 간접적 상호이익이 존재해서 진화의 시기가 오면 이타주의를 실천한 자가이익을 본다는 내용이다. 그러나 이 주장은 아무도 모르게 사소한 양심적 행동을 하는 인간의 동기를 설명하지 못한다.

세 번째는 어느 집단의 구성원이 이타적 행동을 하면 그 집단 전체에 이익이 돌아간다는 주장이다. 이때 흔히 개미 집단을 예로 드는데, 알을 낳지 못하는 일개미들은 제 어미가 알을 더 많이 낳을 수 있는 환경을 만들기 위해 끊임없이 일을 한다는 설명이다. 그러나 알을 낳지 못하는 일개미가 갖고 있는 동기 유발 유전자와 그 일개미의 도움으로 탄생하는 형제가 어미에게 물려받는 유전자가 정확히 일치한다는 점에서, 소위 '개미 이타주의'는 진화론적 관점으로도 충분히 설명이 가능하다. 그리고 이처럼 DNA가 직접적으로 연관된 보기 드문 경우는 좀 더 복잡한 개체군에는 해당되지 않는다. 복잡한 개체군에서는 자연선택이 개체별로 일어나지, 개체군별로 일어나지는 않는다는 점은 진화론자들이 거의 다 인정하는 바이다.

내가 비록 수영을 잘하지는 않지만, 그래서 내 목숨이 위태로울 수도 있지만, 그래도 강물에 뛰어들어 물에 빠진 낯선 사람을 구해야 한다는 내부의 목소리는 일개미의 본능적 행동과는 근본적으로 다르다. 더군다나 이타주의가 가져다주는 집단적 이익에 관한 진화론적 주장이 성립하려면 정반대의 반응이, 다시 말해 집단 밖에 있는 개체를 향해 적대적 반응이 나타나야 하지 않을까? 오스카 쉰들러와 테레사 수녀의 아가페는 그와 같은 주장에 모순된다. 충격적이지만 도덕법은 물에 빠진 사람이 원수일지라도 그를 살리라고 말할 것이다.

인간 본성에 관한 법이 문화적 산물이나 진화론적 부산물로 설명될 수 없다면 대체 그것의 존재를 어떻게 설명한단 말인가? 그렇다면 지금 여기서 뭔가 심상치 않은 일이 벌어지고 있는 게 틀림없다. 루이스를 인용해보자. "만물을 통제하는 힘이 우주 밖에 존재한다면, 그것은 우주 안에 있는 어떤 실체로 우리 앞에 모습을 드러낼 수 없을 것이다. 집을 지은 건축가가 그 집 안에 있는 벽이나 계단이나 벽난로가 될 수는 없지 않은가? 그 존재가 모습을 드러내리라고 기대해볼 수 있는 유일한 가능성은 우리 내부에서 영향력을 발휘하거나 명령을 내려 우리 행동을 통제하는 것뿐이다. 우리 내부에서 발견하는 것도 바로 이것이다. 그러니 우리에게 의심이 생기는 건 당연하지 않겠는가?"[3]

스물여섯 살에 이 주장에 맞닥뜨린 나는 그 논리정연함에 할 말을 잃었다. 내 마음속에 숨어 있으면서 일상의 다른 어떤 것만큼이나 친숙했지만 이제야 처음 명확한 원칙으로 모습을 드러낸 도덕법이 치기어린 무신론이 자리 잡은 내 마음속에 환한 백색광을 발산했고, 그 법의 기원을 심각하게 고민해보라고 주문했다. 혹시 신이 나를 향해 뒤돌아보고 있는 걸까?

만일 그렇다면 어떤 종류의 신일까? 물리와 수학을 창조하고 약 140억 년 전에 우주를 움직이기 시작했으나 그 뒤로 더 중요한 문제를 고민하느라 여기저기 떠도는, 아인슈타인이 생각했던 이신론의 신? 아니다. 내가 인식하는 그 존재는 유신론의 신이 분명하다. 인간이라 부르는 특별한 생물종과 관계를 맺고 싶어 하고, 따라서 자신의 존재를 우리 개개인에게 불어넣는 바로 그 신이다. 아브라함의 하나님일 수도 있지만 아인슈타인의 신은 분명 아니다.

신이 실제로 존재한다면 어떤 본성을 지녔을지 계속 생각하다 보니, 또 한 가지 결론을 얻게 되었다. 솔직히 나는 걸핏하면 도덕법을 어겼지만, 도덕법의 대단히 높은 기준을 고려해보건대, 이 신은 신성하고 정의로운 신이 분명하다는 점이다. 신은 선의 화신이어야 했다. 그리고 이런 신의 자상함이나 관대함에 의심을 품을 이유가 없었다. 신은 실제로 존재할지도 모른다는 점진적이고 희미한 내 의식 변화는 상충하는 서로 다른 감정을 불러일으켰다. 그러한 존재의 넓이와 깊이에서 느끼는 편안함, 그리고 신의 관점에서 보면 내가 불완전하기 짝이 없는 존재라는 깨달음에서 오는 깊은 절망감이었다.

이 지적 탐구의 여정을 시작한 동기는 내 무신론을 확증하기 위해서였다. 그러나 도덕법을 (그리고 다른 많은 주제를) 기초로 한 주장에 나는 신이 존재할 수도 있다는 가설을 인정하지 않을 수 없었고, 따라서 애초의 동기는 무너지고 말았다. 안전한 두 번째 안식처로 보였던 불가지론도 이제는 서서히 커다란 도피처로 보이기 시작했다. 이제 신에 대한 믿음도 의심스럽기보다는 이성적으로 보였다.

과학에는 자연의 신비를 푸는 힘이 있다는 사실을 부인할 수 없지만, 신과 관련된 문제를 푸는 데는 도움이 되지 못한다는 사실 또한 분명해졌다. 만약 신이 존재한다면 자연계 바깥에 존재할 것이며, 따라서 과학은 신을 배우기에는 적절한 도구가 아니다. 내 마음속을 들여다보면서 이해하기 시작한 신의 존재를 증명하려면 다른 곳으로 눈을 돌려야 하며, 최종 결론은 증거가 아닌 믿음을 기초로 할 것이다. 과거에 선택한 길을 여전히 확신하지 못해 괴로워하던 나는 신의 존재를 비롯해 영적 세계관의 존재 가능성을 받아들여야 하는 시점에 왔음을 솔직히 인정하지 않을 수 없었다.

더 나아갈 수도, 되돌아갈 수도 없는 노릇이었다. 몇 년이 지나 내가 맞닥뜨린 바로 그 딜레마적 상황을 잘 묘사한 쉘던 베너컨(Sheldon Vanauken)의 소네트 한 편을 보자. 일부를 인용하면 이렇다.

> 있을 법한 것과 증명된 것 사이에 커다란 틈이
> 입을 쩍 벌리고 있다. 우리는 뛰어넘기가 겁나 바보처럼 서 있다가,
> 우리 '뒤에서' 땅이 꺼지는 것을, 설상가상으로
> 우리 세계관이 무너지는 것을 본다. 우리의 유일한 희망이
> 필사적으로 고개를 든다. 말씀으로 뛰어들자,
> 닫힌 우주를 여는 말씀으로.[4]

오랜 세월 나는 입을 쩍 벌린 틈 가장자리에 서서 떨고 있었다. 그러다 출구를 찾지 못해 마침내 뛰어올랐다.

과학자가 어떻게 이런 믿음을 가질 수 있을까? 화학, 물리, 생물,

의학을 연구한 사람들에게서 볼 수 있는 "증거를 대보시오" 하는 식의 태도와 종교의 주장들은 서로 모순되지 않는가? 영적 가능성을 향해 내 마음을 여는 순간, 나는 나를 집어삼키고 결국에는 물불을 가리지 않고 승리를 쟁취하려는 세계관 전쟁을 시작한 것일까?

세계관 전쟁 한가운데

독자 여러분이 혹시 회의론자라면, 그리고 나와 함께 겨우겨우 이곳까지 왔다면, 이제 당신의 반박이 봇물처럼 터지기 시작했을 게 틀림없다. 나 역시 그러했다. 신은 단지 소원을 비는 대상이 아닌가? 종교라는 이름으로 이제까지 얼마나 많은 해악이 저질러졌던가? 자애로운 신이 어떻게 사람들의 고통을 묵인할 수 있는가? 진지한 과학자가 어떻게 기적의 가능성을 받아들이는가?

믿음을 가진 사람이라면 앞 장에서 언급한 이야기에 어느 정도 안심을 했겠지만, 다수의 독자들은 믿음에 대해 자신이 직면한, 또는 주변 사람들이 직면한 문제와 충돌하는 부분이 있다고 생각한다.

의심은 믿음의 피할 수 없는 일부다. 파울 틸리히(Paul J. Tillich)는 이런 말을 했다. "의심은 믿음의 반대가 아니다. 그것은 믿음을 구성하는 한 요소다."[1]

만약 신이 존재한다는 사실을 완벽하게 설명할 수 있다면, 세상에는 오로지 하나의 신앙과 그것을 실천하는 자신감 넘치는 신도들로 가득할 것이다. 그러나 확실한 증거가 있다는 이유로 믿음을 선택할 자유를 박탈해버린 세상을 한번 상상해보라. 그런 세상이 재미가 있을까?

　회의론자나 신앙을 가진 사람이나 의심의 출처는 여러 가지다. 그중 하나는 종교적 믿음과 과학적 관찰이 주장하는 바가 서로 충돌하는 부분이다. 최근에는 특히 생물학과 유전학에서 이런 충돌이 두드러지는데, 이에 관해서는 다음 장에서 다루기로 하자. 또 다른 충돌은 인간의 경험 중 철학적인 영역에서 일어나는데, 이 부분이 이번 장에서 다룰 내용이다. 이 주제를 문제 삼지 않는 사람이라면 3장으로 바로 넘어가도 좋다.

　철학적 문제를 다룰 때 나는 전문가가 아닌 평범한 사람으로 이야기할 것이다. 그러나 나도 이 문제로 씨름한 사람이다. 특히 인간에게 관심을 갖는 하나님의 존재를 받아들이고부터 1년 동안은 다양한 방면에서 의문이 꼬리에 꼬리를 물었다. 의문이 처음 생겼을 때는 하나같이 매우 신선하고 대답이 불가능해 보였지만, 알고 보니 내 반박은 죄다 과거 수세기 동안 다른 사람들이 이미 더욱 강력하고 똑 부러지게 제기했던 것들이었고, 그 사실을 알고 나니 마음에 위안이 되었다. 그중에서도 가장 큰 위안은 그 질문에 설득력 있게 답을 해줄 훌륭한 자료가 많다는 사실이었다. 이번 장에서 나는 그 자료에 의존하고, 거기에 내 생각과 경험을 덧붙이려 한다. 참고할 자료가 많았지만 특히 지금은 내게도 친숙해진 옥스퍼드 학자 루이스가 쓴 글을 많이 참고했다.

　여기에서 다룰 수 있는 반박은 많지만, 그중에서도 신앙이 처음 탄생하던 시기에 사람들을 난처하게 했던 네 가지 반박을 정리해보았다. 이 반박은 신을 믿을지 말지를 놓고 고민하는 사람들의 최고 관심사일 것이다.

신은 단지 욕구 충족을 위해 만들어진 희망사항인가

신은 정말 존재할까? 아니면 이제까지 연구된 모든 문화에 나타나는 초자연적 존재를 찾는 행위는 단지 우리 밖에 어떤 존재가 있어서 그가 의미 없는 삶에 의미를 부여하고 죽음의 고통을 제거해주리라는 인간의 보편적이고 근거 없는 갈망을 표현하는 것일까?

현대의 삶이 바쁘고 지나치게 자극적이다보니 신성한 존재를 찾는 행위가 다소 뒤로 밀려난 감이 있지만, 그래도 그것은 여전히 인간이 가장 보편적으로 갈망하는 것 가운데 하나다. 루이스는 자신의 일상에서 일어나는 이 같은 갈망을 그의 훌륭한 저서 《예기치 못한 기쁨(Surprised by Joy)》에서 묘사하는데, 그것은 삶에서 시 몇 줄과 같은 단순한 것으로도 촉발되는 강렬한 갈망이며, 이를 '기쁨'이라고 말한다. 루이스는 이 체험을 "다른 어떤 만족보다도 더 탐나는, 만족되지 않는 욕구"라고 표현한다.[2]

지금도 생생하게 기억하는데, 나 역시 기쁨과 슬픔 중간쯤에 위치하는 지독한 갈망이 나를 갑작스레 사로잡는 바람에 그 감정이 대체 어디서 왔는지, 그리고 그것을 어떻게 극복해야 할지 의아해했던 적이 있었다.

열 살 때 나는 한 아마추어 천문가가 우리 농장의 높은 들판에 설치해놓은 망원경을 들여다보고는 넋을 잃었던 적이 있었다. 그때 우주가 얼마나 거대한지 실감하면서 달 표면의 분화구와 플레이아데스 성단이 뿜는 신비스럽고 투명한 빛을 바라보았다. 열다섯 살 때는 성탄절 전날 밤에 유난히 아름다운 성탄절 캐럴을 들었는데, 익숙한 가락 위로 들리는 감미롭고 순수한 선율에 나는 돌연 경외감을 느끼면서 딱 꼬집어 말하기 힘든 그 무언가를 갈망했다.

그러다가 세월이 많이 흘러 무신론자 대학원생 시절에 이와 똑같은 경외감과 갈망을 느끼다가 깜짝 놀랐다. 베토벤 교향곡 3번 '영웅'의 2악장을 듣고 있을 때였는데, 이번에는 여기에 유난히 진한 슬픔이 섞여들었다. 1972년 올림픽에서 테러리스트의 소행으로 이스라엘 선수들이 죽고 전 세계가 슬픔에 잠겼을 때, 베를린 교향악단이 이를 애도해 올림픽 경기장에서 연주한 힘이 넘치는 음악이었다. 숭고함과 비극이, 삶과 죽음이 한데 섞인 연주였다. 나는 이후 몇 달 동안 유물론적 세계관에서 형언키 어려운 영적 차원으로 옮겨갔다. 정말 대단히 놀라운 경험이었다.

좀 더 최근의 경험을 보면, 이전까지 사람들에게 알려지지 않은 것을 발견하는 대단한 특권을 누리는 과학자에게는 그 번득이는 통찰력에서 오는 특별한 종류의 기쁨이 있게 마련이다. 과학적 진실을 희미하게 감지하면 나는 그 즉시 만족감을 느끼고 진실보다 더 위대한 것을 이해하고픈 갈망을 느낀다. 이런 순간에는 과학이 단순한 발견을 뛰어넘는다. 이때 과학자는 현실적 설명이 불가능한 세계를 경험한다.

그렇다면 이 경험에서 우리는 무엇을 얻을 것인가? 우리보다 더 위대한 그 무엇을 갈망하는 감정의 정체는 무엇인가? 적절한 수용기에 정확히 도달한, 그래서 뇌 어느 부분에 깊숙이 전파를 쏘아 보낼 신경전달물질의 조합일 뿐일까? 아니면 앞 장에서 설명한 도덕법처럼 저 너머에 있는 것을 어렴풋이 감지하는 능력, 즉 나보다 훨씬 위대한 무언가를 가리키는, 인간 정신에 깊이 뿌리박힌 표지일까?

무신론적 관점에서 보면, 그런 갈망이 초자연적 존재를 암시한다고 볼 수는 없다. 그러한 경외감을 신에 대한 믿음으로 해석하는 것은 희망사항에 불과한 것을 진짜라고 믿고 싶어서 억지로 꾸며낸 답에 불과하다. 지그문트 프로이트는 그의 글에 이런 독특한 견해를 드러내어 광범위한 독자를 확보했다. 신을 바라는 소망은 어린 시절의 경험에서 비롯된다는 게 그의 주장이다. 《토템과 터부(*Totem und Tabu*)》에서 그는 이렇게 말한다. "인간 개개인의 정신을 분석해보면 아주 분명하게 드러나는 사실이 있다. 개개인의 신은 그들의 아버지와 비슷한 모습을 띠며, 신과의 개인적 관계는 실제 친아버지와의 관계에 좌우되고 그것에 따라 갈팡질팡하면서 변화한다는 점이다. 알고 보면 신은 고상한 아버지에 불과하다."[3]

'신은 욕구 충족을 위해 만들어진 희망사항'이라는 주장이 갖는 문제점은 지구상의 주요 종교에 나타나는 신의 성격을 정확히 파악하지 못했다는 점이다. 정신분석학을 연구한 하버드대학 교수인 아맨드 니콜라이는 《루이스 VS 프로이트(*The Question of God*)》에서 프로이트의 견해를 루이스와 비교한다.[4]

루이스는 그러한 욕구 충족이 성경에 나오는 신과는 사뭇 다른 신을 만들 수도 있다고 주장했다. 버릇없이 제멋대로 굴어도 용서해줄 너그러운 신을 찾는다면, 성경을 아무리 뒤져봐야 소용없는 일이다. 그러한 신을 찾기는커녕, 도덕법의 존재와 씨름하고 그것을 지키며 살아가지 못하는 우리의 명백한 무능에 정면으로 맞서기 시작하는 사이, 우리는 곤경에 빠질 뿐 아니라 나중에는 도덕법을 만든 존재와 영영 멀어질 수도 있다. 게다가 아이는 자라면서 자유로워지고 싶은 욕구를 비롯해 부모를 향한 이중적인 감정을 경험하지 않던가? 그렇다면 욕구 충족이 왜 신이 없기를 바라는 희망이 아닌 신이 있기를 바라는 희망으로 이어지겠는가?

신은 인간이 바라는 희망사항이라고 인정한들, 그것이 신이 실재할 가능성은 없다는 뜻일까? 절대 그렇지가 않다. 내가 사랑스러운 아내를 원한다고 해서 아내가 상상의 인물이 되지는 않는다. 농부가 비를 바랄 때 비가 돌연 억수같이 쏟아질 가능성까지 배제하는 것은 아니다.

사실 신은 희망사항이라는 주장을 완전히 뒤집어볼 수도 있다. 인간 특유의 보편적인 그러한 갈망이 실현 가능성이 전혀 없다면 애초에 왜 존재하겠는가? 루이스는 이번에도 이를 매끄럽게 설명한다. "욕구를 충족할 수 없다면 생명체는 아예 욕구를 가지고 태어나지도 않았다. 아기는 배고픔을 느낀다. 당연히 음식이라는 게 있다. 새끼 오리는 수영을 하고 싶다. 당연히 물이라는 게 있다. 인간은 성적 욕구를 느낀다. 당연히 성행위라는 게 있다. 만약 세상 어떤 경험으로도 충족할 수 없는 욕구를 내 안에서 발견한다면, 나는 다른 세계에서 살도록 만들어졌다는 말이 가장 그럴 듯한 설명이 된다."[5]

신성한 것을 원하는 갈망이, 인간이 경험하는 보편적이면서도 알다가도 모를 이 갈망이, 혹시 희망사항이 아니라 우리 너머에 있는 무언가를 가리키는 바늘은 아닐까? 왜 우리 마음과 정신에는 "신의 형상을 한 진공실"이 존재할까? 그것이 채워질 것이 아니라면.

오늘날과 같은 물질주의적 세계에서는 갈망을 아예 눈치 채지 못하고 지나치기가 쉽다. 애니 딜라드(Annie Dillard)는 훌륭한 수필집 《돌에게 말하는 법 가르치기(*Teaching a Stone to Talk*)》에서 점점 커가는 그 공허함을 이야기한다.

> 이제 우리는 더 이상 원시인이 아니다. 세계 어느 곳도 신성해 보이지 않는다. (…) 우리 인간은 범신론에서 범무신론으로 옮겨갔다. (…) 우리가 입은 피해를 되돌리거나 우리가 떠나달라고 했던 것들을 다시 우리 앞으로 불러오기는 어렵다. 신성한 숲을 더럽혀놓고 내 마음을 바꾸기는 어려운 일이다. 우리는 불타는 덤불을 껐고 이제 다시 불을 붙이지 못한다. 그리고 푸른 나무만 보면 그 아래에서 헛되이 성냥을 그어댄다. 예전에는 바람이 울고 언덕이 소리 높여 찬양을 외쳤을까? 이제 지구상에 생명이 없는 것들 사이에서 말이 사라졌고, 살아 있는 것들은 극소수에게 고작 몇 마디만을 건넬 뿐이다. (…) 그러나 고래가 뛰어올랐다가 수면을 철썩 때리듯 움직임이 있는 곳에는 소음이 있고, 움직임이 없는 곳에는 낮고 고요한 목소리가, 회오리바람에 실려오는 신의 음성이, 자연의 오래된 노래와 춤이, 우리가 도시에서 추방한 쇼가 있다. (…) 수백 년 동안 우리가 한 것이라고는 신을 산으로 돌려보내려 하거나, 아니면 그것에 실패하고는 우리가 아닌 어떤 것에서 찍찍거리는 소리를 끄집어낸 것밖에 더 있는가? 성당과 물리 실험실의 차이가 무엇인가? 둘 다 "누구 없소?"라고 말하는 곳이 아니던가.**6**

종교라는 이름으로 저지른 그 모든 해악은 어찌하려는가

진지한 많은 탐구자들이 마주치는 장벽은 역사를 통틀어 종교라는 이름으로 저질러진 끔찍한 사례를 보여주는 명백한 증거들이다. 연민과 비폭력을 주요 교리로 삼는 종교를 포함해 사실상 거의 모든 종교에서 볼 수 있는 일이다. 권력 남용, 폭력, 위선을 적나라하게 보여주는 사례 앞에서, 그러한 죄악을 저지른 자들이 주창하는 교리를 어떻게 따를 수 있겠는가?

이 딜레마에 두 가지 대답이 가능하다. 우선 종교라는 이름으로 수많은 훌륭한 일들도 행해졌음을 기억하라. 교회는 정의와 박애를 지지하는 중요한 역할을 해왔다. 그 한 예로 종교 지도자들이 억압받는 사람들을 구해준 사례를 들 수 있는데, 이를테면 모세는 노예 상태에 있는 이스라엘 사람들을 구했고, 윌리엄 윌버포스는 영국 의회를 설득해 노예무역에 반대하게 했으며, 마틴 루터 킹 주니어 목사는 미국에서 민권운동을 이끌다가 목숨을 잃기까지 했다.

두 번째 대답은 다시 도덕법으로, 즉 우리 인간 중에 누구도 그것을 완벽하게 준수하지 못하는 도덕법으로 돌아간다. 교회는 이런 부족한 인간들이 모이는 곳이다. 영적 진실이라는 순수하고 깨끗한 물이 녹슨 그릇에 담긴다. 따라서 지난 수백 년 동안 교회가 제 구실을 못했다고 해서 믿음 그 자체를 탓한다면 순수한 물을 탓하는 것과 같다. 특정 교회의 행위를 보고 영적 믿음의 진실과 호소력을 평가하는 사람들은 대개 믿음에 결코 동참하지 못하는데, 어쩌면 당연한 일이다. 볼테르는 프랑스혁명이 태동하던 시기에 프랑스 가톨릭교회를 향해 적개심을 드러내며 이렇게 썼다. "교회가 저렇게 혐오스럽게 구는데 세상에 무신론자가 생기는 건 당연하지 않은가?"[7]

 교회가 믿음의 원칙을 떠받들기는커녕 드러내놓고 거스르는 예는 어렵지 않게 찾을 수 있다. 그리스도는 산상설교에서 참 행복을 이야기했지만 중세 가톨릭교회는 폭력적인 십자군 원정을 일으키고 이후에 일련의 종교재판을 진행하면서 이 행복을 무시했다. 예언자 무하마드는 박해자에게 폭력으로 대응한 적이 단 한 번도 없지만 이슬람교도는 지하드를 결성해 아주 오래전부터 2001년 9월 11일 사태에 이르기까지 많은 폭력 행위를 자행함으로써 이슬람교는 본질적으로 폭력적이라는 그릇된 인식을 심어놓았다. 힌두교나 불교처럼 폭력과는 거리가 멀다고 인식되는 신앙을 가진 사람들조차 최근의 스리랑카 사태에서처럼 더러는 무력충돌에 가담하기도 한다.

 신앙의 진실을 훼손하는 것은 비단 폭력만이 아니다. 일부 종교 지도자 사이에서 곧잘 나타나는 추악한 위선은 대중매체를 타고 다른 어느 때보다 더욱 확연하게 모습을 드러냄으로써 많은 회의론자들이 종교에는 객관적인 진실이나 선이 존재하지 않는다는 결론을 내리게 한다.

 알게 모르게 기승을 부리는 또 다른 문제가 있다. 많은 교회에 출몰하는 세속적 믿음이 그것이다. 이는 전통적 믿음에 담긴 모든 신성한 부분을 벗겨낸 채, 사회적 사건이나 전통과 관련된 영적 삶을 대변할 뿐 신을 추구하는 행위와는 전혀 관련이 없는 믿음이다.

 그렇다면 일부 비평가가 종교를 사회의 부정 세력으로 지목하거나 카를 마르크스의 말을 빌려 "종교는 인민의 아편"이라고 말하는 것이 지당한 일일까? 곰곰이 한번 생각해보자. 소련에서, 그리고 마오쩌뚱이 이끄는 중국에서, 무신론에 기초한 사회 건설을 공공연한 목표로 내걸고 이루어진 마르크스주의자들의 대대적인 실험은 최근 다른 정권이 저지른 학살이나 권력남용만큼이나, 아니 어쩌면 그보다 더 지독할 수 있다는 사실을 증명해 보였다. 사실 무신론은 그 어떤 높은 권위도 인정하지 않음으로써, 인간을 모든 책임감에서 해방시키고 서로를 억압하지 않게 하는 잠재적 힘으로 인정받기에 이르렀다.

긴 세월 동안 종교적 억압과 위선이 엄연히 존재했지만, 진지한 믿음을 추구하는 사람이라면 결점투성이인 인간의 행동 너머에 있는 진실을 바라볼 줄 알아야 한다. 몽둥이를 만드는 데 쓰였다는 이유로 참나무를 비난하겠는가? 거짓말이 전파되도록 내버려두었다는 이유로 공기를 나무라겠는가? 5학년짜리 아이들이 연습도 제대로 안 하고 무대에 올린 모차르트의 〈마술피리〉를 보고 작품 자체의 질을 평가하겠는가? 태평양에서 지는 해를 본 적이 없다고 해서 관광안내 책자로 대리만족을 하겠는가? 옆집의 살벌한 결혼생활만을 보고 낭만적 사랑의 힘을 평가하겠는가?

안 될 말이다. 믿음의 진실을 제대로 평가하려면 깨끗하고 순수한 물을 봐야지, 녹슨 물그릇을 보아서는 안 된다.

자애로운 신이 왜 세상의 고통을 내버려두는가

세상 어딘가에는 고통을 한 번도 겪어보지 않은 사람도 있을 수 있다. 그러나 내가 아는 사람 중에는 그런 사람이 없으며, 이 책을 읽는 독자 중에도 내가 그 부류라고 말할 사람은 아마 없을 것이다. 이처럼 누구나 고통을 겪다보니 많은 사람이 자애로운 신의 존재에 의문을 품게 된다. 루이스가 《고통의 문제(The Problem of Pain)》에서 썼듯이, 이들은 이렇게 주장한다. "하나님이 선하다면 피조물에게 완벽한 행복을 안겨주고 싶을 것이고, 하나님이 전지전능하다면 원하는 바를 실현할 수 있을 것이다. 그러나 피조물은 행복하지 않다. 따라서 하나님은 선하지 않거나 전지전능하지 않거나 아니면 둘 다이다."[8]

이 딜레마에는 몇 가지 답이 있다. 어떤 답은 받아들이기가 쉽고 어떤 답은 그렇지 않을 수 있다. 첫째로 우리 고통의 많은 부분이 우리가 자초한 고통이라는 점이다. 칼, 활, 총, 폭탄, 그 밖에 여러 세대에 걸쳐 사용된 수많은 고문 수단은 신이 아닌 인간의 발명품이다. 음주운전으로 희생된 아이들, 전쟁터에서 죽어간 죄 없는 사람들, 범죄가 활개 치는 오늘날의 도시에서 길을 가다 총에 맞아 쓰러진 여자아이들 (…). 모두 신을 탓할 수 없는 비극이다. 우리에게는 원하는 것을 할 수 있는 자유의지라는 것이 있다. 우리는 이 능력을 이용해 곧잘 도덕법을 거부한다. 이때도 그 결과를 두고 신을 탓해서는 안 된다.

그렇다면 신은 이런 자유의지를 제약하여 악마 같은 소행을 막았어야 하지 않은가? 이 의문은 이성적인 출구가 보이지 않는 딜레마에 빠지게 한다. 루이스는 이번에도 이를 명쾌하게 정리한다. "'신은 피조물에게 자유의지를 줄 수 있으며 동시에 자유의지를 빼앗을 수도 있다'고 말한다면, 신에 관해 도대체 앞뒤가 안 맞는 이야기일 뿐이다. 의미 없는 단어 조합이 '신은 할 수 있다'는 말을 붙인다고 해서 갑자기 뜻이 통하는 것은 아니다. 말이 안 되는 소리는 그것이 아무리 신에 관한 이야기라도 여전히 말이 안 되기는 마찬가지다."[9]

죄 없는 사람이 혹독한 고통을 겪을 때는 아무리 이성적으로 설명을 해도 쉽게 받아들이기가 어렵다. 내가 아는 어느 대학생은 여름방학 때 집에 혼자 남아 외과의사가 되기 위한 준비로 의학 실험을 하고 있었다. 밤에 잠을 자던 이 여학생은 아파트에 한 남자가 침입했다는 걸 알게 되었다. 남자는 목에 칼을 들이대고는 살려달라는 간청도 무시한 채 여자의 눈을 가리고 여자를 덮쳤다. 이때의 일은 여대생의 마음속에 여러 해 동안 두고두고 되살아났다. 가해자는 지금까지 잡히지 않았다.

이 젊은 대학생은 내 딸이다. 그날 밤처럼 악이 또렷하게 내 앞에 드러났던 적이 없었고, 하나님이 어떻게든 개입하여 그 끔찍한 범죄를 막아주었더라면 얼마나 좋았을까, 하는 안타까운 마음이 그때처럼 절실했던 적도 없었다. 하나님은 그 가해자에게 벼락을 내리거나 적어도 양심의 가책 정도는 느끼게 했어야 하지 않는가. 하나님은 왜 우리 딸 주위에 보이지 않는 보호막을 둘러 딸을 보호해주지 않았을까?

신은 드물게 기적을 행할지도 모른다. 그러나 이 물질계에는 자유의지와 질서가 엄연히 존재한다. 우리는 기적이 자주 일어나기를 바라겠지만, 두 가지 힘이 서로 간섭하면 대혼란이 일어날 것이다.

지진, 쓰나미, 화산폭발, 대홍수, 기근 같은 자연재해는 어떠한가? 죄 없는 어린아이가 암에 걸린 경우처럼 규모는 작지만 역시 끔찍한 사례는 또 어떠한가? 영국국교회 사제이면서 저명한 물리학자인 존 폴킹혼(John Polkinghorne)은 이런 부류의 악을 인간이 저지르는 '도덕적 악'과 반대되는 개념으로 '물리적 악'이라 불렀다. 이런 악은 어떻게 정당화될 수 있을까?

과학이 밝힌 바에 따르면 우주와 우리 행성과 삶 그 자체가 진화 과정에 개입한다. 그 결과 일기 변화, 지각판 이동, 정상적인 세포 분열 시 암유전자 발현과 같은 예상치 못한 일이 일어나기도 한다. 태초에 신이 이런 물리적 힘을 이용해 인간을 창조하기로 했다면 그에 따르는 고통스러운 결과는 필연적이다. 신이 자주 기적을 일으켜 간섭한다면, 자유의지에 따른 인간의 행동에 개입했을 때만큼이나 물리적 영역에서 대혼란이 일어났을 것이다.

진지한 많은 탐구자들에게는 인간의 존재 자체에서 오는 고통을 설명하기에는 이 같은 이성적 논리도 충분치 않다. 왜 우리 삶은 기쁨의 정원이기보다는 눈물의 계곡일 때가 많을까? 이제까지 이 명백한 모순을 이야기한 글이 많았지만 결론은 간단치 않다. 결론적으로 말하면, 신이 우리를 사랑하고 우리 행복을 바란다면, 신은 아마도 우리와는 다른 계획을 세웠을 것이다. 어려운 이야기다. 특히 신의 자애로움에 기대어 지나치게 응석을 부리면서 평생 행복하게 해달라고 조르기만 했다면 더욱 이해하기 어려운 결론이다.

다시 루이스의 말을 빌려보자. "사실 우리가 원하는 것은 천국의 아버지라기보다 천국의 할아버지다. 그들 말대로 '젊은 사람들이 즐기는 것을 보고 싶어 하는' 인자한 할아버지이며, 우주를 관장하는 계획이라고는 고작해야 날마다 하루를 마무리하면서 '모두 즐거운 시간이었어'라는 진심 어린 말을 남기는 정도의 계획일 것이다."[10]

인간의 경험으로 판단하건대, 우리가 신의 자애를 받아들이면 신은 분명 우리에게 이보다 더한 것을 바랄 것이다. 사실 여러분도 그런 경험을 하지 않았던가? 여러분은 일이 잘 풀릴 때와 시련이나 좌절 또는 고통에 맞닥뜨렸을 때 중에서 어느 때 자신에 대해 더 많이 알게 되는가? "신은 우리 즐거움에 대고는 속삭이고 우리 양심에 대고는 평범하게 이야기하지만 우리 고통에 대고는 소리를 지른다. 귀먹은 세상을 일깨우는 것은 신의 확성기다."[11]

우리가 고통을 피하고 싶어하는 만큼, 그러한 고통이 없다면 우리는 궁극적으로 고상함을 잃어버리거나 타인의 행복을 위해 애쓰지 않는 천박하거나 자기중심적인 사람이 되지 않겠는가?

이렇게 한번 생각해보자. 우리가 지구상에서 하는 결심 가운데 가장 중요한 결심이 믿음에 관한 결심이라면, 우리가 지구상에서 맺는 관계 가운데 가장 중요한 관계가 신과의 관계라면, 영적 피조물로서의 우리 존재가 이승에서 살아생전에 우리가 알고 관찰하는 정도에 국한되지 않는다면, 인간의 고통은 전적으로 새로운 양상을 띤다. 우리가 왜 그런 고통을 겪는지 그 이유를 충분히 이해하지는 못한다 해도 어쨌거나 이유는 있으리라고 생각하기 시작한다.

내 경우, 딸이 성폭행을 당한 사건은 가슴이 찢어지는 고통 속에서도 용서의 진정한 의미가 무엇인가를 깨달으라는 시련이었음을 희미하게나마 인식할 수 있었다. 솔직히 말하면 아직도 그 문제를 가지고 씨름 중이다. 어쩌면 그 일은 내가 우리 딸들을 온갖 고통과 시련에서 완벽하게 지켜줄 수 없다는 사실을 인식하는 기회이기도 했을 것이다. 나는 아이들을 하나님의 애정 어린 보살핌에 맡겨야 한다는 것을 깨달았고, 그러면서 그것이 악에 저항하는 면역주사가 아니라 악으로 인한 고통이 헛되지 않으리라는 확신이라는 점을 깨달았다. 실제로 우리 딸은 그때의 경험이 계기가 되어 성폭행을 당한 다른 사람들을 상담하고 위로하게 되었다고 곧잘 이야기했다.

신은 역경을 통해 나타나기도 한다는 생각은 결코 쉽게 받아들일 수 있는 것이 아니며, 영적인 견해를 인정하는 세계관에서만 확실하게 뿌리를 내리는 생각이다. 고통을 거친 성장이라는 개념은 사실 세계 주요 신앙에서 보편적으로 발견되는 신념이다. 이를테면 녹야원에서 부처가 설법한 사성제는 '삶은 고통'이라는 '고제(苦諦)'로 시작한다. 신자들에게는 역설적이게도 이 고제를 깨닫는 것이 크나큰 위안의 원천이 된다.

예를 들어 의대생 시절에 내가 좋아했던 어떤 여학생은 말기에 이른 자신의 병을 순순히 인정하면서 내 무신론에 이의를 제기했었는데, 이 학생은 생애 마지막 나날을 보내면서 자신이 하나님과 멀리 떨어진 게 아니라 아주 가까이 있다는 느낌을 받았다고 고백했다.

더 큰 역사적 무대를 살펴보면, 독일 신학자 디트리히 본회퍼(Dietrich Bonhoeffer)는 제2차 세계대전 중에 독일의 그리스도 교회가 나치를 지지하기로 결정하자 교회를 살리기 위해 할 수 있는 일을 찾아보겠다며 자진해서 미국을 떠나 독일로 돌아갔다. 그리고 히틀러 암살 음모에 가담한 혐의로 투옥되었다. 교도소에서 지내는 2년 동안 본회퍼는 갖은 모욕을 겪고 자유를 빼앗기면서도 신앙과 신을 향한 찬양만큼은 흔들리지 않았다. 교수형에 처해지기 직전, 그리고 독일이 해방되기 불과 몇 주 전에 그는 이렇게 적었다. "잃어버린 시간이란 우리가 삶을 끝까지 누리지 못한 시간이며, 경험과 창조적 노력과 기쁨과 고통으로 비옥해지지 못한 시간이다."[12]

**이성적인 사람이
어떻게 기적을
믿을 수 있는가**

마지막으로 특히 과학자에게 딱 들어맞는 반박을 생각해보자. 기적이 어떻게 과학적 세계관과 화해할 수 있는가?

우리는 '기적'이라는 말의 의미를, 요즘 말로 표현해서 '싸구려'로 만들어버렸다. '기적의 약', '기적의 다이어트', '빙상의 기적', 심지어는 '기적의 메츠팀'도 있다. 모두 기적이라는 말의 본래 의미와는 거리가 먼 말들이다. 정확히 말하면 기적이란 자연의 법칙으로는 설명이 불가능한 초자연적인 것에서 유래했다고 생각되는 사건을 말한다.

어느 종교나 이런저런 기적이 있게 마련이다. 이스라엘 사람들은 모세를 따라 홍해를 건너고 파라오 부대는 바다에 익사했다는 탈출기에 나오는 놀라운 이야기는 파멸이 임박한 자손들을 구하려는 하나님의 뜻을 나타낸다. 마찬가지로 여호수아가 하나님에게 전투를 성공적으로 끝내도록 낮의 길이를 늘려달라고 간청하자 태양이 그 자리에 멈춰 있더라는 이야기는 기적으로밖에 설명할 길이 없다.

이슬람교에서는 천사 지브릴이 무하마드에게 초자연적 지시를 내림에 따라 메카 근처 동굴에서 코란이 처음 만들어졌다고 한다. 무하마드가 승천하여 천국과 지옥의 모든 특징을 살펴볼 기회를 얻은 일 역시 기적이다.

기적은 그리스도교에서 특별한 위력을 갖는데, 그중에서도 그리스도의 부활이 가장 의미심장한 기적으로 꼽힌다.

요즘처럼 이성적인 인간을 강조하는 때에 어떻게 이런 주장이 받아들여질 수 있을까? 일단 초자연적인 사건은 일어날 수 없다는 가정을 세우고 시작하면 기적은 인정할 수 없다. 다시 루이스로 돌아가 보자. 그는 《기적(*Miracles*)》이라는 책에서 이 주제에 대한 견해를 명확히 드러냈다. "기적이라 불리는 모든 사건은 보고, 듣고, 만지고, 냄새 맡고, 맛보는 우리 감각에 맨 마지막으로 호소하는 사건이다. 우리 감각은 백 퍼센트 정확하지 않다. 뭔가 예사롭지 않은 일이 일어나면 우리는 곧잘 우리가 착각에 빠졌다고 말하기도 한다. 초자연적인 것을 배제하는 철학을 가졌다면 언제나 그렇게 말할 것이다. 우리가 경험에서 무엇을 배우느냐는 우리가 어떤 철학을 가지고 있느냐에 달렸다. 따라서 우리가 철학적 문제를 최대한 확실하게 정하기 전까지는 경험에 의존하는 것은 무의미하다."[13]

철학적 문제를 수학적으로 접근하는 것이 영 불편한 사람에게는 기겁할 일이지만 어쨌거나 이렇게 한번 분석해보자. 토머스 베이즈(Thomas Bayes) 목사는 스코틀랜드 신학자이지만 신학적 사색보다는 확률정리로 더 유명한 사람이다. '베이즈 정리'에는 한 가지 공식이 나오는데, 처음에 일정한 정보('사전확률')가 주어졌을 때와 추가 정보가 주어졌을 때('조건부확률') 어떤 사람이 특정한 사건을 관찰할 확률을 계산하는 식이다. 베이즈 정리는 어떤 사건에 두 가지 이상의 원인이 존재할 경우에 특히 유용하다.

다음의 예를 생각해보자. 내가 어떤 정신 나간 사람에게 붙잡혔다. 그 사람은 내게 풀려날 가능성을 제시한다. 그가 나더러 카드 한 벌에서 한 장을 빼냈다가 다시 집어넣고 섞은 다음 다시 한 장을 빼라 한다. 이때 두 번 다 스페이드 에이스가 나오면 풀려난다. 대체 시도할 가치가 있는지 의심스럽지만 어쨌거나 한번 해본다. 그런데 놀랍게도 두 번 연달아 스페이드 에이스가 나온다. 나는 쇠사

슬에서 풀려 집으로 돌아온다.

수학적 호기심이 생겨 이 행운이 일어날 확률을 계산해본다. 1/52 × 1/52 = 1/2704. 대단히 희박한 확률이지만 어쨌거나 일어났다. 몇 주 뒤에 나는 그 카드를 만든 회사에서 일하는 마음씨 좋은 사람을 만났는데, 그는 나를 감금한 정신 나간 사람의 내기를 미리 알고는 카드 100벌 중에 1벌 꼴로 52장을 죄다 스페이드 에이스로 채워놓았던 것이다.

그렇다면 내가 풀려난 사건이 단순히 행운만은 아니었다는 뜻인가? 어쩌면 총명하고 정이 많은 어떤 존재가(그 회사 직원이) 내가 잡혔을 때 나도 모르는 사이에 끼어들어 내가 풀려날 가능성을 높여놓았을 것이다. 내가 집어든 카드 한 벌이 서로 다른 52장의 카드가 담긴 평범한 카드였을 확률은 99/100이다. 또 스페이드 에이스만 담긴 특별한 한 벌이었을 가능성은 1/100이다. 이 두 가지 가능한 출발점에서, 스페이드 에이스를 연달아 두 번 뽑을 '조건부확률'은 각각 1/2704과 1이다. 베이즈 정리로 이제는 '사후확률'도 계산할 수 있는데, 스페이드 에이스를 두 번 뽑았다고 할 때 내가 집은 카드 한 벌이 기적의 카드일 확률은 96퍼센트라는 결론이 나온다.

일상에서 기적 같은 일들이 일어났을 때도 같은 방법으로 그 확률을 계산할 수 있다. 이를테면 치명적이라고 알려진 암이 조기에 자연적으로 치유되었다고 가정해보자. 그것이 기적일까? 베이즈 정리로 이 문제를 풀려면 기적적인 암 치유가 처음 일어났을 때 '사전확률'을 결정해야 한다. 1000분의 1? 100만 분의 1? 아니면 제로?

이성적인 사람이라면 물론 동의하기 힘든, 때로는 거칠게 이의를 제기할 만한 부분이다. 골수 유물론자라면 애초에 기적이 일어날 가능성은 조금도 인정하지 않는다. 이 사람의 '사전확률'은 제로다. 따라서 암이 자연 치유되는 극히 드문 경우도 기적의 증거로 받아들이지 않으며, 다만 희귀한 일은 자연계 안에서도 이따금씩 일어난다고 말하고 만다. 그러나 신의 존재를 믿는 사람이라면 상황을 조사한 뒤에 그러한 치유는 이제까지 알려진 자연적 과정으로는 일어날 수 없다고 결론짓고, 기적이 일어날 사전확률이 비록 대단히 적지만 제로는 아니라고 인정한다. 그러고는 자기만의 대단히 비공식적인 베이즈 식 계산을 한 뒤에 기적은 일어나지 않을 가능성보다 일어날 가능성이 더 많다는 결론을 내릴 것이다.

이 모든 경우를 종합해보면, 기적에 관한 토론은 초자연적인 것이 어떤 형태로든 존재하리라는 가능성을 고려할 것인가, 고려하지 않을 것인가에 관한 토론으로 빠르게 옮겨간다. 나는 존재할 가능성을 믿지만 동시에 '사전확률'은 일반적으로 대단히 낮다고 생각한다. 다시 말해 어떤 사건이든 일단 자연적 설명으로 추론해야 한다. 놀라운 일이지만 일상적으로 일어나는 일은 무조건 기적이라고 하기는 어렵다.

신은 우주를 창조했으나 그 이후로는 다른 곳을 돌아다니며 다른 일을 한다고 생각하는 이신론자라면 골수 유물론자와 마찬가지로 자연에서 일어나는 일을 기적으로 생각할 하등의 이유가 없다. 신이 인간의 삶에 간여한다고 믿는 유신론자라면, 신이 일상에 얼마나 간여하겠는가에 대한 개인적 견해에 따라 기적이라고 추측할 다양한 기준이 존재한다.

개인적으로 어떤 견해를 갖고 있든 간에, 기적일 가능성이 잠재하는 사건을 해석할 때는 종교적 견해의 진실성과 합리성에 의문이 제기되지 않도록 건강한 회의주의가 필요하다는 점이 중요하다. 기적의 가능성을 골수 유물론자보다도 더 빨리 잠재워버리는 유일한 부류를 들자면, 자연적으로도 얼마든지 설명할 수 있는 일상의 일을 두고 기적이라고 주장하는 자들이다. 꽃이 피는 현상을 기적이라고 주장하는 사람은 점점 발전하는 식물생태학을 무시하는 사람이다. 현재 식물생태학은 장미가 발아하는 순간부터 아름답고 향기로운 꽃을 피우기까지의 전 과정을 명료하게 설명하는데, 이 모든 단계는 장미의 DNA 설계도에 따라 착착 진행된다.

마찬가지로 복권에 당첨된 사람이 기도가 실현되었다는 이유로 기적이라고 떠든다면 남의 말을 잘 믿는 우리 속성을 이용해먹는 꼴이다. 믿음의 사소한 흔적들이 널리 퍼져있는 오늘날의 우리 사회에서, 그 주에 복권을 산 엄청나게 많은 사람들이 복권에 당첨되게 해달라고 지나가듯 기도를 했을 것이다. 그렇다면 기적이 일어났다는 실제 당첨자의 주장은 공허하기만 하다.

병을 기적적으로 고쳤다는 주장은 그 진위를 가리기가 더 어렵다. 의사인 나는 회복이 불가능해 보이는 병을 이겨내는 사람을 더러 보게 된다. 하지만 그 병에 대해 그리고 그것이 인체에 미치는 영향을 제대로 모르면서 그 상황을 기적의 개입으로 돌리는 것이 나는 영 못마땅하다. 기적으로 치료되었다는 주장을 객관적 관찰자로서 자세히 들여다보면 근거 없는 주장인 경우가 너무 많다.

그러나 이처럼 우려스러운 상황에도 불구하고, 그리고 기적을 주장하려면 반드시 광범위한 증거가 필요하다는 사실에도 불구하고,

대단히 드물지만 진짜 기적적인 치유라 부를 만한 사례를 들었을 때 나는 그다지 놀라지 않는다. 나의 '사전확률'은 낮지만 제로는 아니니까.

자연계를 탐색하는 수단으로 과학을 신뢰하고, 자연계는 일정한 법칙에 따라 움직인다고 보는 사람에게도 기적은 이처럼 양립할 수 없는 모순점을 갖지 않는다. 나처럼 독자들도 자연계 밖에 무언가가 또는 누군가가 존재하리라고 인정한다면, 왜 드물게 그 힘이 엄습해올 수 없는가를 논리적으로 설명할 길이 없다. 반면에 세상이 대혼란으로 빠지지 않으려면 기적은 아주 드물게 일어나야 한다. 루이스는 이렇게 썼다. "하나님은 기적을 후추통에서 후추 뿌리듯이 마구 뿌려대지 않는다. 기적은 꼭 필요한 경우에만 일어난다. 그것은 역사의 거대한 중심축에서 나타난다. 정치적 또는 사회적 역사의 중심축이 아니라 인간이 이해할 수 없는 영적 역사의 중심축이다. 당신의 삶이 그 거대한 중심축과 가깝지 않다면 어떻게 기적을 목격하길 바랄 수 있는가?"[14]

우리는 여기서 기적의 희소성에 관한 주장뿐 아니라 기적은 그 자체로 목적을 가지고 있으며 단지 사람들에게서 탄성을 이끌어낼 목적인 변덕스러운 마술사의 초자연적 행위를 일컫는 게 아니라는 주장도 볼 수 있다. 신이 전지전능과 선의 근원적 화신이라면 그러한 자잘한 속임수나 부리고 있을 리가 없다. 존 폴킹혼은 이 점을 설득력 있게 주장한다. "자연법칙은 그 자체로 신의 의지의 표현이기 때문에 기적을 자연법칙에 대항하는 신성한 행위로 해석해서는 안 되며 만물과 맺은 관계의 신성성을 좀 더 심오하게 드러내는 것으로 봐야 한다. 기적을 무조건적으로 받아들이기보다는 깊이 이해할 때 그것을 신뢰할 수 있다."**15**

이 같은 주장에도 불구하고, 초자연적이라는 말에 그 어떤 근거도 제공해줄 생각이 없는, 즉 도덕법에서 드러나는 증거와 신을 갈망하는 보편적 심리를 거부하는 유물론적 회의주의자들은 기적을 들먹일 아무런 이유가 없다고 주장할 게 분명하다. 그들이 보기에는 자연법칙이면 모든 것을, 심지어는 도저히 일어날 수 없는 일까지도 설명이 가능하다.

이들의 생각이 전적으로 옳을까? 역사에는 도저히 일어날 수 없는 심오한 사건이 적어도 하나 있는데, 모든 분야의 과학자들이 한결같이 이해할 수 없으며 앞으로도 이해할 수 없으리라고 인정하는 사건이며, 자연법칙으로도 설명할 길이 없는 사건이다. 그렇다면 그것이 기적일까? 자, 계속 읽어보자.

2

인간 존재에 관한 심오한 질문들

언젠가는 철학자와 과학자 그리고
일반 사람들이 인간과 우주는 왜 존재하는가, 하는
물음을 놓고 함께 토론을 벌일 수 있을 것이다.
우리가 그 답을 찾는다면
마침내 인간의 이성이 승리했다는 뜻일 것이다.
그것은 곧 신의 마음을 안다는 뜻이기 때문이다.

스티븐 호킹

THE LANGUAGE OF GOD

우주의 기원

 지금으로부터 약 200년 전에, 모든 시대를 통틀어 가장 영향력 있는 철학자로 꼽히는 임마누엘 칸트가 이렇게 썼다. "나를 끊임없는 존경심과 경외감으로 가득 채우는 게 두 가지 있는데, 그것들에 더 오래 더 진지하게 의지할수록 더욱 그러하다. 밖으로는 별이 총총한 하늘이, 안으로는 도덕법이 그것이다."

 우주의 기원과 움직임을 이해하려는 노력은 역사를 통틀어 모든 종교의 특징이기도 했다. 태양신을 숭배하는 종교든, 일식이나 월식 같은 현상에 나타나는 영적 의미를 찬양하는 종교든, 아니면 단순히 신들의 경이로움에 경외감을 나타내는 종교든 항상 그러했다.

 칸트의 말은 근대 과학의 성취를 맛보지 못한 한 철학자의 감상적 사색에 불과한 말일까, 아니면 우주의 기원에 관한 심오하고 중대한 물음에서 과학과 종교가 달성할 수 있는 조화를 나타낸 말일까?

 그러한 조화를 달성할 때 중대한 도전 중 하나는, 과학은 정적이지 않다는 점이다. 과학자들은 새로운 영역으로 끊임없이 팔을 뻗고, 새로운 방식으로 자연계를 탐구하고, 완벽하게 이해되지 않은 영역은 더 깊이 파고든다. 당혹스럽고 설명할 수 없는 현상을 포함하는 일련의 자료와 마주치면 관련이 있을 법한 작동 원리의 가설을 세우고 실험으로 그것을 증명하려 한다. 다양한 최첨단과학 실험이 모두 실패하고, 가설도 대부분 틀린 것으로 드러난다. 과학은 진보하고 스스로 수정해간다.

중대한 오류나 잘못된 가정은 결코 오래 가지 못한다. 새로운 관찰로 결국에는 오류가 밝혀지기 때문이다. 오랜 세월에 걸쳐 꾸준히 관찰한 결과가 때로는 새로운 이해의 틀로 탄생하기도 한다. 이틀을 정교하게 다듬으면 '이론'이 된다. 중력이론, 상대성이론, 세균이론 등이 그것이다.

과학자들의 간절한 희망 하나는 특정 연구 분야를 뒤흔들 대 발견을 내놓는 일이다. 과학자들은 은연중에 무정부주의자 성향을 갖게 마련이라 언젠가는 예상치 못한 사실을 발견해 당대의 사고 틀을 뒤엎으리라는 꿈을 꾼다. 노벨상도 그런 경우에 수여하지 않던가. 이런 점에서 본다면, 심각한 결점을 내포한 채 광범위하게 통용되는 이론을 그대로 유지하려는 음모가 과학자들 사이에 존재하리라는 막연한 추측은 새로운 사실을 발견하려고 부단히 노력하는 과학자들의 태도와는 전혀 맞지 않는 억측일 뿐이다.

천체물리학 연구는 과학자들의 태도를 잘 보여주는 좋은 예다. 이 분야에서는 지난 500년간 대격변이 일어났고, 그에 따라 물질의 성질과 우주의 구조에 대한 과거의 지식이 완전히 뒤바뀌었다. 이런 변화가 앞으로도 계속 일어나리라는 점은 의심의 여지가 없다.

이 같은 대변혁은 과학과 종교 사이에 안정된 통합을 이루려는 시도에 먹구름을 드리우기도 하는데, 교회가 기존 견해에 매달린 채 그것을 믿음의 핵심으로 삼으려 할 때 특히 그러했다. 오늘의 조화는 내일의 불화가 될 수도 있다. 16, 17세기에 코페르니쿠스, 케플러, 갈릴레오(모두 신을 절대적으로 믿었던 사람이다)는 대단히 설득력 있는 논리를 주장하며, 태양이 지구 주위를 도는 게 아니라 지구가 태양 주위를 돌아야만 행성의 움직임이 제대로 이해될 수 있다고 했다.

이러한 결론을 내리기까지 세세한 부분 하나하나가 다 정확하지는 않았지만(갈릴레오는 조석현상을 설명하면서 유명한 실수를 저질렀다), 그리고 처음에는 과학계의 많은 사람이 미심쩍어했지만, 이 새로운 이론이 예측한 자료와 일관성으로 인해 마침내 가장 회의적이었던 과학자들마저 설득되기에 이르렀다. 그러나 가톨릭교회는 여전히 이에 강력히 반대하며 새로운 견해가 성경과 맞지 않는다고 주장했다. 지금 생각하면 성경을 근거로 내세웠던 이들의 주장은 대단히 어설픈 주장이었지만, 당시 이 반박은 수십 년간 거세게 이어지면서 과학계와 교회에 모두 치명적인 해를 끼쳤다.

지난 세기는 우주에 관한 견해가 유례없이 많이 수정되었던 시기였다. 과거에는 물질과 에너지를 전혀 다른 실체로 여겼으나 아인슈타인이 $E=mc^2$(E는 에너지, m은 질량, c는 광속)이라는 유명한 방정식을 내놓으면서 두 가지는 서로 바뀔 수도 있는 실체가 되었다. 파장과 입자의 양면성, 다시 말해 물질은 파장과 입자의 두 가지 특성을 동시에 갖는다는 사실은 전자 같은 작은 입자와 빛을 이용한 실험으로 증명되었고, 고전적인 방법에 의존해 연구하던 많은 과학자들에게는 예상치 못한 놀라운 사실이었다. 하이젠베르크는 양자역학에서, 입자의 위치 또는 속도를 측정할 수는 있으나 두 가지를 동시에 측정할 수는 없다는 불확정성원리를 주장하여 과학과 신학에 일대 혼란을 불러일으켰다. 그러나 뭐니뭐니해도 가장 큰 변화는 우주의 기원에 관한 우리 생각이 지난 75년간의 이론과 실험을 바탕으로 근본적으로 바뀐 것이다.

물질계에 관한 우리 인식이 획기적으로 바뀐 예는 거의 다 학계에서도 비교적 소수 사람들에게서 나왔고, 일반 사람들의 시야에서도 멀찌감치 떨어져 있다. 《시간의 역사(*A Brief History of Time*)》를 쓴 스티븐 호킹처럼 간혹 복잡한 현대 물리와 우주론을 더 많은 사람에게 설명하려고 노력하는 훌륭한 사람들이 나타났지만, 무려 500만 부가 인쇄된 《시간의 역사》도 그 난해함 때문에 대부분의 독자들은 책을 읽지 않고 모셔두었을 가능성이 높다.

실제로 지난 몇십 년간 물리학에서 발견한 물질의 성질은 직관으로는 대단히 이해하기 힘든 것들이다. 물리학자 어니스트 러더퍼드(Ernest Rutherford)는 100년 전에, "바텐더에게 설명할 수 없는 이론은 아무짝에도 쓸모없는 이론이 분명하다"고 말했다. 이 기준으로 본다면 물질을 구성하는 기본인 입자에 관한 오늘날의 이론 중 상당수는 효용성이 대단히 의심스러운 셈이다.

실험으로 확실하게 증명된 많은 낯선 사실 중 하나는 우리가 원자핵의 가장 기본이 되는 입자라고 생각해온 중성자와 양성자가 사실은 '위', '아래', '야릇한', '매력적인', '바닥', '꼭대기'라는 여섯 종의 향을 지닌 쿼크로 구성된다는 것이다. 여기에다 이 여섯 가지 향이 각각 빨강, 초록, 파랑의 세 가지 색깔을 띤다는 사실에 이르면 낯설어도 한참 낯설다. 입자에 붙은 이 괴상한 이름들은 적어도 과학자들도 유머감각이 있다는 사실을 보여준다. 이밖에도 광자에서 중력자에 이르는, 그리고 글루온과 뮤온에 이르는 정신없는 입자 배열은 인간이 일상에서 체험하기에는 워낙 생소한 세계라 많은 비과학자들은 고개를 절레절레 흔들며 좀처럼 믿지 않는다. 그러나 이 입자들은 하나같이 우리 인간의 존재를 가능케 하는 것들이다. 유물론이 유신론보다 더 간결하고 더 직관적이라는 이유로 유물론을 받아들여야 한다고 주장하는 사람들에게는 이 새로운 개념들이 큰 도전이 된다.

러더퍼드와 같은 맥락에서, 14세기 영국 논리학자이자 수도사인 윌리엄 오컴(William of Ockham)은 '오컴의 면도날'이라 알려진 유명한 원칙을 남겼다. 어떤 문제를 설명할 때 가장 간결한 설명이 대개는 최선의 설명이라는 원칙이다. 오늘날 오컴의 면도날은 양자물리학의 괴상한 모형들에 밀려 쓰레기차에 실리는 신세가 된 듯하다.

그러나 러더퍼드와 오컴은 한 가지 대단히 중요한 점에서 여전히 존경을 받는다. 새로 발견된 현상들을 말로 설명하려면 무슨 소린지 알아듣기 힘들지만, 수학으로 표현하면 우아하고 예상 외로 간결하며 아름답기까지 하다는 점이다. 내가 예일 대학원에서 물리화학을 공부할 때 노벨상 수상자인 윌리스 램(Willis E. Lamb) 교수에게 상대론적 양자역학을 들었는데 정말 대단한 수업이었다. 수업 방식은 상대성이론과 양자역학 이론을 첫 번째 원칙들부터 살펴보는 식이었다. 그분은 수업 내용을 죄다 암기해 진행했는데, 더러는 몇 단계를 건너뛰고는 수업에 감탄해 눈이 휘둥그레진 학생들에게 그 건너뛴 곳을 다음 시간까지 채워오라고 했다.

나는 비록 나중에 물리에서 생물로 전공을 바꾸었지만, 간결하고도 아름다운 보편적 방정식으로 자연계의 실체를 설명하던 이때의 수업에 깊은 인상을 받았다. 그렇게 도출된 결과가 대단한 미적 호소력을 지녔다는 점에서 특히 그러했다. 이때 처음 물질계의 본질에 관한 여러 가지 철학적 의문이 떠올랐다. 물질은 왜 이런 식으로 움직일까? 유진 위그너(Eugene P. Wigner)의 표현대로 "수학의 이해할 수 없는 유효성"은 무엇으로 설명할 수 있을까?[1]

이는 그저 행복한 사건에 불과할까, 아니면 현실의 본질에 대한 심오한 통찰을 나타내는 것일까? 초자연적인 것의 존재 가능성을 흔쾌히 인정한다면 신의 마음을 이해한다는 뜻일까? 아인슈타인, 하이젠베르크 같은 사람들은 신을 만났을까?

《시간의 역사》 마지막에서, 만물에 관한 명쾌하고 통일된 이론이 완성되는 기대의 순간을 언급하며 (형이상학적 명상은 좀처럼 하지 않는) 스티븐 호킹은 이렇게 말한다. "그때가 되면 철학자와 과학자 그리고 일반 사람들까지 모두 참여해 우리 인간과 우주는 왜 존재하는가, 하는 물음을 놓고 토론을 벌일 수 있을 것이다. 그리고 우리가 그 답을 찾는다면 마침내 인간의 이성이 승리했다는 뜻일 것이다. 그것은 곧 신의 마음을 안다는 뜻이기 때문이다."[2]

현실을 수학으로 기술한다는 것은 더 위대한 어떤 지성이 있다는 표시일까? DNA와 더불어 수학도 신의 또 다른 언어일까?

수학은 과학자들을 모든 질문 가운데 가장 심오한 질문 앞에 떨어뜨려놓은 게 사실이다. 그 가운데 첫 번째 질문은 이렇다. 만물은 어떻게 시작했는가?

**대폭발,
우주의 시작**

20세기가 시작될 무렵만 해도 대부분의 과학자들은 시작도, 끝도 없는 우주를 상상했다. 그러다보니 우주가 어떻게 중력의 힘에 자체적으로 무너지지 않고 안정된 상태를 유지할 수 있었을까 하는 등의 물리적 모순이 생겼지만, 이를 대체할 그럴 듯한 우주론이 나타나지 않았다. 아인슈타인은 1916년에 일반상대성이론을 발표하면서 중력 붕괴를 막는 요소로 '퍼지 요소'를 소개했고, 그러면서 '정적인 우주' 개념을 고수했다. 훗날 그는 이를 두고 "내 생애 최대의 실수"라고 했다.

그 뒤 우주는 특정한 순간에 탄생해 현재 상태까지 계속 팽창해왔다는 이론이 제기되었지만, 실험으로 증명되지 않은 터라 대부분의 과학자들이 이 가설을 진지하게 받아들이기는 아직 일렀다. 그러다가 1929년에 에드윈 허블(Edwin P. Hubble)이 관련 자료를 처음 제시했는데, 그는 유명한 일련의 실험으로 주변 은하가 우리은하에서 멀어지는 속도를 측정했다.

경찰이 레이더 장치를 이용해 근처를 지나가는 차의 속도를 측정하는 원리나, 기차가 우리를 지나친 뒤보다 우리에게 다가올 때 기적소리가 더 커지는 원리와 똑같은 원리인 도플러효과를 이용해 허블은 여러 은하의 빛을 관찰했다. 그 결과 모든 은하가 우리은하에서 멀어진다는 사실을 발견했다.

우주의 모든 것이 서로 떨어져 나가고 있다면, 시간의 화살을 거꾸로 돌릴 경우 어느 순간에는 모든 은하가 믿기 어려울 정도로 거대한 하나의 덩어리로 뭉쳐 있었다고 추측해볼 수 있다. 허블이 이 사실을 발견한 뒤로 지난 70년간 수많은 실험이 이어졌고, 그 결과

물리학자와 우주학자 다수는 우주가 어느 특정 순간에 생겨났다는 결론에 이르렀으며, 오늘날에는 이 순간을 '빅뱅', 즉 '대폭발'이라 부른다. 계산을 해보면 대략 140억 년 전에 폭발이 일어났으리라 추정된다.

1965년에는 아노 펜지어스(Arno Penzias)와 로버트 윌슨(Robert W. Wilson)이 대폭발 이론의 정확성을 증명하는 매우 중요한 자료를 제시했다. 두 사람은 어느 날 신경이 거슬리는 극초단파 잡음을 감지했는데, 새 전파탐지기를 어느 쪽으로 향하게 해도 잡음은 끊이지 않았다. 처음에 범인으로 지목된 비둘기를 포함해 가능한 모든 원인을 제거한 펜지어스와 윌슨은 결국 이 잡음이 우주 그 자체에서 일어나는 잡음임을 깨달았다. 그것은 마치 대폭발 뒤에 일어나는 일종의 잔광과 같은 것으로, 그 옛날 우주가 폭발하던 순간에 물질과 반물질이 소멸하면서 일어나는 잡음이었다.

대폭발 이론을 증명하는 또 다른 설득력 있는 증거는 우주에 있는 원소, 특히 수소, 중수소, 헬륨의 비율이다. 중수소는 가까운 별에서 블랙홀 가장자리에 있는 멀리 떨어진 은하에 이르기까지 그 분포 비율이 놀라울 정도로 균일하다. 이로써 우주의 모든 중수소는 대폭발이 일어난 그 한순간에 대단히 높은 온도에서 형성되었다는 사실을 알 수 있다. 만약 대폭발이 다른 장소, 다른 시간에도 여러 차례 일어났다면 그러한 균일함을 기대하기 어렵다.

이런 여러 발견을 기초로 물리학자들은 우주가 무한에 가까운 고밀도에, 크기도 없는 순수한 에너지로 시작했다는 데 동의한다. '특이점'이라 부르는 이 상황에서는 물리학 법칙들이 무너진다. 적어도 아직까지는 과학자들도 대폭발이 일어나던 그 첫 순간, 즉 처음 10^{-43}초 동안 일어난 일을 해석하지 못한다(10^{-43}초는 1초의 100만 분의 1의 100만 분의 1의 100만 분의 1의 100만 분의 1의 100만 분의 1의 100만 분의 1의 100만 분의 1의 10분의 1초다). 그 뒤부터 오늘날의 관찰 가능한 우주가 탄생하기까지 일어났을 일들은 추측이 가능하다. 물질과 반물질 소멸, 안정된 원자핵 형성, 전자와 최초의 수소, 중수소, 헬륨 형성 등이 그것이다.

아직까지 해결하지 못한 의문은 대폭발로 형성된 우주가 앞으로도 계속 팽창할 것인가, 아니면 어느 순간에 중력이 엄습하고 은하가 전체적으로 퇴보하기 시작해 결국에는 '대파멸'의 순간이 다가올 것인가 하는 의문이다. 최근에 암흑물질과 암흑에너지로 알려진 정체가 모호한 물질이 다량 발견되었는데, 우주의 물질 가운데 상당량을 차지하리라고 보이는 이 물질이 앞서의 의문에 곧 답을 줄 듯하지만, 이제까지 발견된 사실을 보건대 급격한 파멸보다는 서서히 사라지는 쪽이 아닐까 예상된다.

대폭발 전에는 무슨 일이 있었는가

대폭발이 있었다는 사실은 그 전에 무슨 일이 있었고, 누가 또는 무엇이 대폭발을 초래했는가, 하는 의문을 던진다. 이제까지 대폭발만큼이나 과학의 한계를 분명히 드러냈던 일은 없었다. 대폭발 이론이 신학에 미친 영향은 지대하다. 우주를 신이 무에서 창조한 것으로 설명하는 신학 전통에 이 이론은 충격 그 자체였다. 대폭발 같은 충격적 사건이야말로 기적이라는 정의에 딱 들어맞는 사건이 아닐까?

이 새로운 발견이 불러일으킨 경외감은 불가지론의 입장을 지닌 몇몇 과학자들을 신학으로 돌려놓는 것 이상의 결과를 초래했다. 천체물리학자 로버트 재스트로(Robert Jastrow)는 《신과 천문학자(God and the Astronomers)》라는 책의 마지막을 이렇게 썼다. "지금 같아서는 창조의 신비를 가린 커튼을 과학이 걷어 올릴 수 있을 것 같아 보이지 않는다. 이성의 힘을 믿고 사는 과학자에게는 이번 이야기가 악몽으로 끝을 맺는다. 이제까지 무지의 산을 오르던 과학자가 이제 막 정상을 정복하려고 마지막 바위를 짚고 서는 순간, 이미 수백 년 전부터 그곳에 앉아 있던 신학자 무리가 그를 반기기 때문이다."³

신학자와 과학자를 가까이 붙여놓으려는 사람들은 우주의 기원에 관한 최근의 발견에서 상호 이해를 높일 수 있는 것들을 많이 발견한다. 재스트로는 도발적인 그의 책에서 또 이렇게 쓴다. "이제 우리는 천문학에서의 이번 발견이 세계의 기원을 설명한 성경의 관점과 어떻게 맥락이 닿는가를 보게 된다. 세부적인 내용은 달라도 본질적 요소가 같고, 창세기에 관한 천문학적 설명과 성경의 설명이 같다. 즉 인간으로 이어지는 일련의 과정은 정해진 어느 순간에 빛과 에너지가 번쩍하면서 돌연 급격하게 시작되었다."⁴

나도 동의하지 않을 수 없다. 대폭발을 설명하려면 신을 말할 수밖에 없다. 또 자연은 시작이 분명했다고 결론 내릴 수밖에 없다. 나는 자연이 어떻게 자연을 창조할 수 있었는지 알 수 없다. 단지 시간과 공간 저 너머에 초자연적인 힘이 존재해 그 일을 했으리라고밖에는.

하지만 그 나머지는? 대폭발이 일어나고 100억 년이 지나 우리 행성이, 우리 지구가 탄생하기까지 그 기나긴 과정을 우리는 대체 무엇으로 메워야 하나?

**우주먼지로
만들어진 인간**

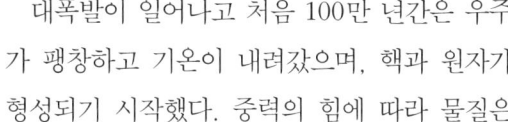

대폭발이 일어나고 처음 100만 년간은 우주가 팽창하고 기온이 내려갔으며, 핵과 원자가 형성되기 시작했다. 중력의 힘에 따라 물질은 서로 결합해 은하를 이루기 시작했다. 은하는 차츰 회전 운동을 하면서 현재의 우리은하처럼 나선 형태를 갖추었다. 그 은하 안에서 수소와 헬륨이 여기저기서 서로 뭉쳤고, 그것의 질량이 커지고 온도가 높아졌다. 그리고 마침내 핵융합이 시작되었다.

 수소 핵 4개가 융합해 에너지와 헬륨 핵을 만드는 이 과정은 별의 주요 연료 공급원이 된다. 큰 별은 더 빨리 연소된다. 별은 연소되면서 그 중심에서 탄소와 산소 같은 더 무거운 원소를 만들어낸다. 우주가 탄생한 초기, 즉 처음 몇백만 년 동안은 연소되는 별의 중심에서만 이러한 원소가 나타났지만, 이 별 가운데 일부가 초신성이라고 부르는 거대한 폭발을 일으키면서 이 중원소들을 다시 은하 내부의 가스 안으로 던져 넣었다.

 과학자들은 우리 태양이 우주 생성 초기에 형성되었다고 생각하지 않는다. 우리 태양은 2, 3세대 별에 속하며, 약 50억 년 전에 주변 물질이 재결합해 형성되었다. 이때 주변에 있던 중원소 중 일부가 이 새로운 태양을 만드는 과정에서 이탈해, 현재 우리 태양 주위를 도는 행성을 만들었다. 지구도 이때 만들어졌는데, 당시에는 전혀 쾌적한 행성이 아니었다. 처음에는 대단히 뜨거웠고 거대한 충돌이 끊이지 않다가 이후 차차 식어가면서 대기권도 형성되고, 40억 년 전부터는 생물도 살 수 있는 적당한 환경이 조성되었다. 그리고 그로부터 불과 1억 5,000만 년이 흐른 뒤 지구에는 생명이 가득해졌다.

우리 태양계가 형성된 이 모든 과정은 현재 논리정연하게 설명이 가능하며, 앞으로 새로운 사실이 발견되어 수정되는 일은 없을 듯하다. 여러분 몸속에 있는 거의 모든 원자는 아득한 옛날 초신성이 일어날 때 원자로에서 한번 조리된 원자다. 여러분이야말로 진짜 우주먼지로 만들어진 인간이다.

이상의 발견 중에 신학적인 내용을 암시하는 것이 있을까? 우리는 얼마나 희귀한 존재일까? 존재 가능성이 얼마나 희박한 존재일까?

대폭발이 일어나고 50~100억 년이 흐르기까지는 우주에 복잡한 형태의 생명이 탄생하지 않았으리라고 주장할 수도 있는데, 적어도 우리가 알기로는 생명이 존재하려면 반드시 필요한 질소나 산소 같은 중원소가 1세대 별에는 존재하지 않았을 것이기 때문이다. 그것은 2세대 또는 3세대 별과 그 주변 행성계에만 존재했을 것이다. 여기에다 생명이 감각과 지능을 갖추기까지는 상당한 시간이 필요했을 것이다. 설령 중원소에 의존하지 않는 다른 형태의 생명이 우주 어딘가에 존재할 가능성이 있다 한들 현재 우리의 화학과 물리 지식으로는 그러한 유기체의 본질을 파악하기가 지극히 어렵다.

그렇다면 당연히 우리가 인식할 수 있는 우주 어딘가에 생명이 존재하지는 않을까, 하는 의문이 생기게 마련이다. 지구상에 있는 어느 누구도 현재 그 가능성을 증명하거나 반박할 자료를 갖고 있지 않지만, 1961년에 전파 천문학자 프랭크 드레이크(Frank Drake)

가 내놓은 유명한 방정식은 그 확률을 생각해보는 계기를 마련했다. 드레이크방정식은 우리가 모르는 상태를 보여주는 가장 유용한 도구다. 드레이크는 우리은하 안에서 의사소통이 가능한 문명 수는 다음과 같은 일곱 가지 요소로 산출되어야 한다며, 간결하고도 논리적인 주장을 펼쳤다.

- 우리은하에 존재하는 별의 개수(약 1천억 개) ×(곱하기)
- 주위에 행성을 거느리는 별의 비율 ×
- 별 한 개에 생명이 존재할 수 있는 행성의 개수 ×
- 그 행성 중에 실제로 생명이 발생하는 행성의 비율 ×
- 발생한 생명이 지능을 가진 생명일 비율 ×
- 그 생명이 실제로 교신할 능력을 지닌 생명일 비율 ×
- 그 행성이 존재하는 동안 그 교신 능력이 우리 교신 능력과 겹칠 비율.

우리가 지구 밖과 교신을 할 수 있게 된 것은 채 100년이 안 된다. 지구 나이가 약 45억 살임을 감안하면 드레이크방정식에서 마지막 요소는 지구가 존재했던 시간 중에 극히 일부인 0.000000022에 지나지 않는다. 혹자는 미래에 우리가 스스로를 파괴할 분명한 가능성을 어떻게 보느냐에 따라 그 비율은 훨씬 더 커질 수도 있고 그렇지 않을 수도 있다고 주장할 수도 있으리라.

드레이크 공식은 흥미롭지만 본질적으로는 무용하다. 우리은하에 존재하는 별의 개수를 제외한 다른 인자들은 거의 다 그 수치를 정확히 말할 수 없기 때문이다. 주위에 행성을 가진 별들이 발견되는 건 분명하지만 나머지 다른 조건들은 아직 수수께끼로 남아있다. 그럼에도 프랭크 드레이크가 설립한 지구밖문명탐사계획(SETI) 연구소에는 현재 물리와 천문 분야의 전문가와 비전문가들을 비롯한 많은 사람이 모여 우리은하에 있는 다른 문명에서 오는 신호를 잡으려고 애쓰고 있다.

다른 행성에서 정말로 생명체를 발견한다면 그것이 신학적으로 어떤 중요성을 가질지를 두고 그동안 많은 이야기가 쏟아져 나왔다. 그렇게 된다면 지구라는 행성에 존재하는 인간은 자동적으로 덜 '특별한' 존재가 되는 걸까? 다른 행성에 생명이 존재한다면 신이 창조자로서 그 과정에 개입했을 가능성은 줄어드는 걸까?

내 생각에 꼭 그런 결론이 내려질 것 같지는 않다. 신이 존재해서 우리처럼 감각 능력이 있는 존재와 소통하고, 현재 이 행성에 존재하는 60억 인구와 그 전에 존재했던 수많은 인간과 상호작용하는 그 어려운 일을 수행한다고 하자. 다른 몇몇 행성에, 아니 어쩌면 다른 수백만 개의 행성에 존재하는 비슷한 생물과 상호작용하는 일이 신의 능력을 벗어난다고 말할 하등의 이유가 없지 않은가?

우주의 다른 곳에 존재하는 생물체도, 우리가 신의 본질을 인식하는 중요한 근거로 삼는 도덕법을 가지고 있는가를 알아낼 수 있다면 더없이 흥미로울 것이다. 그러나 우리 살아생전에 그러한 질문에 정답을 내놓을 가능성은 현실적으로 거의 없어 보인다.

'인류 지향적 원칙'의 경이로움

우주와 우리 태양계의 기원에 대한 이해의 폭이 점점 깊어지는 가운데, 자연계에서 우연의 일치라고 하기에는 너무나 놀라운 사실들이 속속 드러나면서 과학자, 철학자, 신학자들을 동시에 당혹스럽게 했다. 이 가운데 세 가지만 꼽아보자.

1. 대폭발에 뒤이어 우주가 형성되던 초기 순간에, 물질과 반물질이 거의 동일한 양으로 생성되었다. 1초의 1,000분의 1이라는 시간 동안 우주는 쿼크와 반쿼크를 완전히 응축하기에 충분할 정도로 싸늘하게 식어버렸다. 이처럼 높은 밀도에서는 쿼크와 반쿼크가 대단히 빠르게 결합하는데, 그 결과 둘은 완전히 소멸하고 에너지를 지닌 광자를 방출했다. 그러나 물질과 반물질이 정확하게 대칭을 이루지는 않아서, 쿼크와 반쿼크 약 10억 쌍 가운데 1쌍 꼴로 쿼크가 하나 더 많았다. 바로 이 작은 부분이 지금 우리가 아는 우주의 질량을 구성하게 되었다.

왜 이런 비대칭이 존재했을까? 비대칭이 없어야 더 '자연스러워' 보일 텐데 말이다. 그러나 물질과 반물질이 완벽하게 대칭을 이루었다면 우주는 빠르게 순수한 복사 상태가 되었을 테고, 인간, 행성, 별, 은하는 결코 생기지 않았을 것이다.

2. 대폭발 이후 일어난 우주 팽창은 우주의 총 질량과 에너지 그리고 중력상수가 서로 임계점에서 조화를 이루며 아슬아슬하게 진행되었다. 이 물리상수들이 어떻게 그렇게 정확히 조정되어 있었는지 많은 전문가들도 여전히 의아할 따름이다. 호킹은 이렇게 썼다. "우주는 왜 재붕괴하는 모형과 영원히 팽창하는 모형을 가르는 팽

창 임계점 근접한 곳에서 시작해 100억 년이 지난 지금까지도 여전히 그 임계점에서 팽창하고 있을까? 대폭발이 일어나고 1초 뒤의 팽창률이 1조×10만 분의 1(10^{-17})이라도 작았다면, 우주는 현재의 크기에 도달하기도 전에 다시 붕괴했을 것이다."[5]

반면에 그 팽창률이 100만 분의 1만큼이라도 컸다면 별과 행성은 생겨나지 않았을 것이다. 우주가 처음 생길 때 엄청나게 빠른 속도로 급팽창(인플레이션)했다고 주장하는 최근의 이론들은 지금도 왜 임계값에 가까운 속도로 팽창이 일어나는지 그 이유를 부분적으로 설명해준다. 그러나 이 현상을 보는 많은 우주학자들은 우주가 급팽창을 일으키기에 알맞은 특성을 갖고 있던 이유가 무엇인지 새삼 의문이 생긴다고 말한다. 우리가 아는 이 우주는 불가능해 보이는 한계점에서 아슬아슬하게 존재하고 있다.

3. 이 놀라운 상황은 중원소가 생성되는 과정에서도 일어난다. 양성자와 중성자를 한데 묶는 강한 핵력이 아주 조금만 더 약했어도 우주에는 오직 수소만 존재했을 것이다. 반대로 핵력이 조금만 더 강했어도 대폭발 초기처럼 수소의 25퍼센트가 헬륨으로 바뀌는 게 아니라 100퍼센트 모조리 헬륨으로 바뀌었을 것이고, 따라서 별의 융합 능력과 중원소 생성 능력도 결코 생기지 않았을 것이다.

핵력은 이처럼 놀라운 특성을 지닌 것 외에도, 지구상에 생명이 존재하는 데 중요한 요소가 되는 탄소가 생성되기에 적합하게 설계되었다. 핵력의 끄는 힘이 조금만 더 컸다면 탄소는 죄다 산소로 바뀌었을 것이다.

현재의 이론으로는 그 값을 예측할 수 없는 물리상수가 통틀어

15개에 이른다. 물리상수는 이미 정해진 고유의 값을 갖는다. 광속, 강한 핵력과 약한 핵력의 세기, 전자기와 관련된 다양한 매개변수, 중력의 세기 등이 여기에 포함된다. 이 모든 상수가 적절한 값을 취해, 우주가 복잡한 생명체를 유지할 수 있는 안정된 상태가 될 확률은 지극히 낮다. 그런데도 각각의 매개변수는 우리가 관찰한 바로 그 값을 지니고 있다. 고로, 우리 우주는 대단히 불가능해 보이는 현상들의 집합체다.

독자들은 여기서 지금의 논의가 다소 순환하는 면이 있다고 이의를 제기할지도 모르겠다. 즉 우주는 지금의 안정된 상태를 유지할 수 있는 매개변수를 취해야 했고, 그렇지 않았다면 우리는 지금 여기서 매개변수를 논하고 있을 수 없었으리라는 논리다. 이 일반적 결론을 '인류 지향적 원칙(Anthropic Principle)'이라 부른다. 우리 우주는 인류를 탄생시키기에 알맞도록 설계되었다는 원칙이다. 이 원칙이 제대로 논의되기 시작한 2, 30년 전부터 지금까지 사람들은 그것에 감탄하고 그것을 깊이 고민해왔다.[6]

인류 지향적 원칙에 대한 반응은 기본적으로 다음 세 가지로 나타날 수 있다.

1. 우주의 수는 본질적으로 무한할 수 있으며, 우리 우주와 동시에 생성된 것도 있다. 연속된 일련의 과정 중에서 어느 순간에 다른 물리상수 값을 가지고, 심지어는 다른 물리법칙을 가지고 생성된 것도 있을 것이다. 그러나 우리는 다른 우주를 관찰할 수 없다. 모든 물리적 특성이 생명과 의식이 존재하기에 적합하도록 작용하는 우주에만 우리는 존재할 수 있다. 우리 우주는 기적적이지 않다. 다

만 시행착오를 거친 흔치 않은 산물일 뿐이다. 이는 '다중우주(multiverse)'설이라 부르는 가설이다.

2\. 우주는 하나일 뿐이며, 이 우주가 그것이다. 어쩌다보니 지적 생명체를 탄생시키기에 적합한 특성을 모두 갖추었다. 그렇지 않았다면 우리는 여기서 이 문제를 토론하고 있지 않을 것이다. 우리는 단지 운이 아주, 아주, 아주 좋은 사람일 뿐이다.

3\. 우주는 하나일 뿐이며, 이 우주가 그것이다. 모든 물리상수와 물리법칙을 정확히 조절해 지적 생명체를 탄생시킬 조건을 갖추는 일은 우연이 아니며, 우주를 맨 처음 창조한 바로 그 존재가 개입한 결과임을 알 수 있다.

1, 2, 3 중에서 어느 하나를 선택하는 개인적 선호도와는 별개로, 이 문제는 잠재적으로 신학적 문제를 안고 있다. 이안 바버(Ian Barbour)가 인용한 글에서 호킹은 이렇게 썼다.[7] "우리 우주 같은 우주가 대폭발 같은 사건으로 돌연 생겨났을 가능성은 희박하다. 종교적 암시가 있는 게 분명해 보인다."

여기서 더 나아가 호킹은 《시간의 역사》에서 이렇게 말한다. "우주가 왜 꼭 이런 식으로 시작되었어야 했는지, 우리 같은 인간을 탄생시키려는 신의 의도적인 행위로밖에는 달리 그 이유를 설명하기가 매우 어렵다."[8]

저명한 물리학자 프리먼 다이슨(Freeman Dyson)은 일련의 '수적인 우연'을 검토한 뒤 이렇게 결론짓는다. "우주를 더 깊이 들여다볼수록, 우주의 구조를 자세히 들여다볼수록, 인류의 출현이 임박했음을 암시하는 증거를 많이 발견하게 된다."[9]

동료 학자와 공동으로 극초단파 우주배경복사를 발견해 대폭발 이론을 뒷받침하는 강력한 증거를 처음 제시한 공로로 노벨상을 수상한 아노 펜지어스는 이렇게 말한다. "현재 우리가 갖고 있는 최고의 정보는, 만약 내 수중에 모세 5경이나 시편 또는 성경밖에 없을 때 내가 예견할 수 있는 바로 그것이다." [10]

펜지어스는 아마도 시편 8편에 나오는 다윗의 말을 염두에 두었을 것이다. "당신의 작품, 손수 만드신 저 하늘과 달아놓으신 달과 별들을 우러러보면 사람이 무엇이기에 이토록 생각해 주시며 사람이 무엇이기에 이토록 보살펴 주십니까?"

그렇다면 우리는 앞서 열거한 세 가지 견해 중에 어느 것을 선택해야 하는가? 논리적으로 접근해보자. 우선 우리는 우리 자신을 포함해 우주를 관찰해왔다. 이를 바탕으로 셋 중 어느 항목이 가장 타당한지 계산하고 싶어진다. 문제는 어쩌면 2번을 제외하면 다른 항목은 그 확률을 계산할 좋은 방법이 없다는 점이다. 1번을 보면, 평행우주의 수는 거의 무한하므로 그중에 적어도 하나는 생명이 지속할 수 있는 물리적 특성을 갖추었을 가능성이 대단히 높다. 그러나 2번 상황이 일어날 가능성은 거의 없다시피 적다. 3번이 맞을 가능성은 불모가 아닌 우주를 보살피는 초자연적 창조자의 존재 여부에 달렸다.

확률로 보자면 2번이 가장 적다. 그렇다면 1번과 3번이 남는다. 1번은 논리적으로 그럴 듯하지만, 관찰 불능의 무한개에 가까운 우주라는 개념은 귀가 얇은 사람들을 혹하게 하는 주장이다. 오컴의 면도날 원칙에도 어긋난다. 그러나 지적인 창조자를 인정하려들지 않는 부류의 사람들에게 초자연적 존재의 개입을 인정해야 하는 3번은 결코 간단치가 않다. 하지만 대폭발 그 자체가 창조자를 강하게 암시한다고 주장할 수도 있다. 그렇지 않다면 그 전에 어떤 일이 있었는가, 하는 물음은 허공에 뜬 채 해결할 방법이 없기 때문이다.

대폭발의 성립을 위해 창조자를 인정해야 한다는 주장을 기꺼이 받아들인다면, 그 창조자가 특별한 목적을 수행하려고 물리상수, 물리법칙 등의 매개변수를 만들었으리라고 추측하기가 그다지 무리는 아니다. 특색 없는 빈 공간 그 이상의 우주를 창조하는 것도 그 목적에 포함되었다면 우리는 3번 결론에 도달하게 된다.

1번과 3번을 놓고 판단을 하다보면 철학자 존 레슬리(John Leslie)가 말한 특별한 이야기가 하나 떠오른다.[11] 어떤 사람이 총살 부대 앞에 있고, 전문 사격수 50명이 임무를 수행하기 위해 소총을 들고 그를 겨냥한다. 명령이 떨어지고 총성이 울렸지만 어찌된 일인지 총알은 전부 빗나가고 죄인은 상처 하나 없이 그곳을 유유히 빠져나간다.

이 놀라운 상황을 어떻게 설명할 수 있을까? 레슬리는 두 가지 설명을 제시하는데, 앞서 언급한 1번과 3번에 해당하는 설명이다. 우선 그날 수천 건의 사형집행이 이루어졌을 수 있고, 최고의 사격수라도 더러 실수는 있는 법인데, 사형수 중에 이 사람만큼은 용케 운이 좋아 사격수 50명이 전부 표적을 맞추지 못했다는 설명이다. 또 다른 가능성으로는 뭔가 직접적인 요인이 작용했고, 전문가 50명이 표적을 맞추지 못한 것은 알고 보면 고의적이었다는 설명이다. 어떤 설명이 더 그럴 듯한가?

앞으로 이론 물리학이 발전해, 아직까지는 실험과 관찰로만 결정되는 15가지 물리상수 가운데 어떤 것은 그 수가 지닌 잠재적 가치보다 더 심오한 무언가가 있다고 판명될 가능성을 아주 배제할 수는 없다. 그러나 현재로서는 그럴 가능성이 거의 없어 보인다. 더군다나 이 책에서 이제까지 제기된 또는 앞으로 제기될 주장을 생각해봐도 과학으로는 신의 존재를 절대적으로 증명할 수는 없다.

그러나 유신론적 관점을 적극 고려해보려는 사람들에게 이러한 인류 지향적 원칙은 창조자를 옹호하는 흥미로운 주장을 제공할 것은 분명하다.

**과학과
믿음 사이의
조화**

아이작 뉴턴은 신앙을 가진 사람이었고, 수학이나 물리보다는 성경 해석에 관한 글을 더 많이 썼지만, 그를 따른 사람이 전부 그와 동일한 믿음을 갖지는 않았다. 19세기 초, 프랑스의 저명한 수학자이자 물리학자인 라플라스 후작은, 자연은 한치의 오차도 없는 일련의 물리법칙(그때까지 발견된 것이든 발견되지 않은 것이든)에 지배되며 따라서 자연은 그 법칙에 따르지 않을 수 없다는 견해를 나타낸 바 있다. 라플라스가 생각하기에 이 법칙은 가장 작은 입자에도, 가장 멀리 떨어진 우주의 일부에도, 그리고 인간과 인간의 사고 과정에도 확대 적용될 수 있었다.

라플라스는 우주의 형태가 처음 한번 정해지면 인간의 과거, 현재, 미래의 경험과 관련된 사건을 비롯해 미래에 일어날 모든 일들이 되돌릴 수 없는 일로 결정된다고 생각했다. 태초의 순간을 제외하고는 신이 개입할 여지를 남겨놓지 않은 극단적 형태의 과학적 결정론 또는 자유의지라는 개념을 대변하는 견해였다. 이 주장은 과학계와 신학계를 뒤흔들었다. 신에 대한 질문을 받았을 때 라플라스가 나폴레옹에게 했다는 대답은 유명하다. "나에게는 그런 가설이 필요 없다".

한치의 오차도 없는 결정론이라는 라플라스의 개념은 그 뒤 한 세기가 지나 신학적 주장이 아닌 과학적 통찰력에 의해 뒤집혔다. 양자역학이라 알려진 대변혁은 물리에서 빛스펙트럼과 관련된 풀리지 않는 문제를 설명하려는 단순한 의도에서 시작되었다. 막스 플랑크(Max Planck)와 알베르트 아인슈타인은 수많은 관찰을 토대로, 빛은 가능한 모든 에너지의 형태로 나타나는 게 아니라 광자라 알려진 분명한 에너지 입자들로 '양자화' 된다는 사실을 증명했다. 따라서 빛은 근본적으로 무한히 나눌 수 없을 뿐 아니라 광자의 흐름으로 구성되며, 이는 마치 디지털 카메라의 해상도가 픽셀 하나보다 더 낮을 수 없는 것과 마찬가지다.

같은 시기에 원자 구조를 연구하던 닐스 보어(Niels Bohr)는 전자가 어떻게 원자핵 궤도를 이탈하지 않는지 의아했다. 그러려면 전자의 음전하가 전자를 원자핵에 있는 양성자의 양전하로 끌어당겨야 하는데, 그렇게 되면 모든 물질은 필연적으로 내부에서 파열할 수밖에 없다. 보어도 비슷한 양자론을 주장했다. 전자는 특정한 수의 유한한 상태로만 존재한다고 가정한 이론을 발전시킨 것이다.

고전역학의 기초가 흔들리기 시작했다. 그러나 이 발견의 가장 심오한 철학적 결과는 뒤이어 물리학자 베르너 하이젠베르크(Werner K. Heisenberg)에게서 나왔다. 그는 매우 짧은 거리와 미세한 입자로 구성된 이 기묘한 양자의 세계에서는 입자의 위치와 운동량을 '동시에' 정확히 측정하기가 불가능하다는 설득력 있는 주장을 내놓았다. 그의 이름을 따서 '하이젠베르크의 불확정성원리'라고도 불리는 이 이론은 라플라스의 결정론을 한순간에 뒤집었다. 우주의 형태는 라플라스의 예언적 모형과 달리 결코 정확하게 결정될 수 없었다.

양자역학이 우주의 의미를 이해하는 데 얼마나 중대한 영향을 끼쳤는가를 두고 지난 80년간 많은 논의가 있었다. 초기의 양자역학 발전에 큰 몫을 한 아인슈타인도 불확정성이라는 개념을 애초부터 거부하면서 "신은 주사위놀이를 하지 않는다"는 유명한 말을 남겼다.

유신론자들은 그 놀이가 우리에게는 주사위놀이일지언정 신에게는 주사위놀이가 아니었으리라고 대꾸할지도 모르겠다. 호킹은 이렇게 지적한다. "우리는 여전히 어떤 초자연적 존재가 일련의 법칙을 가지고 사건을 결정한다고 상상해볼 수 있다. 이 초자연적 존재는 우주의 현 상태를 어지럽히지 않으면서도 그것을 관찰할 수 있는 존재다."[12]

이처럼 우주의 본질을 간단히 훑어보면 '신 가설(God Hypothesis)'의 타당성을 좀 더 일반적인 방법으로 고려해보게 된다. 다윗이 쓴 시편 19편이 떠오른다. "하늘은 하나님의 영광을 속삭이고 창공은 그 훌륭한 솜씨를 일러줍니다." 과학적 세계관은 분명 우주의 기원에 관한 홍미로운 여러 질문에 빠짐없이 답을 하기에는 충분치 않으며, 창조자 하나님에 대한 개념과 과학이 밝힌 사실 사이에는 애초부터 본질적으로 충돌하는 부분이 없다. 사실 신 가설은 대폭발 이전에 어떤 일이 있었으며, 왜 우주는 우리가 여기에 존재하기에 더없이 훌륭한 조건을 갖추었는가, 하는 무척 까다로운 질문에 답을 한다.

우주를 움직이게 만들었을 뿐 아니라 인간에게 관심을 갖는 신을 도덕법을 통해 알게 되고 그렇게 알게 된 신을 따르는 유신론자들에게는 신 가설과 같은 종합적 사고가 얼마든지 가능하다. 이들의 주장은 이렇다.

- 신이 존재한다면 그 신은 초자연적이다.
- 초자연적이라면 자연법에 구속되지 않는다.
- 자연법에 구속되지 않는다면 시간에 구속될 이유도 없다.
- 시간에 구속되지 않는다면 과거, 현재, 미래에도 존재한다.

이는 다음과 같은 결과를 도출한다.

- 신은 대폭발 이전에도 존재했을 수 있고, 우주가 사라진 뒤에도 존재할 수 있다.
- 신은 우주가 형성되면 어떤 결과가 나타날지를 우주가 형성되기 전부터 정확히 알았을 수 있다.
- 신은 일반적인 나선은하의 가장자리에 위치하고 생명체가 살기에 더없이 적합한 특성을 지닌 한 행성을 미리 알았을 수 있다.
- 신은 그 행성이 자연선택이라는 진화 체계에 따라 앞으로 감각 능력이 있는 생명체를 탄생시키리라는 사실을 미리 알았을 수 있다.
- 비록 자유의지가 있는 생명체이지만 신은 이 생명체가 어떤 생각과 어떤 행동을 할지도 미리 알았을 수 있다.

이 종합적 사고의 마지막 단계에 관해서는 앞으로 더 많은 이야기를 하겠지만, 이것만으로도 과학과 믿음 사이의 만족스러운 조화란 어떤 것인지 그 윤곽이 충분히 드러났으리라 생각한다.

이 종합적 사고는 과학과 믿음이 상충하는 영역이나 거기서 생기는 문제를 모두 덮어버리려는 의도에서 나온 것이 아니다. 어떤 종교를 갖고 있느냐에 따라 사람들은 과학이 추측하는 우주의 기원을 세부적인 내용까지 듣다보면 받아들이기가 난처한 부분을 만나게 틀림없다.

신은 우주가 탄생하기까지의 전 과정을 시작했으나 이후의 과정에는 관심을 두지 않았다고 보는 아인슈타인 같은 이신론자들은 최근에 물리학과 우주학에서 나온 결론에, 불확정성원리를 제외할 수 있는 가능성에, 대체적으로 만족한다. 그러나 신을 인정하는 주요 종교가 만족할 수 있는 수준은 다 다르다. 우주의 시작이 유한하다는 생각은 불교와는 잘 맞지 않는다. 불교에는 팽창과 수축을 반복하는 진동우주가 더 어울릴 것이다. 그러나 유신론적인 힌두교 분파들은 대폭발과 크게 대립하지 않는다. 이슬람교를 해석하는 대부분의 사람들도 마찬가지다.

유대그리스도교 전통으로 보면, 창세기의 "한처음에 하나님께서 하늘과 땅을 지어내셨다"는 말은 대폭발과 딱 맞아떨어진다. 한 예로, 로마가톨릭교회를 이끈 교황 피우스 12세는 대폭발 이론이 과학적으로 충분히 검증되기도 전에 그 이론을 열렬히 옹호했다.

그러나 그리스도교 전체가 이 견해를 지지하지는 않는다. 창세기를 문자 그대로 엄격하게 해석하는 사람들은 지구의 나이를 고작 6천 살로 보면서 앞서 언급한 과학적 결론을 거의 다 거부한다. 이들의 입장은 진실에 호소한다는 점에서 어느 정도는 이해할 만하다. 신성한 문헌을 기초로 한 종교를 가진 사람들은 문헌의 의미를 엄격히 해석하지 않는 것에 반대하게 마련이다. 역사적 사건을 묘사한 문헌을 비유로 해석하자면 그럴 만한 분명한 증거가 있을 때라야 한다는 게 이들의 생각이다.

창세기가 그러한 범주에 속할까? 창세기에 쓰인 언어는 의문의 여지없이 시적이다. 그렇다면 그것을 시적 허용이라고 볼 수 있을까. 이 의문은 비단 오늘날만의 의문은 아니다. 문자 그대로 해석하려는 사람들과 그렇지 않은 사람들은 과거부터 오늘날까지 늘 논쟁을 벌여왔다.

모든 종교를 통틀어 가장 탁월한 지성인으로 꼽히는 성 아우구스티누스는 성경을 정확한 과학 논문으로 바꿀 때의 위험을 직시하였다. 특히 창세기를 염두에 두고는 다음과 같이 기록하였다. "우리 시야 저 너머에 있는 대단히 모호한 문제와 관련해, 우리는 성경의 내용 가운데 신앙에 해가 되지 않으면서 문자와는 사뭇 다르게 해석할 수 있는 구절을 발견한다. 이 경우, 무작정 달려들어 한쪽으로 치우친 견해를 강력히 주장해서는 안 된다. 이후 진실을 탐구하는 과정에서 그 견해의 오류가 드러나면 우리도 함께 무너져버린다."[13]

다음 장부터는 과학 중에서도 생명 연구와 관련된 부분을 더 자세히 살펴보겠다. 적어도 오늘날의 많은 전문가들이 느끼는 과학과 신앙 사이의 잠재적 마찰은 앞으로도 계속 나타날 것이다. 그러나 다윈에게 미안해 할 그 어떤 이유도 생기기 전에 나온 성 아우구스티누스의 천 년 전 조언을 현명하게 적용한다면, 서로 다른 세계관 사이에 지속적이면서도 대단히 만족스러운 조화를 이룰 수 있을 것이다.

미생물, 그리고 인간

　근대에 들어와 과학이 발전하면서 신의 존재를 믿는 전통적 이유가 타격을 입었다. 우주가 어떻게 탄생했는지 모를 때는 무조건 신의 행위로 돌리면 간단했다. 마찬가지로 16세기에 케플러, 코페르니쿠스, 갈릴레오가 기존의 사고방식을 뒤집어놓기 전까지, 별이 총총한 거대한 하늘의 중심에 놓인 지구는 신이 존재한다는 주장을 뒷받침하는 강력한 증거가 되었다. 신이 우리를 무대 중앙에 세웠다면 신은 오직 우리를 위해 그 무대를 만들었음이 분명하다. 그러다가 태양중심설이 나타나 이런 관점을 수정해야만 했을 때 많은 사람이 혼란에 빠졌다.
　그러나 믿음의 세 번째 기둥은 여전히 육중한 무게를 지탱하고 있었다. 지구에 존재하는 생명의 복잡함이 그것인데, 분별력 있는 관찰자라면 지적인 설계자의 작품이라고 생각하기에 충분했다. 앞으로 살펴보겠지만, 과학은 이제 이마저도 완전히 뒤집었다. 그러나 나는 여기서 다른 두 가지 주장에 대해 그랬던 것처럼, 믿음을 가진 사람은 과학을 부정하기보다는 끌어안아야 한다고 말하고 싶다. 생명의 복잡성 뒤에 숨은 정교함은 경외감을 느끼고 신을 믿기에 충분한 이유가 된다. 그러나 다윈이 나타나기 전까지 많은 사람의 마음을 끌었던 단순하고 직설적인 방법으로는 곤란하다.

'설계논증(argument from design)'은 적어도 키케로까지 거슬러 올라간다. 1802년에는 윌리엄 페일리(William Paley)가 《자연신학, 자연의 외형에서 수집한 신의 증거와 특성(*Natural Theology, or Evidences of the Existence and Attributes of the Deity Collected from the Appearance of Nature*)》이라는 유명한 저서를 내면서 설계논증의 특별한 유효성이 부각되었다. 도덕 철학자이면서 영국국교회 성직자인 페일리는 유명한 시계공 비유를 들었다.

> 관목이 무성한 황무지를 가로지르다가 발로 돌멩이 하나를 걷어차고는 그 돌이 어떻게 이곳에 있을까 자문했다고 가정해보자. 모르긴 몰라도 나는 아마 그 돌은 늘 거기에 있었다고 대답했을지도 모른다. 엉터리라고 반박하기도 쉽지 않은 대답이다. 그러나 그 땅에서 시계를 하나 발견했고 그 시계가 어떻게 그 자리에 있을까 하는 질문을 던져야 했다면, 나는 아까 말했던 대로 모르긴 몰라도 그 시계는 늘 그곳에 있었으리라고 쉽게 대답하지 못했을 것이다. (…) 그 시계는 만든 사람이 분명히 있다. 어느 순간 어느 곳에 틀림없이 시계공이 있었고, 그는 의도적으로, 우리 자문에 답이 될 바로 그 의도를 가지고 시계를 만든 사람이자 시계의 구조를 이해하고 그것의 쓰임새를 설계한 사람이다. (…) 시계에 내재된 의도와 설계 그리고 그것의 발현은 자연의 작품에도 존재한다. 다만 자연에서는 그것이 더 위대한 형태로 더 자주 나타나며, 모

든 계산을 뛰어넘는 수준으로 나타난다는 점이 다를 뿐이다.[1]

자연에 나타난 설계의 증거는 인간이 존재하는 곳곳을 통해 인류에게 설득력 있게 다가왔다. 다윈도 비글호를 타고 항해를 떠나기 전에는 페일리의 숭배자였으며, 그의 견해에 설득되었다고 고백했다. 그러나 페일리의 주장에는 단순한 논리적 결함이 있다. 그가 주장하는 요지는 다음과 같이 요약될 수 있다.

- 시계는 복잡하다.
- 시계에는 지적인 설계자가 있다.
- 생명은 복잡하다.
- 따라서 생명에도 지적인 설계자가 있다.

그러나 두 대상이 복잡성이라는 특징 하나를 공유한다고 해서 다른 특징까지 모두 공유하지는 않는다. 이를테면 아래의 주장을 보자.

- 우리 집 전류는 전자의 흐름으로 구성된다.
- 전류는 전력회사에서 온다.
- 번개는 전자의 흐름으로 구성된다.
- 따라서 번개는 전력회사에서 온다.

페일리의 주장은 겉으로는 그럴 듯해 보이지만 상황의 전말을 설명하지 못한다. 생명의 복잡성과 인간이 지구에 출현한 기원을 살펴보려면, 최근에 고생물학, 분자생물학, 유전학에서 일어난 대변화와 더불어 이제까지 밝혀진 생물의 본질에 관한 흥미로운 사실들을 깊이 파헤쳐봐야 한다. 신앙인이라면 행여 신이 왕좌에서 물러나게 되지나 않을까 걱정할 수도 있겠지만 그런 일은 없을 테니 걱정할 필요는 없다. 신이 진정으로 전지전능하다면, 신이 만든 자연계의 활동을 이해하려는 우리의 하찮은 노력 따위에 눈이나 꿈쩍하겠는가?

탐구자인 우리는 "생명이 어떤 원리로 움직이는가?"라는 물음에 대한 흥미로운 많은 답을 과학에서 찾게 될 것이다. 그러나 "대체 생명이 왜 존재하는가?" 그리고 "내가 왜 여기 있는가?" 하는 물음에 답을 하려면 과학만으로는 충분치가 않다.

지구 생명체의 기원을 찾아

과학은 연대표를 이용해 생명의 복잡성에 답을 하기 시작한다. 이제 우리는 우주가 약 140억 년 전에 탄생했다는 사실을 알게 되었다. 한 세기 전만 해도 우리가 사는 행성이 언제부터 존재했는지 알지 못했다. 그러나 뒤이어 방사능이 발견되고 특정한 동위원소가 자연적으로 붕괴된다는 사실이 밝혀지면서 지구에 존재하는 다양한 암석의 나이를 측정할 정교하고 정확한 수단이 생기게 되었다. 브렌트 달림플(Brent Dalrymple)이 쓴 《지구의 나이(The Age of the Earth)》에 상세히 나오는 이 방법의 과학적 원리는 이미 밝혀진 대단히 긴 반감기를 바탕으로 하는데, 이 기간 중에 세 가지 방사성원소가 천천히 붕괴해 다른 안정된 원소로 탈바꿈한다. 우라늄은 서서히 납이 되고, 칼륨은 서서히 아르곤이 되며, 좀 더 색다른 스트론튬은 루비듐이라 불리는 흔치 않은 원소가 된다. 이 세 쌍의 원소 중에 어느 한 쌍을 측정하면 어떤 암석이든 그 나이를 추정할 수 있다. 이 세 쌍으로 각각 지구의 나이를 측정해보면 놀랍게도 단지 1퍼센트의 오차로 45억 5,000년이라는 일치된 결과가 나온다. 현재 지구 표면에 존재하는 가장 오래된 암석은 약 40억 년 전에 생성된 것이며, 약 70개에 달하는 운석과 달에서 가져온 약간의 암석은 45억 년 전에 생성된 것이다.

현재의 모든 증거를 종합해보면, 지구는 처음 5억 년 동안 대단히 황폐한 곳이었다. 거대한 소행성과 운석이 엄청난 위력으로 지구를 끊임없이 공격했고, 그중 하나는 실제로 달을 지구에서 떨어뜨려 놓기도 했다. 그러다보니 생성된 지 40억 년이 넘은 암석에서 생명이 존재했다는 그 어떤 증거도 나타나지 않는 것은 그리 놀랄 일이 아니다. 그러나 1억 5,000만 년이 지나면서는 다양한 형태의 미생물이 발견된다. 예상컨대 이 단세포 유기체들은 아마도 DNA를 이용해 정보를 저장하는 능력이 있었을 테고, 자기복제를 하면서 다양한 형태로 진화했을 것이다.

최근에 칼 워스(Carl Woese)는 바로 이 시기에 지구의 유기체들 사이에서 DNA 교환이 적극적으로 이루어졌다는 그럴 듯한 가설을 제시했다.[2]

지구라는 생물권에는 본래 수많은 미세한 세포들이 독립적으로 존재했으나 세포 간의 상호작용은 광범위하게 이루어졌다. 이때 만약 어느 유기체가 이로운 단백질을 만들어내면 주변에서 이 새로운 특성을 빠르게 습득한다. 아마도 그런 의미에서, 초기 진화는 개별적 행위라기보다는 공동의 행위였을 것이다. 이런 종류의 '수평적 유전자 전이'는 현재 지구에 존재하는 가장 오래된 세균인 고세균에 잘 나타나 있으며, 이런 전이는 새로운 특성이 빠르게 확산되는 계기가 되었을 것이다.

그러나 최초의 자기복제 유기체는 대체 어떻게 생겨났을까? 현재로서는 그저 모른다고밖에 달리 할 말이 없다. 생물이 발생할 수 없는 환경이었던 지구에서 고작 1억 5,000만 년이라는 시간 동안 어떻게 생명이 탄생할 수 있었는가를 제대로 설명할 만한 가설이 현재는 없다. 조리 있는 가설이 제기된 바 없다는 뜻이 아니라, 생명 발달을 설명하는 그 가설들이 들어맞을 가능성이 확률적으로 매우 낮다는 뜻이다.

50년 전에 스탠리 밀러(Stanley Miller)와 해럴드 유리(Harold Urey)는 물과 유기화합물을 섞어 원시 상태의 지구로 추정되는 환경을 복원했다. 이들은 전기 방전을 이용해 아미노산과 같은 중요한 기초적 생물을 소량 만들 수 있었다. 우주에서 날아든 운석에서도 이와 비슷한 화합물이 소량 발견되었는데, 이로써 우주의 자연적 변화에서도 그러한 복잡한 유기 분자가 생겨날 수 있다는 주장이 다시 한 번 증명되었다.

그러나 이 선을 넘어 더 자세히 들어가면 그야말로 안갯속이다. 이런 화합물에서 자기복제 정보를 가진 분자가 어떻게 자발적으로 모일 수 있을까? DNA는 인산과 당을 뼈대로 한 복잡한 염기서열로 이루어졌으며, 이 염기들은 사다리의 발판처럼 차곡차곡 쌓여 꼬인 이중나선 구조를 이룬다. '우연히' 만들어졌다고는 도저히 생각할 수 없는 분자구조다. DNA에는 자기복제 수단이 내재된 것 같지 않다는 점에서 특히 그러하다.

　최근에는 많은 과학자들이 생명의 최초 형태로 RNA를 지목한다. RNA는 정보를 담을 수 있으며, 어떤 경우에는 DNA가 하지 못하는 화학반응을 촉발한다는 점에서 그러하다. DNA는 컴퓨터 하드 드라이브와 같아서 정보를 저장하는 안정된 매개체 역할을 한다. 물론 컴퓨터처럼 바이러스에 감염되거나 심각한 손상을 입기도 한다. 반면에 RNA는 압축 디스크나 플래시 드라이브와 비슷해서, 자체의 프로그래밍을 가지고 돌아다니면서 스스로 어떤 일을 일어나게 만들 수 있다. 그러나 많은 사람이 연구에 몰두했지만 밀러와 유리의 실험 방식으로 RNA의 기본 구조를 만들지 못했을 뿐더러 완벽한 자기복제 능력을 가진 RNA를 설계할 수도 없었다.

　생명의 기원을 설명하는 납득할 만한 경로를 내놓기가 무척 힘들게 되자 많은 과학자들은, 특히 제임스 왓슨(James D. Watson)과 함께 DNA 이중나선 구조를 밝힌 프랜시스 크릭(Francis H. C. Crick)은 생명의 형태가 우주에서 지구로 유입되었을 것이라고 말한다. 즉 별과 별 사이를 떠다니는 작은 입자에 실려 다니다가 지구의 중력에 끌려 들어왔거나 우주에 돌아다니는 어떤 물질에 의해 의도적으로 또는 우연히 지구에 들어왔으리라는 설명이다. 그러나 이 설명은 지구에 생명이 출현한 과정에 얽힌 딜레마를 풀어줄지 모르지만 생명의 기원에 관한 궁극적인 질문을 해결해주지 못한 채 그 놀라운 사건을 다만 다른 시공간으로 더 멀리 이동해놓을 뿐이다.

　그러나 일부 비평가들은 열역학 제2법칙을 근거로 생명이 저절로 생겨났을 가능성을 곧잘 조리 있게 반박한다. 에너지나 물질이 출입할 수 없는 닫힌계에서는 시간이 흐르면서 무질서의 정도(엔트로피)가 증가하는 경향이 있다는 것이 열역학 제2법칙이다. 그런데 생명은 대단히 질서정연하다. 따라서 초자연적 창조자 없이 생겨나기란 불가능하다는 주장이다. 그러나 이 주장은 열역학 제2법칙을 제대로 이해하지 못했음을 드러낸 꼴이다. 즉, 어떤 계에서는 질서의 정도가 분명 증가할 수 있다. 그러나 이때는 에너지가 들어가야 하고, 따라서 전체계로 보면 무질서의 정도는 감소할 수 없다. 생명의 기원과 관련해 볼 때 닫힌계는 기본적으로 우주 전체가 되고, 에너지는 태양에서 나올 수 있으며, 따라서 고분자가 처음 임의로 결합하면서 부분적으로 질서가 증가한다고 해서 이 법칙을 거스르는 것은 결코 아니다.

생명의 기원에 관한 심오한 질문 앞에서는 과학도 무력하다보니 유신론자 중에 어떤 이는 RNA와 DNA의 출현을 신의 창조 행위를 설명할 기회로 삼는다. 우주를 창조할 때 신이 의도적으로 자신과 긴밀한 관계를 맺을 인간을 만들었다면, 그리고 생명이 생성되는 과정에서 요구되는 복잡성이 우주에 존재하는 화학물질의 자기결합 능력만으로는 달성될 수 없다면, 신이 개입해 이 과정을 시작하지 않았겠는가?

과학자 중에 생명의 기원을 자연현상으로 설명할 사람이 없는 현재로서는 설득력 있게 들리는 가설이다. 그러나 그것이 오늘은 진실일지언정 내일도 진실이 되란 법은 없다. 이 경우를 비롯해 아직 과학이 풀지 못하는 문제에 신의 신성한 행위를 끌어들이려면 세심한 주의가 필요하다. 그 옛날 일식에서부터 중세 행성의 움직임과 오늘날 생명의 기원에 이르기까지, '빈틈을 메우는 신'이라고 할 수 있는 이 같은 접근법은 오히려 종교에 해가 되는 때가 많았다. 자연계에 이해할 수 없는 문제가 생겼을 때 그 틈을 신으로 메우는 행위는 나중에 과학이 문제를 해결했을 때 중대한 위기를 맞을 수 있다. 자연계를 명확하게 이해할 수 없을 때, 불필요한 신학적 주장으로 파멸을 초래하지 않으려면 신을 끌어들여 현재의 수수께끼를 해결하려는 태도를 경계해야 한다. 신의 존재를 믿을 만한 근거는 많다. 창조에도 수학적 원리와 질서가 있다는 점이 그중 하나다. 이런 근거는 지식에 바탕을 둔 확실한 것이지, 부족한 지식에 바탕을 둔 엉터리 추측이 아니다.

요컨대 생명의 기원에 관한 질문은 흥미진진하며, 현대 과학이 확률적으로 그럴 듯한 메커니즘을 만들지 못하는 것도 호기심을 자극하지만, 사려 깊은 사람이라면 이 상황을 이용해 자신의 신앙을 담보로 내기를 하지 않는다.

유기체 간의 유연관계를 보여주는 화석

수세기 동안 비전문 과학자와 전문 과학자들이 꾸준히 화석을 발굴해왔지만 지난 20년간은 이러한 발굴이 최고조를 이룬 시기였다. 지구에서 생명의 역사와 관련해 해결되지 않던 문제들이 멸종된 종을 발견함으로써 속속 해결되고 있다. 그 뿐만 아니라 지구의 나이를 측정하는 데 쓰인 방사능 붕괴 과정을 이용해 멸종된 종의 나이도 정확히 측정하게 되었다.

지구에 살았던 유기체 중 상당수는 흔적도 없이 사라졌다. 화석이 남을 수 있는 환경이 조성되기가 쉽지 않았던 탓이다. 예를 들어 포식자에게 잡히지 않고 몸이 온전히 보존된 채 특정 종류의 흙이나 돌에 갇히기란 쉬운 일이 아니다. 게다가 뼈는 대개 썩거나 부서지고, 생물체 또한 대부분 부패하기 마련이다. 이런 현실을 고려한다면, 우리가 지구에 살았던 생물에 관해 풍부한 정보를 가지고 있다는 것은 참으로 놀라운 일이다.

화석 기록으로 밝혀진 생물 진화 연대표는 엉성하기 그지없지만 그래도 여전히 아주 유용하다. 예를 들어 지금으로부터 약 5억 5,000만 년 전부터 그 이전으로 올라가면 당시 침전물에서 발견되는 생물은 단세포 생물뿐이다. 물론 이때 더 복잡한 생물이 존재했을 가능성도 있다. 그러다가 5억 5,000만 년 전에 돌연 엄청나게 다양한 무척추동물의 흔적이 화석에 나타났다. 흔히 '캄브리아기 폭발'로 불리는 이 현상은 작고한 스티븐 제이 굴드가 《생명, 그 경이로움에 대하여(Wonderful Life)》에서 연대순으로 아주 쉽게 설명해놓았다. 굴드는 그의 세대에서 가장 열정적이고 서정적으로 진화에 관한 글을 썼던 사람이다. 굴드도 그처럼 짧은 시간에 그렇게 다양한 흔적이 나온 경위를 진화로 어떻게 설명할 수 있을지 의문을 품었다. 전문가들 중에는 비록 굴드처럼 대중적인 책을 펴내지는 않았지만, 굴드와 달리 캄브리아기 폭발을 생명의 복잡성이 불연속적으로 전개된 증거로 보지 않는 사람들도 있다. 캄브리아기 폭발은 예를 들어, 수백만 년 동안 이미 존재해오던 수많은 생물 종이 환경의 변화로 이때 갑자기 화석화된 것일 수도 있었다.

캄브리아기 폭발을 초자연적 힘이 개입한 증거로 내세우는 유신론자들도 있지만 사실을 자세히 들여다보면 이 주장을 뒷받침할 증거는 없다. 이 역시 신을 이용해 화석 기록의 빈틈을 메우려는 주장이며, 신앙을 이용해 가설을 증명하려는 어리석은 주장일 뿐이다.

현재까지 밝혀진 증거로 보면, 지구는 계속 메마른 땅이었는데 약 4억 년 전부터 이 건조한 땅에 수생 생물에서 파생된 식물이 나타나기 시작했다. 그리고 채 3,000만 년이 흐르지 않아 동물도 육지로 올라왔다. 이 단계에서 또 한 번의 빈틈이 생겼다. 즉, 화석 기록에 해양생물과 네 발 달린 육지동물 사이의 과도기적 생물이 거의 발견되지 않는다는 점이다. 그러나 최근 들어 이런 종류의 이행기를 설명하는 설득력 있는 자료들이 발견되었다.[3]

그러다가 2억 3,000만 년 전부터는 공룡이 지구를 지배하기 시작했다. 지금까지 일반적으로 인정되는 설에 따르면, 약 6,500만 년 전에 이 공룡의 지배가 갑작스레 파국적 종말을 맞았는데, 이 시기는 지구가 현재 유카탄 반도라 불리는 곳 근처에 떨어진 거대한 소행성과 충돌한 시기다. 이 엄청난 충돌로 생긴 미세 먼지는 현재 세계 곳곳에서 발견되었는데, 당시 이 거대한 먼지가 대기 중에 떠돌면서 엄청난 기후 변화를 초래했고, 지구를 지배하던 공룡이 이 변화를 이기지 못하고 결국 멸종하면서 포유동물이 등장했다.

아득한 옛날에 일어난 이 소행성 충돌은 흥미로운 사건이다. 그 사건은 공룡이 멸종하고 포유류가 번성할 수 있었던 유일한 수단이었을 것이다. 그때 소행성이 멕시코를 강타하지 않았던들 우리는 여기 존재할 수 없었을 것이다.

우리는 인간의 화석 기록에 특히 관심을 갖는데, 이 역시 지난 2, 30년 동안 놀라운 발굴이 이루어졌다. 사람과에 속하는 뼈 십여 종류가 아프리카에서 발견되었고, 여기서 두개골의 용량이 서서히 증가하는 양상이 나타났다. 오늘날 호모사피엔스라 부르는 인류가 처음 나타난 시기는 약 19만 5,000년 전으로 거슬러 올라간다. 호모

사피엔스 중 어떤 인류는 막다른 길을 만나기도 했다. 이를테면 네안데르탈인은 유럽에서 3만 년 전까지 살았고, 최근에 발굴된, 두개골과 몸집이 작은 '호빗'은 인도네시아 플로레스 섬에서 1만 3,000년 전까지 살다가 멸종되었다.

화석 기록에는 아직 완성되지 못한 부분이 많고 풀어야 할 과제도 많지만, 이제까지 발견된 거의 모든 사실이 유기체 간의 유연관계를 보여주는 생명계통도와도 맞아떨어진다. 파충류에서 조류로, 파충류에서 포유류로 넘어가는 과도기에 존재했던 생물을 설명하는 좋은 증거도 있다. 이 과도기 생물은 고래를 비롯한 특정 종을 설명하지 못한다는 주장도 제기되었지만, 진화론이 예상하는 바로 그 시기와 그 장소에서 과도기적 종이 존재했다는 사실이 이후 연구에서 밝혀지면서 이 주장은 힘을 잃었다.

진화는 지금도 계속된다

1809년에 태어난 찰스 다윈은 처음에는 영국 국교회 성직자가 될 공부를 했지만 차츰 자연주의에 깊은 관심을 갖게 되었다. 어린 다윈은 처음에는 페일리의 시계공 이야기에 매료되었고, 자연에 나타난 설계를 신이 존재한다는 증거로 보았지만, 1831년에서 1836년 사이에 비글호를 타고 여행을 하면서 생각이 바뀌기 시작했다. 그는 남아메리카와 갈라파고스제도를 돌아다니며 고생물의 화석을 조사하고 고립된 환경에 사는 생물의 다양성을 관찰했다.

다윈은 이때의 관찰을 기초로, 그리고 이후 20년 넘게 진행한 연구를 바탕으로 자연선택에 의한 진화론을 발전시켰다. 1859년, 앨

프레드 러셀 월리스(Alfred Russel Wallace)가 논문을 먼저 발표할지도 모른다는 사실을 안 그는 이후 학계에 지대한 영향을 미칠《종의 기원》을 서둘러 발표했다. 책에 실린 주장이 엄청난 반향을 불러일으키리라고 예상한 다윈은 책 말미에 다음과 같은 말을 조심스레 남겼다. "월리스의 견해와 이 책에 밝힌 내 견해가, 또는 종의 기원에 관한 유사한 견해들이 널리 인정받는 날, 자연사에 엄청난 변혁이 일어나리라고 어렴풋이 예상할 수 있다."[4]

다윈은 모든 생물이 공통된 소수의 조상에서, 어쩌면 하나의 조상에서 내려왔을지 모른다는 의견을 내놓았다. 그러면서 하나의 종은 내부에서 임의로 다양한 변이를 일으키고, 각 유기체의 생존과 멸종은 환경에 적응하는 능력에 달렸다고 주장했다. 그는 이를 자연선택이라 불렀다. 이 주장이 몰고 올 파장을 감지한 그는 똑같은 과정이 인류에도 적용될 수 있다는 점을 암시했고, 다음 저서《인간의 유래(The Descent of Man)》에서 이 견해를 더욱 자세히 설명했다.

《종의 기원》은 곧바로 격렬한 논란을 불러일으켰으나, 종교계의 반응이 오늘날 묘사되는 것처럼 그렇게 부정적이지만은 않았다. 프린스턴 신학교의 유명한 보수적 개신교 신학자였던 벤저민 워필드(Benjamin Warfield)는 진화를 "신의 섭리의 구현에 관한 이론"이라고 표현하면서,[5] 진화 그 자체에도 초자연적 창조자가 있었을 것이라고 주장했다.

일반 사람들이 다윈에게 어떤 반응을 보였는가에 관해서는 여러 이야기가 전해온다. 새뮤얼 윌버포스(Samuel Wilberforce) 주교와 열렬한 진화론 주장자 토머스 H. 헉슬리 사이의 유명한 논쟁도 그중 하나인데, 논쟁 중에 헉슬리는 원숭이가 조상이라는 사실은 수치스럽지 않지만 진실을 가리는 사람과 한핏줄이라는 건 수치스럽다고 말했다지만, 그가 정말로 그렇게 말했을 것 같지는 않다. 그런가 하면 다윈은 종교계에서 따돌림을 받기는커녕 나중에 웨스트민스터대성당에 묻히기까지 했다.

다윈도 자신의 이론이 종교적 믿음에 미칠 영향을 깊이 우려했다. 그는 《종의 기원》에서 조화로운 해석이 가능함을 애써 강조하였다. "나는 이 책에 실린 견해가 그 누구의 종교적 감정도 해칠 이유가 없다고 생각한다. (…) 유명한 저자이자 신학자 한 분이 내게 편지를 보내 이렇게 말했다. '나는 차츰 깨닫게 되었습니다. 필요에 따라 스스로 다른 형태로 진화할 능력을 가진 소수의 생물 원종을 하나님께서 창조하셨다는 믿음은, 하나님은 하나님의 법칙을 실현할 때 생긴 빈 공간에 창조라는 새로운 행위가 필요했다는 믿음만큼이나 신성하다는 것을.'"**6**

다윈은 다음과 같은 문장으로 《종의 기원》을 마무리했다. "이 생명관에는 장엄함이 깃들어 있다. 창조자는 태초에 소수의 또는 하나의 형상에 여러 가지 힘을 불어넣었고, 지구가 중력이라는 고정된 법칙에 따라 계속 순환하는 동안, 처음에는 아주 단순했던 형상들이 이후로 차차 가장 아름답고 경이로운 형상들로 끝없이 진화해왔다. 이 진화는 지금도 계속된다."**7**

다윈의 개인적 믿음은 지금도 여전히 모호하지만, 생애 말년에 믿음을 바꾼 것으로 보인다. 한번은 이렇게 말한 적도 있다. "불가지론적이라는 말이 내 마음 상태를 가장 정확하게 표현한 말일 것이다." 그런가하면 "우연한 기회나 필요의 결과로 생긴, 먼 과거를 돌아보고 먼 미래를 내다보는 능력을 가진 인간을 포함해 이 거대하고 경이로운 우주에 대해 고민해야 하는 극도의 어려움, 아니 차라리 불가능함"에 심각한 도전을 받았던 때도 있었다고 했다. 그리고 이어 말했다. "그런 고민에 빠졌을 때, 나는 어느 면에서는 인간과 유사한 지적 능력을 가진 조물주에게 시선을 돌리지 않을 수 없다. 나는 유신론자라고 불릴 만하다."[8]

오늘날 그 어떤 진지한 생물학자도 생명의 경이로운 복잡성과 다양성을 설명하는 진화론을 의심치 않는다. 사실 모든 종이 진화 메커니즘 안에서 서로 관련되어 있다는 사실은 모든 생물을 이해하는 데 워낙 중대한 기초가 되기 때문에 진화론을 생각하지 않고 생명을 연구하기란 불가능하다. 그러나 과학적 탐구영역 가운데 다윈의 혁명적 통찰력만큼 종교적 견해와 마찰을 일으킨 영역이 또 있을까? 1925년에 일어난 스콥스의 '원숭이 재판'부터, 오늘날 미국 학교에서 진화론 수업을 두고 벌어지는 논쟁에 이르기까지, 양쪽의 싸움은 끝날 기미를 보이지 않는다.

DNA를 향한 경외감

다윈의 통찰력은 당시 물리적 기초가 부족했기에 오히려 더 두드러졌다. 그 뒤로 '수정을 거치는 유전'이라는 다윈의 생각을 수용할 목적으로, 생명 설계도가 대체 어떤 식으로 수정될 수 있는가를 발견하는 데만 무려 1세기에 걸친 연구가 필요했다.

지금의 체코공화국 지역에서 활동한 아우구스티누스회 수도원에 있던 무명의 수도사 그레고어 멘델은 다윈과 동시대 사람으로 《종의 기원》을 읽었지만 다윈을 만났던 적은 없었던 것 같다. 멘델은 유전이 서로 다른 유전 정보 묶음으로 나타날 수 있다는 사실을 처음으로 증명해 보였다. 수도원 뜰에 콩을 심어 어렵게 실험한 결과, 주름진 콩, 둥근 콩과 같이 외형적 특징에 들어있는 유전 요소는 수학법칙에 따라 나타난다는 결론을 얻었다. 당시 그는 유전자라는 것을 몰랐지만, 관찰 결과 유전자와 같은 무언가가 분명히 존재하리라고 생각했다.

멘델의 연구는 이후 35년 동안 거의 무시되다시피 했다. 그러다가 과학사에서 이따금씩 일어나는 놀라운 우연의 일치가 일어났다. 20세기에 접어든 지 몇 달이 지나지 않아 세 명의 과학자가 동시에 멘델이 발견했던 사실을 재발견하는 일이 벌어졌다. 아치볼드 개로드(Archibald Garrod)는 환자를 다루던 중 특정 가계에서 발견되는 희귀병인 '선천성대사이상'을 관찰한 유명한 연구에서, 멘델의 법칙이 인간에게도 적용되며 이 질병은 멘델이 식물에서 발견한 것과 똑같은 종류의 유전 결과로 나타난다는 사실을 증명해 보였다.

멘델과 개로드는 인간에게서 일어나는 유전 가능성이라는 개념에 수학적 특수성을 덧붙였다. 물론 피부색이나 눈동자 색깔 같은 유전형질은 우리 인간을 자세히 관찰한 사람이라면 누구에게나 이미 친숙한 사실이었다. 그러나 유전의 화학적 기초를 제대로 추론한 사람이 없다보니 이러한 일정한 유형 뒤에 숨은 원리는 여전히 모호한 상태였다. 20세기 전반에는 과학자 대부분이 단백질을 유전형질 전달 물질이라고 추측했다. 단백질은 생물체가 가진 분자 가운데 가장 다양한 분자로 여겨졌기 때문이다.

그러다가 1944년에 와서야 비로소 미생물학자 오즈월드 에이버리(Oswald T. Avery), 콜린 매클라우드(Colin M. MacLeod), 매클린 매카티(Maclyn McCarty) 등 세 사람이 유전형질을 전달하는 물질은 단백질이 아니라 DNA임을 밝혀냈다. DNA의 존재는 거의 100년 전에 이미 세상에 알려졌지만 그 전까지만 해도 단지 핵을 싸는 물질 정도로만 인식된 채 특별한 관심을 끌지 못했다.

그 뒤 채 10년이 지나지 않아 유전의 화학적 성질을 밝혀주는 멋지고 훌륭한 답이 나왔다. DNA 구조를 밝히려는 각고의 노력이 1953년에 제임스 왓슨과 프랜시스 크릭에 의해 결실을 맺은 것이다. 왓슨은 유쾌한 저서 《이중나선(The Double Helix)》에서 이때의 상황을 잘 묘사해놓았다. 왓슨과 크릭 그리고 모리스 윌킨스(Maurice Wilkins)는 로잘린드 프랭클린(Rosalind E. Franklin)이 만든 자료를 이용해, DNA 분자는 꼬인 사다리처럼 생긴 이중나선 구조이며 그것의 정보 전달 능력은 사다리의 발판을 구성하는 일련의 화합물로 결정된다고 추측할 수 있었다.

화학자인 나는 DNA가 얼마나 놀라운 특성을 지녔는지, 생명 설계도의 암호를 푸는 데 얼마나 눈부신 답을 제시하는지 잘 알기에, 이 분자에 경외감을 느낄 따름이다. DNA가 실제로 얼마나 정교한 물질인가만 한번 설명해 보겠다.

〈그림 4.1〉에서 보듯이, DNA는 수많은 놀라운 특징을 갖고 있다. 바깥쪽 뼈대 부분은 인산과 당의 단조로운 결합으로 길게 이어지는데, 정작 흥미로운 부분은 안쪽이다. 사다리 발판에 해당하는 이 부분은 '염기'라 부르는 네 가지 화합물로 이루어진다. 이 염기를 실제 이름의 앞글자만 따서 A, C, G, T라 부르자. 각 염기는 저마다 독특한 형태를 띤다.

이제 이 네 가지 형태에서 A는 T와, G는 C와 함께 맞물릴 때만

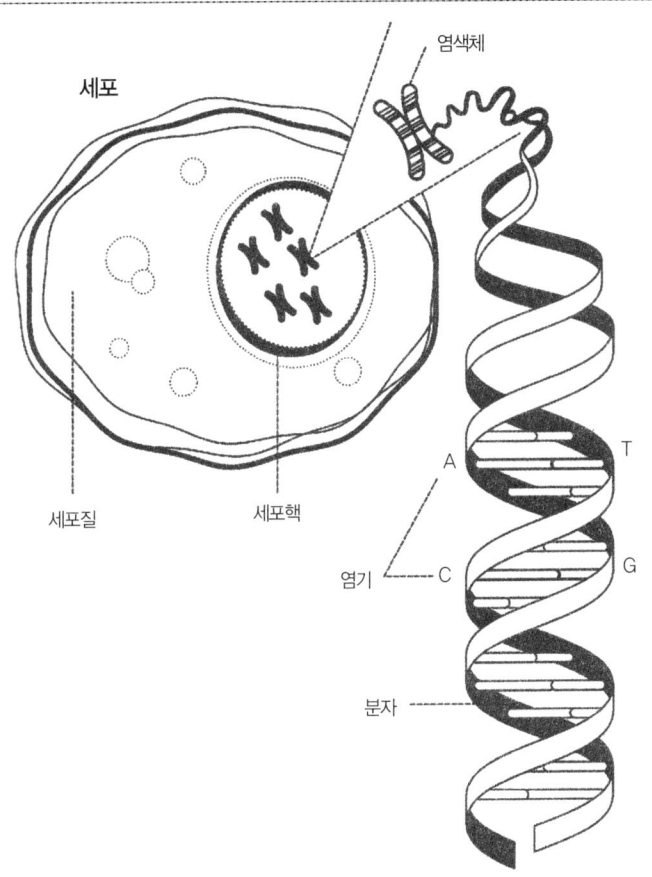

〈그림 4.1〉 DNA의 이중나선 구조. 염기(A, C, G, T) 순서에 따라 정보가 전달된다. DNA는 각 세포의 핵 속에 있는 염색체에 담겨 있다.

이 사다리 발판을 정확하게 만들 수 있다고 생각해보자. 이것이 '염기쌍'이다. 그런 다음, 발판 하나가 염기 한 쌍으로 이루어진, 꼬인 사다리 모양의 DNA 분자를 상상해보자. 발판은 A-T, T-A,

C-G, G-C의 네 가지 형태가 나올 수 있다. 만약 두 가닥의 꼬인 줄 가운데 한쪽에서 염기 하나가 손상된다면, 맞은편 꼬인 줄에서 이를 쉽게 복구할 수 있다. 이때, 이를테면 T는 오직 T로만 대체될 수 있다. 그렇다면 이중나선은 대단히 정교한 자기복제 기술을 가졌다는 이야기다. 이때 두 가닥의 꼬인 줄은 새로운 형태를 만드는 거푸집으로 사용된다. 만약 사다리 발판의 가운데를 처음부터 끝까지 갈라 모든 염기쌍을 떼어놓는다 해도, 절반만 남은 발판에는 원래 형태를 완벽하게 복구할 수 있는 정보가 남아 있게 된다.

비유적으로 말하자면, DNA는 세포핵 안에 들어있는 설계도나 소프트웨어 프로그램으로 생각할 수 있다. DNA의 암호화된 언어는 오직 알파벳 네 글자로만 구성된다(컴퓨터로 치면 2비트다). 유전자라고 알려진 특별한 설계도는 수백 또는 수천 가지 암호화된 글자로 구성된다. 우리 같은 복잡한 유기체에서조차 모든 세포는 이 설계도에 적힌 글자 배열에 따라 모든 정교한 기능을 수행해야 한다.

과학자들은 무엇보다도 이 프로그램이 실제로 어떻게 작용하는지 전혀 이해할 수 없었다. 그러다가 'mRNA(전령RNA)'가 발견되면서 이 수수께끼가 말끔하게 풀렸다. 특정 유전자를 구성하는 DNA 정보는 mRNA 분자 안에서 복제된다. 외가닥으로 된 mRNA는 기다란 줄 하나에 발판 한쪽만 너덜너덜 매달린 사다리 모양이다. 이 반쪽짜리 사다리는 세포핵(정보 저장고)에서 나와 세포질(단백질, 지질, 탄수화물이 섞인 복잡한 젤 형태)로 이동하는데, 여기서 다시 리보솜이라 부르는 정교한 단백질 공장으로 들어간다. 그러면 이 공장에 있는 섬세한 번역가 팀이 둥둥 떠다니는 반쪽 사다리 mRNA에서 튀어나온 염기를 읽어 이 분자의 정보를 아미노산으로

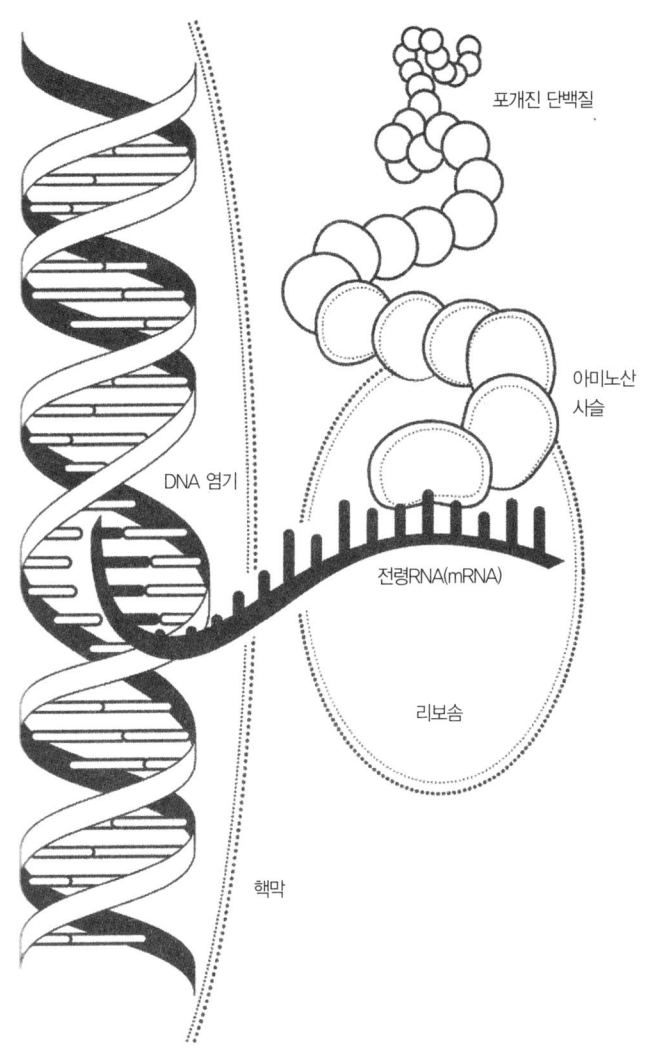

〈그림 4.2〉 분자생물학에서 정보의 흐름 : DNA→RNA→단백질.

이루어진 특정 단백질로 전환한다. RNA 정보에서 '발판' 세 개가 아미노산 하나를 만든다. 세포를 움직이고 구조적으로 통합하는 것이 바로 이 단백질이다.〈그림 4.2〉

이상은 끊임없이 경외감과 감탄을 일으키는 DNA, RNA, 단백질의 정교함을 단지 표면적으로만 훑어본 것이다. A, C, T, G 가운데 세 개를 결합해 만들 수 있는 조합의 수는 64가지이지만 실제 아미노산은 20가지뿐이다. 그렇다면 남는 게 있다는 이야기다. 예를 들면 DNA와 RNA에서 GAA는 글루탐산이라고 불리는 아미노산을 만드는데, GAG 역시 같은 아미노산을 만든다.

세균부터 인간에 이르기까지 여러 생물을 연구한 결과, DNA와 RNA에 담긴 정보를 단백질로 번역하는 데 쓰이는 이 '유전암호'는 이제까지 알려진 모든 생물에서 공통이라는 사실이 밝혀졌다. 생명의 언어에는 그 어떤 바벨탑도 허용되지 않았다. GAG는 토양에 있는 세균의 언어로도, 애기장대풀이나 악어의 언어로도, 우리 고모의 언어로도 똑같이 글루탐산이다.

이 같은 발전으로 분자생물학이라는 분야가 탄생했다. 그리고 가위나 풀과 같은 역할을 하는 단백질을 포함해 이런저런 소소한 경이로운 사실들이 발견되었고, 이로써 일부를 다른 곳에서 떼어다 다시 붙이는 방법으로 DNA와 RNA를 조작하는 일도 가능하게 되었다. 분자생물학이 실험실에서 만들어내는 이 같은 속임수를 통틀어 재조합된 DNA라 부르는데, 이 기술로 생명공학이라는 전에 없던 분야가 새로 생겼고, 이 신기술은 다른 발전과 더불어 많은 질병 치료에 일대 혁명을 일으키고 있다.

설계론을 신이 생명을 창조한 설득력 있는 증거로 보는 사람들에게는 4장에서 내린 결론이 당혹스러울 수도 있다. 많은 독자들은 본인의 판단에 의해, 또는 다양한 종교 단체나 관련 매체에서 배운 결과로, 꽃의 눈부신 아름다움이나 독수리의 비행은 복잡함과 다양함과 아름다움을 주관하는 초자연적 지성이 작용한 결과라고 철석같이 믿고 있었을 것이다.

그러나 분자 메커니즘, 유전자 경로, 자연선택이 이 모든 현상을 거침없이 설명하게 된 지금, 여러분은 소리치고 싶을 것이다. "그만! 당신은 자연주의적 설명을 들먹이며, 신성성이 깃든 수수께끼를 죄다 세상 밖으로 내몰고 있어!"

걱정하지 마시라. 신성성이 깃든 수수께끼는 아직 많이 남았다. 과학적이고 영적인 증거를 모두 고민한 많은 사람은 창조적이고 인도적인 신의 손길이 여전히 작용한다고 생각하니까. 나는 생명의 본질에 관해 많은 것이 밝혀졌다고 해서 실망하거나 환멸을 느끼지 않는다. 아니, 오히려 그 반대다. 생명이란 얼마나 경이롭고 정교한가! DNA의 디지털적인 정확함은 얼마나 명쾌한가! RNA를 단백질로 번역하는 리보솜에서, 유충이 나비로 변하는 탈바꿈과 짝을 유인하는 공작의 기막힌 깃털에 이르기까지, 생명체의 모든 요소가 지닌 미적 호소력과 예술적 장엄함은 또 어떠한가!

하나의 메커니즘으로서의 진화는 진실일 수 있으며 진실임에 틀림없다. 하지만 그것은 총지휘자인 신의 본질에 관해서는 아무런 언급도 하지 않는다. 신을 믿는 사람들이라면 경외감이 커지면 커졌지 줄어들 이유가 없다.

신의 설계도 해독하기

　1980년대 초 예일대학에서 유전학 전문연구원으로 일할 때만 해도 DNA 암호를 구성하는 글자 몇백 개의 순서를 밝히는 일은 무척이나 고된 작업이었다. 연구 방법도 까다로워서 많은 준비 단계가 필요했는데, 방사능 물질 같은 비싸고 위험한 시약을 사용하는 일이나 거의 항상 거품이 생기거나 다른 불완전한 상황이 발생하는 초박형 젤을 손으로 직접 붓는 일 등이 그러했다. 하지만 그러한 세세한 내용은 중요치 않다. 진짜 중요한 점은 정말이지 해도 해도 끝이 없어서, 인간의 DNA 암호 글자 고작 몇백 개를 분류하는 데 수많은 시행착오를 거쳐야 한다는 점이었다.
　그러한 어려움에도 불구하고, 나는 첫 번째 논문을 DNA 염기서열을 기초로 한 인간 유전자에 관해 썼다. 당시 나는 어느 한 단백질이 합성되는 과정을 연구하던 중이었다. 자궁 내에 있는 태아의 적혈구에서 발견되는 단백질로, 아기가 세상에 나와 직접 폐로 숨을 쉬기 시작하면서 점차 사라진다고 알려진 태아 헤모글로빈이라 불리는 단백질이었다. 헤모글로빈은 적혈구가 산소를 폐에서 신체 다른 곳으로 운반하게 만드는 단백질이다. 인간과 일부 유인원은 태아 상태에서 이 특별한 종류의 헤모글로빈을 이용해 어미 혈액에 있는 산소를 빼내 자양분으로 삼는다. 이 태아 헤모글로빈은 아기가 태어난 첫 해에 차츰 사라지면서 대신 성인 헤모글로빈이 생긴다.

그런데 내가 연구하던 한 자메이카 가족의 경우에는 성인에게서도 태아 헤모글로빈이 계속 나타났다. 이 '태아 헤모글로빈의 유전적 지속성'은 특별한 흥미를 끌었다. 다른 사람들에게서도 그런 현상을 인위적으로 이끌어낼 수 있다면 겸상적혈구빈혈증을 크게 줄일 수 있기 때문이다. 겸상적혈구빈혈증에 시달리는 사람이 적혈구의 20퍼센트에만 태아 헤모글로빈을 가지고 있어도 그 질병의 고통과 점진적인 장기손상을 근본적으로 없앨 수 있었다.

염기서열을 밝히던 나는 태아 헤모글로빈을 생성하는 여러 유전자 중 어느 한 유전자의 바로 '위쪽' 지점에서 C 대신 G가 놓인 사실을 발견한 날을 결코 잊을 수가 없다. 태아 프로그램이 성인 프로그램으로 바뀌는 까닭은 바로 이 글자 하나의 변이에 있었다. 나는 짜릿하면서도 동시에 몹시 지쳐버렸다. 인간 DNA 암호에서 바뀐 글자 하나를 찾는 데 무려 18개월이 걸리다니!

그 뒤 3년이 흘러 선견지명이 있는 몇몇 과학자들이 인간게놈 전체에서 DNA 서열을 전부 밝혀낼 가능성을 토론하기 시작했다는 사실은 내게 다소 충격적이었다. 무려 20억 쌍에 해당하는 염기였다. 내 생애에 달성될 수 없는 목표가 분명했다.

우리는 게놈에 무엇이 들어있는지 거의 아는 게 없었다. 이때까지 인간의 개별 유전자를 구성하는 염기를 현미경 아래 놓고 관찰한 사람은 없었다(그러기에는 염기가 너무 작았다). 특성이 밝혀진 유전자는 몇백 개에 불과했고, 게놈에 들어있을 유전자 수는 그 측정치가 천차만별이었다. 심지어는 유전자 정의를 놓고도 의견이 다소 엇갈렸다(사실 지금도 그렇다). 유전자는 특정 단백질을 합성하는 암호를 지닌 DNA 가닥으로 구성된다는 단순한 정의는 유전자에서 단백질을 암호화하는 부분에 인트론이라 불리는 DNA 조각이 끼어들어 단백질 합성을 방해한다는 사실이 밝혀지면서 흔들렸다.

암호화하는 영역이 이후 RNA 복제에서 어떤 식으로 갈라져 결합하느냐에 따라 하나의 유전자가 몇 가지 서로 다른 (그러나 관련 있는) 유형의 단백질 생성을 암호화할 때도 있었다. 게다가 유전자와 유전자 사이에도 기다란 DNA 가닥이 있는데, 별다른 기능을 수행하지 않는다고 생각해 '쓰레기 DNA'라고까지 부른 사람도 있었다. DNA에 무지했던 당시 수준에서, 게놈 일부를 성급히 '쓰레기'라고 부르는 데는 어느 정도 오만함이 필요했다.

이런 불확실성에도 불구하고 완벽한 게놈 서열이 밝혀진다면 그 가치는 의문의 여지가 없었다. 이 거대한 설계도 안에는 인체생물학 목록뿐 아니라 이해 부족 때문에 효과적으로 치료하지 못하는 수많은 질병을 이해하는 실마리가 들어있을 것이다. 의사인 나로서는 가장 훌륭한 의학교과서인 이 설계도를 펼칠 가능성을 생각하면 흥분을 감출 수 없었다. 그래서 이 분야 학계에서는 아직 새내기에다 그처럼 대담한 계획의 실현 가능성을 확신하지 못한 나는 인간게놈의 서열을 밝히는 체계적인 계획에 착수한다는 편에 서서 논쟁에 합류했다. 곧 '인간게놈 프로젝트'라고 알려진 계획이었다.

유전질환 연구를 시작하다

완벽하게 드러난 인간게놈을 보고픈 내 욕구는 그 뒤 몇 년 사이에 갑자기 커졌다. 나는 진지하고 성실한 대학원생과 박사 이후의 연구과정에 있던 연구원들로 꾸린 새 연구실험실을 이끌면서, 이제까지 갖은 노력에도 불구하고 정체를 밝히지 못한 특정 질병의 유전적 기초를 밝히기로 다짐했다. 이 가운데 제1순위는 낭포성섬유증이었는데, 북유럽 사람들에게 가장 흔히 나타나는 치명적인 유전적 장애다. 주로 어린아이들에게 나타나는 이 병에 걸리면 몸무게가 늘지 않고 잦은 호흡기 감염으로 고생한다. 병에 걸린 아이의 엄마들은 아이와 입을 맞추면 짠맛이 난다고 말했는데, 때문에 의사들은 아이의 땀에 염분이 지나치게 많을 경우 이 병을 의심했다. 이 환자들은 폐와 췌장에 진하고 끈적끈적한 분비물이 생겼지만, 우리는 문제를 일으키는 유전자가 어떤 기능을 하는 유전자인지 전혀 아는 바가 없었다.

내가 이 병에 걸린 환자를 처음 만난 것은 1970년대 후반 인턴 과정에 있을 때였다. 1950년대에는 이 병에 걸린 아이들이 채 열 살을 넘기지 못했다. 그러나 췌장효소 재공급, 항생제를 이용한 폐 감염 치료, 영양섭취 개선, 물리치료 등과 같은 치료법이 꾸준히 개발되면서 환자의 수명이 점차 늘어난 결과, 1970년대에는 다수의 환자들이 대학도 가고 결혼도 하고 직장생활도 하게 되었다. 그러나 장기적인 치료 전망은 여전히 불투명한 상태였다. 근본적인 유전자 결함을 알아내지 못한 의학계 연구자들은 밤길을 더듬는 기분을 벗어나지 못했다. 우리가 아는 것이라고는 30억 개의 글자로 된 DNA 암호 가운데 적어도 하나는 취약 지역에서 길을 잃고 헤맨다는 게 전부였다.

    이 작은 오자를 찾는 일은 양적으로 도저히 불가능해 보였다. 그러나 낭포성섬유증에 관해 우리가 아는 또 한 가지 사실은 이 병이 열성유전이라는 점이다. 이를 이해하려면, 사람은 누구나 각 유전자를 똑같은 한 쌍으로 가지고 있다는 점을 알아야 한다. 하나는 엄마에게서, 하나는 아빠에게서 물려받은 유전자다. X염색체와 Y염색체에 있는 유전자만은 예외인데, 남자의 경우는 이 염색체를 오직 하나씩만 가진다.

    낭포성섬유증 같은 열성질병의 경우, 한 쌍으로 존재하는 똑같은 유전자 두 개가 '모두' 결함이 있을 때만 나타난다. 이런 일이 일어나려면 부모 양쪽이 모두 결함이 있는 유전자를 하나씩 가지고 있어야 한다. 그러나 유전자 한 쌍 중에 하나는 정상이고 하나만 결함이 있는 사람이라면 지극히 정상적으로 나타나기 때문에 이런 유전자 쌍을 가진 사람은 자기 상태를 전혀 알 수가 없다. 북유럽 혈통을 가진 사람 30명 중에 한 명꼴로 이 병이 발생하는데, 이들 대부분은 가족 중에 이 병에 걸린 사람이 없다.

    낭포성섬유증의 기초가 되는 유전자는 이처럼 DNA를 추적하는 흥미로운 기회를 제공했다. 연구자들은 이 병을 유발하는 유전자에 대해 아는 것이 전혀 없었지만, 이 병에 걸린 환자를 둔 가족 중에 형제가 많은 가족을 대상으로 이들의 게놈에서 DNA를 임의로 수백 개씩 추출해 형제 중에 누구는 이 질병에 걸리고 누구는 걸리지 않는가를 예견해줄 만한 DNA 조각을 찾아보는 방법으로 DNA 유전을 연구할 수 있었다. 이런 조각은 필시 이 병을 유발하는 유전자 가까이 있을 것이다. 우리는 DNA 글자 30억 쌍을 모두 읽을 수는 없지만 임의로 여기서 몇백만 개, 저기서 몇백만 개를 골라 관찰할 수 있고, 그러다보면 이 병과의 관계를 찾아낼 수 있을 것이다. 우리는 이 과정을 수백 번 되풀이해야 했지만, 게놈은 정보를 지닌 유한한 집합체이고, 따라서 이 과정을 반복하다보면 언젠가는 문제의 유전자 조각을 찾을 날이 있으리라 확신했다.

이 작업은 1985년에 과학자와 환자 가족들의 놀라움과 기쁨 속에 완성되었다. 그리고 낭포성섬유증 유전자가 7번 염색체에 있는 200만 개의 염기쌍 어딘가에 있는 게 분명하다는 점을 증명해 보였다. 하지만 진짜 어려움은 이제부터 시작이었다. 이 작업이 왜 그렇게 힘든 일인가를 설명할 때 내가 자주 써먹는 비유를 다시 한 번 말하자면, 이 유전자를 찾는 일은 미국 어느 가정의 지하실에 있을 불이 나간 전구 하나를 찾는 작업과 비슷했다. 병에 걸린 가족을 대상으로 한 이번 연구는 미국 중에서도 어느 주, 나아가 어느 카운티인가를 알려주었다는 점에서 대단히 중요한 시작인 셈이다. 그러나 이 작업은 6킬로미터 높이에서 내려다본 것이며, 이 전략으로는 더 이상 앞으로 나아갈 수가 없다. 이제는 집집마다 돌아다니면서 전구를 하나씩 살펴보아야 했다.

우리에게는 이 지역 지도도 없다. 7번 염색체의 이 부분은 다른 대부분의 게놈과 마찬가지로 1985년에 한 번도 조사된 바가 없었다. 비유를 계속 들어보면, 도시나 마을의 거리 지도도 없고, 건물 설계도도 없으며, 전구 재고목록도 당연히 없는 상태였다. 지독한 작업이었다.

우리 팀과 나는 '염색체 건너뛰기'라는 방법을 고안했다. 우리 표적인 염기쌍 200만 개를 전통적인 방식대로 기어서 가기보다는 스카이콩콩을 타고 가로지르는 방법이다. 이렇게 하면 한 집 한 집 수색하는 작업을 여러 곳에서 동시에 시작할 수 있었다. 그래도 여전히 어마어마한 작업이었고, 과학계의 많은 사람이 이 접근법은 대단히 비현실적이어서 인간의 질병 연구에는 결코 적합하지 않다고 생각했다. 1987년, 재원은 한정적이고 좌절감은 높아가는 상황에서 우리 연구팀은 토론토의 어린이병원에서 일하는 유능한 랍치 추이(Lap-Chee Tsui) 박사의 연구팀과 힘을 합쳤다. 우리 합작 연구팀은 새로운 활력을 얻어 연구에 박차를 가했다. 연구는 마치 한 편의 탐정소설 같았다. 마지막 페이지에 가면 사건은 결국 해결된다는 걸 알지만 그곳까지 가는 데 얼마나 걸릴지는 알지 못했다.

사건의 실마리도, 막다른 골목도 많았다. 세 번째, 네 번째에는 답이 나올 것 같아 잔뜩 흥분하다가도 다음날이면 새로운 자료가 나와 기대가 무너지기도 했지만, 긍정적인 낌새가 조금이라도 보이면 우리는 다시 기대에 부풀었다. 왜 아직도 문제의 유전자를 찾지 못하는지, 왜 포기하지 않는지를 주위 동료들에게 끊임없이 설명하기란 우리로서는 참으로 어려운 일이었다. 나는 이 일의 어려움을 설명할 다른 비유를 찾기 위해 한번은 미시간에 있는 한 농장을 찾아가 커다란 건초더미 꼭대기에 앉아 바늘을 들고 있는 모습으로 사진을 찍기도 했다.

1989년 5월 어느 비오는 날 밤, 드디어 답이 나왔다. 랍치와 내가 예일 기숙사에서 회의를 하는 동안 그곳에 설치해둔 팩스에서 그날 실험실에서 얻은 자료가 흘러나왔다. 이전까지는 알려지지 않은 유전자에서 단백질을 합성하는 DNA 암호 중에 딱 세 글자가(정확히 말하면 CTT가) 보이지 않았고, 이는 낭포성섬유증 환자 다수의 경우에 이 병을 유발하는 원인이 분명해 보였다. 그 뒤 우리는 이 돌연변이와 더불어 이보다는 흔치 않지만 같은 유전자에서 일어나는 또 다른 오자(지금은 CFTR로 불린다)가 이 질병의 모든 원인이라는 사실을 금방 알아낼 수 있었다.

우리는 염색체 위치를 점점 좁혀가는 방법으로 결국 문제의 유전자를 찾았고, 불이 나간 전구를 기어이 찾아낸 셈이었다. 길고도 험난한 길이었지만 우리는 이제 치료법을 진지하게 연구할 수 있다는 기대로 한껏 부풀어 올랐다.

곧이어 낭포성섬유증 연구자와 가족, 임상의 수천 명이 모였고, 나는 이 자리에서 문제의 유전자 발견을 축하하는 노래를 하나 만들었다. 무언가를 표현하고 체험할 때 음악은 항상 글이 흉내 내지 못하는 방법으로 내게 도움을 준다. 내 기타 실력은 그저 평범한 수준이지만 나는 사람들이 다함께 목소리를 높일 때면 큰 희열을 느낀다. 이 체험은 과학적이라기보다는 영적이다. 그 많은 선한 사람들이 자리에서 일어나 한 목소리로 노래를 따라 부를 때 나는 북받치는 눈물을 참지 못했다.

주저 말고 꿈을 꾸라, 주저 말고 꿈을 꾸라,
우리 형제 자매 모두 자유롭게 숨 쉬는 꿈을.
두렵지 않아, 우리 마음은 흔들리지 않아,
이 병이 흘러간 이야기가 될 때까지.

다음 단계는 생각보다 어려웠다. 안타깝지만 낭포성섬유증은 아직 흘러간 이야기가 되지 못했다. 그러나 유전자 발견은 참으로 만족스러웠고, 덕분에 언젠가는 승리하리라고 확신하는 방향을 향해 연구를 시작할 수 있었다. 전 세계에서 20여 개 팀이 이 유전자를 찾아 매달린 결과를 종합해보면, 이 한 가지 병을 유발하는 유전자 하나를 찾기까지 10년의 세월이 걸렸고, 비용은 5,000만 달러가 넘게 들었다. 그나마 이 병은 작업하기가 무척 쉬운 병일지도 모른다. 멘델의 유전법칙을 충실히 따르는 비교적 흔한 질병이기 때문이다.

그러나 이보다 희귀하면서 급히 해결해야 하는, 유전자 결함에 따른 질병 수백 가지로 이 작업을 확대한다면? 나아가 당뇨병, 정신분열증, 심장질환, 흔한 종류의 암과 같이, 유전적 요소가 중대한 영향을 미친다는 건 확실하지만 어느 한 유전자가 아니라 다양한 여러 유전자가 질병에 개입한다는 믿을 만한 증거가 드러난 질병에도 앞서와 같은 전략을 적용한다면? 이 경우에는 찾아야 할 전구가 십여 개 또는 그 이상일 수 있고, 심지어는 전구가 아주 불이 나간 게 아니라 희미해졌을 뿐일 수도 있다. 이처럼 어려운 상황에서도 성공이라고 부를 만한 결실을 거두려면 인간게놈을 구석구석 샅샅이 뒤져 자세하고 정확한 정보를 얻는 방법뿐이었다. 한 집 한 집 세세하게 표시된 전국지도가 필요했다.

1980년대 말은 이 작업을 진행하는 게 과연 현명한가를 두고 격렬한 논쟁이 벌어진 시기였다.[1] 과학자들은 대부분 그 정보가 결국에는 유용하게 쓰이리라는 점에는 동의했지만, 방대한 작업량을 생각하면 불가능에 가까운 일이었다. 게다가 게놈의 아주 적은 부분만이 단백질 합성에 간여한다는 사실이 명백한 마당에 그 나머지 DNA('쓰레기 DNA')까지 염기서열을 밝히는 것이 과연 옳은가 하는 문제는 논란이 될 만했다. 어느 유명한 과학자는 이렇게 썼다.

"게놈의 서열을 밝히는 일은 셰익스피어 작품 전체를 설형문자로 번역하는 작업만큼이나 유용하겠지만, 그 번역이 그다지 가능해 보이지도, 쉬워 보이지도 않는다."

또 어떤 이는 "당치 않은 소리다. (…)유전학자들은 신발을 적시지 않은 채 몇 개의 작은 정보의 섬에 도착하려고 아둔함의 바다를 힘겹게 건너는 꼴이다"라고 했다. 많은 사람이 이 작업에 들어갈 엄청난 비용을 걱정하고, 행여 다른 생의학 연구에 들어갈 기금을 빼가지나 않을까 걱정해 우려의 목소리를 내는 게 사실이었다. 이러한 우려를 해소할 최고의 해결책은 나눠 먹을 파이를 확대하고, 이 작업을 위한 새로운 기금을 찾는 것이었다. 게놈프로젝트의 새 책임자는 미국 내에서 이 일을 깔끔하게 처리했는데, 그는 다름 아닌 DNA 이중나선 구조를 처음 밝힌 제임스 왓슨이었다. 당시 생물학계의 독보적인 록 스타였던 왓슨은 의회를 설득해 이 새로운 모험을 감행했다.

제임스 왓슨은 미국 내 인간게놈 프로젝트를 처음 2년 동안 훌륭하게 이끌면서 게놈센터를 설립하고 프로젝트를 진행할 현 세대 최고의 유능한 과학자들을 모집했다. 그러나 프로젝트 달성에 필요한 기술이 아직 많이 발명되지 않은 상태에서 15년이라는 계획표에 맞춰 목표를 달성할 수 있을지, 많은 사람이 여전히 회의를 품었다. 그러다가 1992년에 왓슨이 프로젝트에서 갑자기 손을 떼면서 위기가 찾아왔다. 미국국립보건원이 DNA 조각에 대해 특허를 내려하자 그 일이 과연 옳은가를 두고 여론이 시끄러웠던 직후에 일어난 일이다. 왓슨은 이 안에 강력히 반대했다.

**중대한 프로젝트
앞에서**

뒤이어 미국 내에서 프로젝트를 이끌 새 사람을 물색하는 작업이 분주히 이어졌다. 후보 인물이 차츰 좁혀지면서 내게 이목이 쏠리자 놀란 사람은 다름 아닌 바로 나였다. 당시 미시간대학에서 게놈센터를 이끌며 대단히 흡족하게 일했고 연방정부에 고용되리라고는 한 번도 상상해본 적이 없었다. 나는 처음에는 그 일에 신경을 쓰지 않았다. 하지만 최종 결정이 내려지자 마음이 복잡해졌다. 인간게놈 프로젝트는 하나뿐이었다. 인류 역사상 단 한 번뿐인 일이다. 성공한다면 의학계에 미치는 영향은 전례가 없을 정도로 엄청날 것이다.

하나님을 믿는 나에게 이번 일이, 혹시 우리 인간을 이해하는 데 중대한 영향을 미칠 프로젝트에서 큰 몫을 하라는 하나님의 부름일까? 이 일은 신의 언어를 읽어, 인간이 어떻게 존재하게 되었는지 그 자세한 내막을 밝힐 기회였다. 내가 이 길을 걸어갈 수 있을까? 이 같은 중요한 순간에 하나님의 뜻을 감지했다고 말하는 사람들을 나는 늘 의심의 눈초리로 바라보았다. 그러나 이 모험이 지닌 엄청난 중요성, 그리고 그것이 창조자와 인간의 관계에 미칠 영향력을 생각할 때 나 역시 하나님의 뜻을 묻지 않을 수 없었다.

1992년 11월, 나는 딸이 사는 노스캐롤라이나를 찾아가 작은 예배당에서 오후에 오랫동안 기도를 하며 이번 결정에 대해 하나님의 답을 기다렸다. 나는 하나님의 말씀을 '듣지' 못했다. 사실 한 번도 그런 경험은 없었다. 하지만 예상치 않게 저녁예배까지 이어진 그 긴 시간 동안 내 마음에 평화가 찾아왔다. 며칠 뒤 나는 그 제의를 수락했다.

그 뒤 10년간은 엄청난 사건들을 정신없이 경험한 시간이었다.

인간게놈 프로젝트의 당초 목적은 믿을 수 없을 정도로 원대했지만, 우리는 목표를 과감히 높게 잡고 그것을 달성할 책임감을 느꼈다. 첫 실험에서는 꽤 가능성 있어 보였던 실험법이 실험 대상을 대규모로 늘리자 무참히 실패했을 때는 깊은 좌절감을 맛보아야 했다. 연구팀 내부에서도 더러 불화가 생겼고, 그럴 때면 나는 중재자 노릇을 해야 했다. 보조를 맞추지 못하는 센터는 서서히 퇴출되어야 했고, 그러면 해당 센터 소장은 크게 실망했다.

그러나 감격의 순간도 있었다. 높은 목표를 달성해 새로운 의학적 안목이 축적되기 시작할 때가 그러했다. 1996년까지 우리는 인간게놈 서열을 대규모로 밝힐 작업을 테스트할 준비를 마쳤다. 이때 사용될 방법은 내가 낭포성섬유증 유전자를 찾던 1985년보다 기술적으로는 더 뛰어나면서 비용은 더 적게 드는 방법이었다. 최종 결정의 순간이 다가왔을 때, 이 국제적인 공공 프로젝트를 주도하던 우리는 연구 중에 나오는 결과는 프로젝트 참가자에게 즉시 개방되어야 한다는 점을 분명히 했고, DNA 서열을 두고 그 어떤 특허도 내지 않아야 한다고 의견을 모았다. 중요한 의학적 문제를 이해할 목적이라면 전 세계 어떤 연구자도 이제까지 밝혀진 연구자료를 자유롭게 볼 수 있어야 했다.

이후 3년간은 결실이 많았고, 1999년까지는 작업 속도를 획기적으로 끌어올릴 수 있었다. 그러나 새로운 문제가 서서히 수면 위로 떠올랐다. 이전까지는 인간게놈의 전체 서열을 밝히는 일이 상업적으로 매력이 없다고만 생각되었는데, 이 정보의 가치가 점점 분명하게 드러나고 작업에 드는 비용이 줄어들면서 공공 인간게놈 프로젝트는 민간기업의 큰 도전을 받기 시작했다. 뒤에 셀레라(Celera)

라고 불리게 되는 민간기업의 사장인 크레이그 벤터는 인간게놈의 서열을 밝히는 대대적인 작업을 수행하겠다고 공언했고, 상당수의 유전자에 특허를 신청해 많은 비용을 지불하는 사람에게만 그 자료를 공개할 뜻을 밝혔다.

인간게놈의 서열을 사적 재산으로 삼겠다는 발상은 대단히 실망스러웠다. 그러나 더욱 우려할 만한 일은 의회에서 일어났다. 민간기업에 맡기면 더 효율적일 수도 있는 일에 계속 세금을 지출하는 게 과연 옳은가 하는 의문이 제기된 것이다. 이때까지는 셀레라 연구팀에서 그 어떤 자료도 나오지 않았고, 벤터가 사용하려는 과학 전략은 완성도 높은 정확한 결과를 낼 성싶지도 않은 상태였다. 그러나 셀레라의 노련한 홍보팀은 높은 효율성을 강조하는 말을 끊임없이 쏟아냈고, 동시에 공공 프로젝트가 느리고 관료적이라고 몰아붙이려 했다. 지구상에서 가장 창조적이고 헌신적인 과학자들이 세계 유수의 대학에 모여 인간게놈 프로젝트를 진행하고 있다는 현실을 고려할 때, 받아들이기 힘든 주장이었다.

그러나 언론은 논쟁을 무척이나 좋아한다. 게놈 서열 밝히기에 '경쟁'이 붙었다는 기사가, 그리고 벤터의 요트와 내 오토바이에 관한 기사가 앞 다투어 등장했다. 이 무슨 웃기는 이야기인가! 잘 모르는 사람들이 이 상황을 본다면, 누가 이 일을 더 빨리 또는 더 싸게 할 것인가가 문제의 핵심이라고 오해하기 십상이었다(현재로서는 셀레라나 공공 프로젝트 둘 다 이 점을 만족스럽게 수행할 능력을 갖추었다). 그러나 실제로는 사고방식을 놓고 벌이는 싸움이었다. 인간게놈 서열이, 우리가 공유하는 유전자 정보가 상품이 될 것인가, 아니면 보편적인 공공재가 될 것인가?

우리 연구팀은 이제 한시도 노력을 게을리 할 수 없었다. 세계 6개국에 있는 우리 공공 게놈센터 20곳은 하루 24시간 쉬지 않고 달렸다. 고작 18개월이라는 시간 동안, 일주일에 7일, 하루 24시간 동안 1초에 1,000개의 염기쌍을 해독한 결과, 인간게놈의 90퍼센트에 해당하는 염기서열 초안을 만들 수 있었다. 모든 자료는 24시간마다 발표했다. 그 사이 셀레라도 상당한 분량의 결과를 내놓았지만 그것을 비밀에 부칠 뿐 공개하지는 않았다. 결국 공공 연구 결과를 이용하는 게 유리하다고 판단한 셀레라는 당초 목표의 절반만을 채우고는 손을 뗐다. 알고 보니 셀레라가 조립한 게놈의 반 이상이 우리 공공 연구 결과로 구성된 것이었다.

'경쟁'에 대한 관심은 꼴사나운 모습으로 변해갔고, 목표의 중요성마저 깎아내릴 상황에 이르렀다. 셀레라와 공공 프로젝트 양쪽이 완성된 초안을 발표하려고 준비하던 2000년 4월 말, 나는 벤터의 친구이자 나의 친구이면서 미국 에너지부 게놈 프로젝트에서 일하는 애리 패트리노스를 찾아가 벤터와의 비공개 만남을 주선해달라고 요청했다. 벤터와 나는 애리의 지하실에서 맥주와 피자를 먹으며 양쪽이 동시에 연구 결과를 발표할 계획을 논의했다.

이로써 이 책 맨 앞에 언급한 대로 2000년 6월 26일, 나는 백악관 이스트룸에서 미국 대통령 옆에 서서 인간 설계도의 1차 초안이 완성되었다고 발표했다. 신의 언어가 밝혀진 것이다.

다음 3년 동안 공공 프로젝트를 계속 이끌면서 이 초안을 다듬을 특혜가 내게 주어졌다. 남은 빈틈을 메우고, 기존 정보의 정확도를 획기적인 수준으로 끌어올리며, 예전처럼 연구 결과를 남김없이 날마다 공개했다. 왓슨과 크릭이 이중나선 구조를 발표한 지 50주년이 되는 2003년 4월, 우리는 인간게놈 프로젝트의 목적을 완전히 마쳤다고 선언했다. 프로젝트 책임자인 나는 이 놀라운 업적을 달성한 2,000명이 넘는 과학자들이 더없이 자랑스러웠다. 나는 이 업적이 앞으로 천 년이 지나 인류 최고의 업적으로 인정받으리라는 걸 의심치 않는다.

뒤이어 '유전자연대' 라는 단체의 후원으로, 인간게놈 프로젝트의 성공을 축하하는 자리가 열렸다. 유전자연대는 유전자 결함에 따른 희귀병으로 고생하는 가족들을 격려하고 사기를 북돋아주기 위해 생긴 훈훈한 조직이다. 축하연에서 나는 가족이 함께 부르는 노래 〈모든 선한 사람들〉을 당시 상황에 맞게 개사했다. 참석한 사람들이 다함께 노래를 불렀다.

> 모든 선한 사람들을 위한,
> 모두 한가족인 선한 사람들을 위한 노래라네.
> 모든 선한 사람들을 위한 노래,
> 하나의 끈으로 연결된 우리는 다함께 하나가 되지.

다음 절도 썼다. 희귀병과 싸우는 환자를 둔 많은 가족이 겪는 상황을 담은 가사였다.

> 고통 받는 사람을 위한 노래라네,
> 그대의 힘과 정신력은 모든 이를 감동시키지.
> 그대의 헌신은 우리에게 힘이 되고,
> 그대의 용기는 우리를 당당히 서게 하지.

마지막으로 게놈에 관한 절을 덧붙였다.

> 그것은 우리 몸의 설계도, 역사의 기록,
> 의학 교서, 그것은 이 모든 것이 섞인
> 인간의, 인간에 의한, 인간을 위한 것,
> 그것은 그대의 것이자, 그것은 나의 것이라네.

하나님을 믿는 나에게는 인간게놈 서열을 밝힌 것이 또 다른 중요성을 갖는다. 인간게놈은 하나님이 생명을 창조할 때 사용한 DNA 언어로 쓰였다. 나는 모든 생물 교과서 가운데 가장 중요한 DNA 교과서를 연구하는 동안 밀려드는 경외감을 주체할 길이 없었다. 그렇다. DNA 설계도에 쓰인 언어를 이해하는 우리 수준은 미천하다. 그것을 다 이해하려면 앞으로 수십 년, 어쩌면 수백 년이 걸릴지도 모르지만, 우리는 이미 일방통행 다리를 건너 심오하고 새로운 영역으로 들어왔다.

**게놈을 처음
해독했을 때의
희열**

인간게놈 프로젝트에 관한 책이 지나치게 많다 싶을 정도로 쏟아져 나왔다.[2] 아마 언젠가는 나도 한 권 쓰겠지만, 요즘 한창 인기를 끄는 거침없는 선언 같은 글이 아닌, 지혜로운 경험담이 가득한 책이면 좋겠다는 생각이 든다. 그러나 지금 이 책의 목적은 그 놀라운 체험을 자세히 언급하는 것이 아니라, 현대 과학에 대한 이해가 신에 대한 믿음과 조화를 이룰 수 있는 방법을 고민하는 것이다.

그 점에서 볼 때, 인간게놈을 자세히 들여다보고 그것을 게놈 서열이 밝혀진 다른 많은 유기체와 비교해보는 것은 흥미로운 일이다. 24개의 염색체를 가로질러 배열된 DNA 암호가 담긴 31억 개의 글자로 된 방대한 인간게놈을 연구하다 보면 이내 놀라운 사실들이 나타난다.

그중 하나는 실제로 단백질 합성에 쓰이는 게놈은 지극히 적다는 사실이다. 우리 경험이나 계산법의 한계로 아직 정확한 수치는 알 수 없지만, 인간게놈에는 단백질을 합성하는 유전자가 대략 2만~2만 5,000개에 불과하다. 이 유전자가 단백질 합성에 사용하는 DNA는 다 합쳐봐야 전체 DNA 가운데 고작 1.5퍼센트다. 적어도 유전자 10만 개는 찾으리라는 예상으로 10년을 연구한 우리는, 신이 인류에 관해 그처럼 짧은 이야기를 쓴다는 사실을 발견하고는 충격에 사로잡혔다. 더군다나 벌레나 파리 같은 단순한 유기체나 단순한 식물을 구성하는 유전자 수도 대략 2만 개 정도로 우리와 비슷한 수준이라는 사실은 그야말로 충격 그 자체였다.

어떤 사람은 이 사실을 복잡한 인간에 대한 심각한 모욕으로 받아들였다. 우리는 그동안 인간이 동물의 왕국에서 특별한 위치를 차지한다고 스스로를 기만해온 것일까? 꼭 그렇지는 않다. 분명 유전자 수가 전부는 아닐 것이다. 어느 모로 평가해 봐도 인간이란 존재의 생물학적 복잡성은 우리와 유전자 수는 비슷하지만 총 세포수가 959개에 불과한 회충보다는 한참 위다. 그리고 단언컨대, 자신의 게놈 서열을 밝힌 생물은 우리밖에 없으리라! 우리의 복잡성은 개별적 설계도 꾸러미의 개수에서 나오는 게 아니라 그 꾸러미를 이용하는 방식에서 나올 것이다. 혹시 우리 부품들이 그것을 다양하게 이용하는 법을 터득한 게 아닐까?

언어를 비유로 들어 이 문제를 생각해볼 수도 있다. 평균적 교양을 가진 영어 사용자가 쓰는 총 어휘 수는 2만 개다. 이 정도면 자동차의 사용설명서 같은 다소 단순한 문서뿐 아니라 제임스 조이스의 《율리시즈》 같은 대단히 복잡한 문학작품도 만들 수 있다. 마찬가지로 벌레, 곤충, 물고기, 새도 제 기능을 하려면 2만 개에 달하는 방대한 유전자 어휘집이 필요하다. 하지만 그것을 사용하는 방법은 우리만큼 정교하지 않다.

인간게놈에 관한 또 하나의 놀라운 특징은 같은 인간에 속하는 서로 다른 개인을 비교해볼 때 나온다. DNA로 보면 우리는 99.9퍼센트가 똑같다. 세계 어느 곳의 사람을 비교해 봐도 그렇다. 따라서 DNA 분석으로 따지면 우리 인간은 모두 진정한 한가족이다. 이처럼 낮은 유전자 다양성은 지구상에 있는 대부분의 다른 종과 구별되는 두드러진 차이점이다. 다른 종은 유전자 다양성이 우리보다 10배에서 많게는 50배까지 높다. 생명체를 조사할 목적으로 지구에 파견된 외계인이 있다면 인류에 관해 흥미로운 이야깃거리가 많겠지만 그중에서도 인간의 유전자 다양성이 놀라울 정도로 낮다는 점은 반드시 언급하고 넘어갈 것이다.

수학이라는 도구를 이용해 동물이나 식물 또는 세균 집단의 역사를 재구성하기도 하는 집단유전학자들은 인간게놈에 관한 이러한 사실을 보면서, 이는 우리 인간이 10만 년에서 15만 년 전에 살았던 약 1만 개체의 공통된 조상에서 내려왔다는 뜻이라고 결론짓는다. 이 정보는 인류의 조상이 동아프리카에서 나왔을 가능성이 크다는 점을 암시하는 화석 기록과도 일치한다.

다양한 종류의 게놈을 연구하다 보니 우리 DNA 서열과 다른 생물체의 DNA 서열을 자세히 비교해볼 수 있는 대단히 흥미로운 기회도 생겼다. 컴퓨터를 이용해 인간 DNA의 특정 가닥을 골라 다른 종에도 비슷한 서열이 있는가를 조사해보는 방법이다. 만약 인간게놈에서 단백질 합성을 지시하는 부분을 고른다면 다른 포유류 게놈에서도 그와 대단히 유사한 짝을 거의 틀림없이 찾을 수 있다. 어류와도 불완전하지만 분명한 짝을 이루는 유전자도 많다. 광대파리나 회충처럼 단순한 유기체의 게놈과 짝이 맞는 게놈도 있을 것이다. 심지어는 이스트나 세균의 유전자에서도 우리와 유사성이 발견되는 놀라운 사례도 있다.

반면에 유전자와 유전자 사이에 있는 인간 DNA 일부를 고른다면 관계가 먼 다른 유기체에서 비슷한 게놈 서열을 찾을 확률은 낮

	단백질을 합성하는 유전자 서열	유전자 사이에 있는 임의의 DNA 조각
침팬지	100%	98%
개	99%	52%
생쥐	99%	40%
닭	75%	4%
광대파리	60%	~0%
회충	35%	~0%

〈표 5.1〉 다른 생물 게놈에서 인간과 유사한 DNA 서열을 찾을 확률.

아진다. 그렇다고 해서 그런 경우가 아주 없다는 뜻은 아니고, 컴퓨터로 잘 찾아보면 다른 포유류 게놈에서는 그러한 DNA 조각의 절반가량을, 인간이 아닌 다른 영장류에서는 조각 전체를 완벽하게 찾을 수 있다. 〈표 5.1〉은 다양한 항목별로 이러한 짝을 찾을 확률을 보여준다.

이 모든 사실은 무엇을 의미하는가? 다윈의 진화론은 임의로 일어나는 변종에 자연선택이 작용하고 우리는 그 자연선택 과정을 거쳐 동일한 조상에게서 진화해왔다는 이론인데, 앞서의 사실들은 두 가지 다른 차원에서 다윈의 이론을 강력히 뒷받침한다.

첫째로 게놈 전체 차원에서 볼 때, 컴퓨터는 DNA 서열의 유사성만을 기초로 하여 다양한 유기체의 생명계통도를 그릴 수 있다. 그 결과가 〈표 5.2〉다. 이 분석에는 화석 기록에서 나온 정보나 현존하는 생명체의 해부학적 관찰에서 나온 그 어떤 정보도 이용되지 않았다는 점을 기억하자. 그런데도 현존하는 유기체나 화석화된 유기체를 대상으로 한 비교해부학 연구에서 나온 결과와 놀랍도록 일치한다. 둘째로 게놈 내부 차원에서 볼 때, 기능에 영향을 미치지 않는 돌연변이는 시간이 지나면서 서서히 축적되리라고 다윈 이론은 예견한다. 그러나 암호를 생성하는 유전자에서 일어나는 돌연변이는 대부분 해롭기 때문에 그것이 현재까지 관찰될 확률은 비교적 적을 것이며, 돌연변이 가운데 아주 드문 경우만 선별적으로 이익을 가져다주어 진화 과정에서 남게 된다.

현재 관찰되는 돌연변이는 바로 이 경우다. 후자의 현상은 암호를 생성하는 유전자의 아주 세밀한 부분에서도 일어난다. 앞 장에서 유전암호도 퇴화한다는 사실을 보았다. 예를 들어 GAA와 GAG

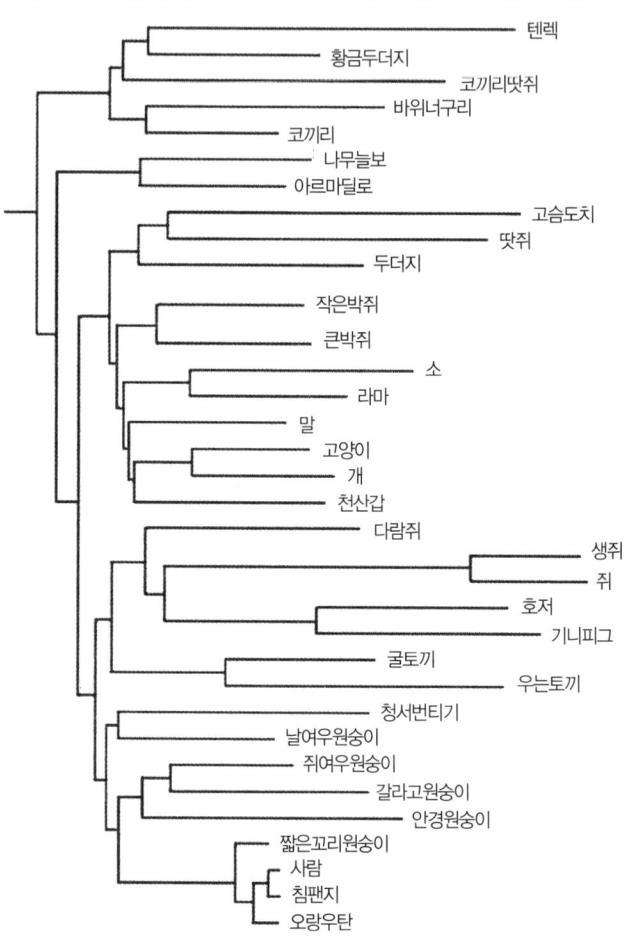

〈표 5.2〉 오늘날의 시각으로 그린 생명계통도. 여기서는 서로 다른 포유동물 사이의 유연관계를 오 지 DNA 서열 비교로만 유추해 표현했다. 줄의 길이는 종과 종 사이의 차이가 어느 정도인가를 나타 낸다. 이를테면 생쥐와 일반 쥐는 생쥐와 다람쥐보다 DNA 서열에서 서로 더 가깝고, 사람과 침팬지 는 사람과 짧은꼬리원숭이보다 역시 DNA 서열에서 더 가깝다. 옆 페이지에 있는 역사적인 그림도 함께 비교해보면 무척 흥미롭다. 1837년에 다윈이 공책에 그린 그림으로, 그는 "내 생각에"라는 말로 시작해 서로 다른 종 사이의 관계를 나타내는 생명계통도를 그렸다.

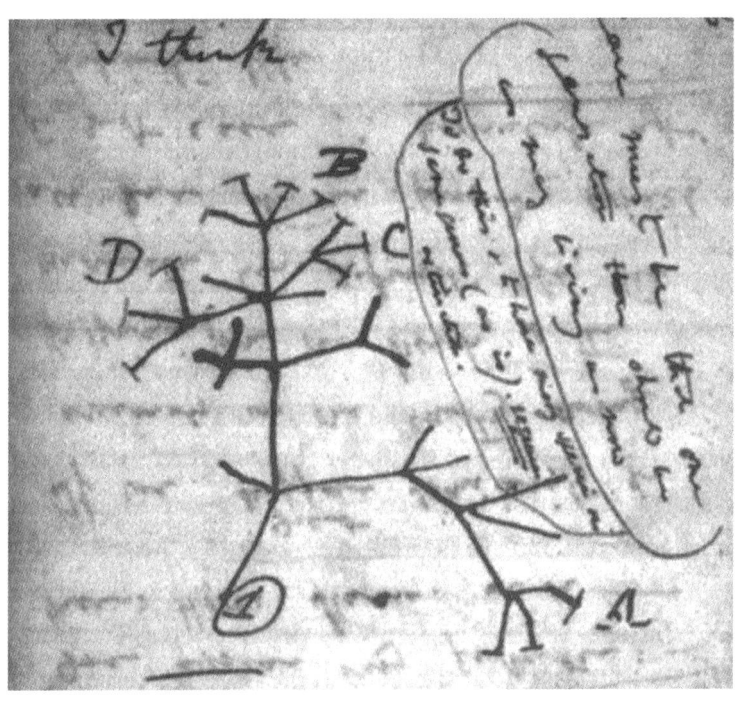

둘 다 글루탐산을 만드는 암호를 생성한다. 그렇다면 암호를 만드는 이 지역에 어떤 돌연변이가 일어나 이곳을 '침묵'하게 만든다는 뜻일 수 있으며, 그 결과 암호화된 아미노산이 형태를 바꾸지 않을 뿐 아니라 그에 따른 벌금도 부과되지 않는다. 유연관계에 있는 종들의 DNA 서열을 비교해보면, 아미노산을 변화시키는 지역보다 암호를 만드는 지역에서 이러한 침묵의 차이가 훨씬 더 흔하게 일어난다. 다윈의 이론이 예견한 것도 정확히 이것이다. 누군가는 이렇게 주장할지도 모른다. 신의 창조 행위가 개별적이고 특별하며 그 결과로 이런 게놈이 생겼다면 대체 왜 그 같은 특징이 나타날까?

의학도 진화론을 피할 수 없다

찰스 다윈은 자신의 진화론을 확신하지 못했다. 진화론을 발전시킨 시기와 《종의 기원》을 출간한 시기 사이에 25년에 가까운 틈이 있었던 이유도 어쩌면 그 때문이었는지 모른다. 수백만 년 전으로 돌아가 자신의 이론이 예견하는 내용을 하나하나 직접 관찰할 수 있다면 얼마나 좋을까, 하는 생각도 여러 번 했을 것이다. 물론 그는 그럴 수 없었고, 우리도 그럴 수는 없는 노릇이다. 그러나 타임머신이 없었던 다윈은 우리가 수많은 유기체의 DNA를 연구하면서 얻은 결과보다 더 설득력 있게 자신의 이론을 증명할 자료는 좀처럼 생각하지 못했을 것이다.

19세기 중반, 다윈은 자연선택에 따른 진화 메커니즘을 이해하지 못했다. 우리는 이제 그가 진화의 기초로 가정했던 변이가 자연발생적인 DNA 돌연변이로 설명된다는 사실을 알게 되었다. 이 돌연변이는 세대당 1억 쌍의 염기 가운데 하나 꼴로 나타난다고 추정된다. 우리는 30억 쌍의 염기를 가진 게놈을 하나는 어머니에게서, 하나는 아버지에게서 물려받아 모두 2개를 가졌으니, 부모 어느 쪽에서도 나타나지 않은 새로운 돌연변이를 대략 60개쯤 가지고 있다는 뜻이 된다.

이 돌연변이는 대부분 게놈의 아주 중요한 부분에서는 일어나지 않는데, 그러다보니 유기체에 별다른 영향을 미치지 않는다. 그러나 게놈의 치명적인 부분에서 일어나는 돌연변이는 대개 해롭기 마련이며 따라서 번식력을 떨어뜨린다는 이유로 곧바로 집단에서 퇴출된다. 그러나 드문 경우, 이 돌연변이가 뜻밖에 약간의 선별적 이익을 가져다주면서 표면으로 드러난다. 이 새로운 DNA '글자'가 다음 세대에도 나타날 확률은 다른 돌연변이 글자보다 약간 더 높다. 이처럼 이익을 가져다주는 드문 사건은 오랜 세월이 흐르는 동안 해당 종의 모든 개체로 확산되고 결국에는 생물의 기능에 주요 변화를 일으킨다.

진화를 추적할 도구를 갖춘 요즘, 과학자들은 가끔 진화가 일어나는 순간을 현장에서 포착하기도 한다. 다윈설을 비판하는 일부 사람들은 화석 기록에는 '대진화'(즉, 종 전체에서 일어나는 주요 변화)가 일어난 흔적이 없으며, 단지 '소진화'(하나의 종 안에서 점진적으로 일어나는 변화)만 일어났을 뿐이라고 말하곤 한다. 그들의 주장에 따르면, 핀치라는 새는 시간이 흐르면서 먹이 변화에 따라 부리 모양이 변했지만 그렇다고 해서 새로운 종이 탄생했다는 증거는 나타나지 않았다는 것이다.

이런 구별은 갈수록 인위적인 구별로 인식되고 있다. 예를 들어 스탠포드대학의 한 연구팀은 큰가시고기 몸에 붙은 비늘판의 다양성을 집중적으로 연구하고 있다. 큰가시고기 중에서도 바닷물에 사는 종류는 전형적으로 머리부터 꼬리까지 30여 개의 비늘판이 일렬로 붙어있지만, 세계 여러 곳에서 관찰되는, 포식자가 적은 민물에 사는 종류는 비늘판이 지금은 거의 다 사라지고 없다.

민물에 사는 큰가시고기는 마지막 빙하기 말기에 빙하가 대대적으로 녹은 지 1만 년에서 2만 년이 지나 현재의 서식지에 출현했다. 민물 큰가시고기의 게놈을 자세히 비교해보면 EDA라고 하는 특별한 유전자를 발견하게 되는데, 이 유전자가 민물에서 반복적이고 독자적으로 변종을 만들다보니 결국에는 비늘판이 없어지고 말았다. 흥미로운 점은 인간에게도 EDA 유전자가 있다는 것인데, 이

유전자는 저절로 돌연변이를 일으켜 머리카락, 치아, 땀샘, 뼈에 문제를 일으키기도 한다. 민물 큰가시고기와 바닷물 큰가시고기가 이처럼 차이가 벌어지게 된 경위를 다른 모든 물고기에게까지 확대 적용하는 것은 그리 어렵지 않다. 따라서 대진화와 소진화의 구별은 다소 자의적인 면이 있는 듯하다. 새로운 종을 탄생시키는 큰 변화는 그보다 작은 점진적인 변화가 연이어 일어난 결과로 볼 수 있기 때문이다.

특정 질병을 일으키는 바이러스, 세균, 기생충 등은 빠르게 변이를 일으켜 공중보건에 심각한 문제를 일으키기도 하는데, 일상적인 이런 일에서도 진화를 발견할 수 있다. 나는 1989년에 서아프리카에 갔다가 말라리아에 걸린 적이 있는데, 예방약으로 흔히 사용하는 클로로퀸을 복용했는데도 그러하였다. 말라리아충의 게놈은 임의로 자연변이를 일으키는데, 클로로퀸을 다량으로 사용하는 곳에서 여러 해에 걸쳐 선택된 말라리아충 게놈이 결국에는 이 약에도 저항력을 갖는 병원체가 되어 빠르게 퍼져나갔기 때문이었다. 비슷한 경우로, 에이즈를 일으키는 HIV 바이러스도 빠르게 진화해 백신 개발에 어려움을 줄 뿐 아니라 에이즈 치료제를 사용한 사람에게 병이 재발하는 원인이 되고 있다.

이밖에도 조류독감을 일으키는 바이러스의 한 종류인 H5N1 변종 바이러스가 급속히 확산되어 일반 사람들에게 큰 두려움을 안겨주고 있다. 조류뿐 아니라 조류와 가깝게 접촉하는 일부 사람들에게도 이미 치명적인 결과를 낳은 이 바이러스가 급기야 사람과 사람 사이에서 쉽게 퍼지는 형태로 발전하지 않을까 두렵다. 생물학뿐 아니라 의학도 진화론 없이는 이런 현상을 이해할 수 없는 것이 사실이다.

결국 인류 진화의 의미는 무엇인가

진화론을 큰가시고기에 적용하는 것은 그렇다 치고, 그럼 우리 인간은? 다윈 시대 이후로 세계관이 다른 많은 사람들은 생물과 진화에서 밝혀진 여러 사실을 특별한 동물 종, 즉 인간에게 어떻게 적용해야 하는가를 이해하려고 잔뜩 고무되었다.

게놈을 연구하다 보면 인간도 다른 생물과 조상이 같다는 냉혹한 결론에 도달한다. 우리 게놈과 다른 유기체 게놈 사이의 유사성을 보여주는 〈표 5.1〉도 그 증거 가운데 하나다. 물론 이 증거만 가지고 조상이 똑같다고 단정할 수는 없다. 창조론적 관점에서 볼 때 이 유사성은 신이 훌륭한 설계 원리를 반복해 사용했다는 증거일 뿐이다. 그러나 앞으로 살펴보겠지만, 그리고 앞서 단백질 합성 지역에 나타나는 '침묵'하는 돌연변이에서도 예견되었듯이, 게놈을 깊이 연구한 결과 그런 창조론적 해석은 사실상 받아들이기 힘든 해석이 되었다. 다른 생물뿐 아니라 우리 인간에게도.

첫 번째 예로, 대단히 정확한 수준까지 밝혀진 인간과 생쥐의 게놈을 비교해보자. 두 게놈의 전체적 크기는 거의 똑같고, 단백질을 합성하는 유전자 목록도 놀랄 정도로 비슷하다. 그러나 조상이 같다는 명백한 증거는 그 세부적인 부분을 살펴볼 때 금방 드러난다. 이를테면 인간과 생쥐 염색체에 있는 유전자 순서가 기나긴 DNA 가닥을 따라 계속 일치한다는 점이다. 그러니까 인간 유전자가 A, B, C 순서로 나열되었다면 생쥐도 비록 유전자 사이의 간격은 다소

다양하게 나타날지언정 같은 자리에 유전자가 A, B, C로 나열되었을 확률이 높다는 뜻이다.〈그림 5.2〉

어떤 경우에는 이런 관계가 상당히 길게까지 나타나기도 해서, 이를테면 인간의 17번 염색체에 있는 사실상 모든 유전자가 생쥐의 11번 염색체에서 똑같이 나타난다. 생물체가 제 기능을 수행하려면 유전자 순서가 중요하니 설계자가 특별한 창조 행위를 수행하면서 그 순서를 여러 번 썼을 수도 있지 않겠느냐고 주장할 수도 있겠지만, 현재의 분자생물학으로 볼 때 그처럼 긴 염색체 구간에서 그와 같은 제한적인 상황이 필요하다는 증거는 어디서도 찾아볼 수 없다.

공통된 조상에 대한 더욱 설득력 있는 증거는 원시반복요소(ARE)로 알려진 유전자 요소 연구에서 나왔다. '이동유전자'에서 생긴 이 요소는 게놈 곳곳에서 스스로 복제도 하고 게놈 안으로 끼어들기도 하는데, 그러면서도 대개는 생물의 기능에 어떤 영향도 미치지 않는다. 포유류의 게놈에는 이 반복요소가 곳곳에 흩어져 있는데, 인간게놈은 약 45퍼센트가 이런 유전자 부스러기로 구성된다. 인간과 생쥐 게놈을 나열할 때 같은 순서에 나타나는 유전자 모양을 서로 비교하면서 나열하다보면 두 게놈의 거의 같은 자리에서 이 요소를 발견할 수 있다.〈그림 5.2〉

원시반복요소가 어느 종에서는 사라진 경우도 있지만, 상당수는 공통된 포유류 조상에서 나타나는 위치와 거의 일치하는 자리에 나타나고 이후로도 줄곧 그곳에서 위치한다. 물론 이렇게 주장하는 사람도 있으리라. 창조자가 타당한 어떤 이유로, 특정 기능을 수행하라고 반복요소를 그곳에 두었을 수도 있고, 우리가 이 반복요소

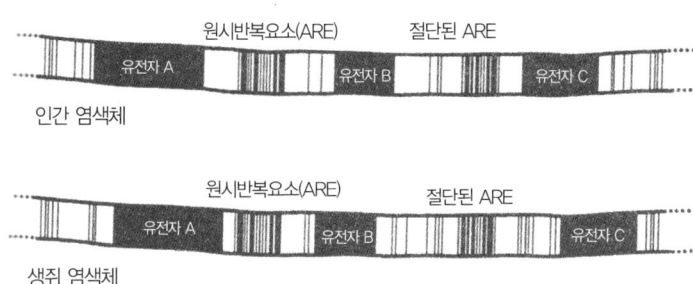

⟨그림 5.2⟩ 염색체를 따라 배열된 유전자는 비록 유전자 사이의 간격은 다양할지라도 그 순서는 인간과 생쥐에게서 동일하게 나타나는 경우가 많다. 따라서 인간 염색체에서 유전자가 A, B, C 순서로 배열되었다면 생쥐 염색체에서도 유전자가 A, B, C 순서로 나타날 확률이 높다. 게다가 인간과 생쥐의 게놈 서열이 완벽하게 밝혀진 지금, 유전자 사이에 있는 많은 '이동유전자'의 흔적을 밝히는 일도 가능해졌다. 이 유전자는 게놈에 임의로 삽입될 수 있는 전위유전인자로, 이런 현상은 오늘날에도 드물지만 꾸준히 일어난다. DNA 서열 분석으로 살펴보면, 이 유전자 요소 가운데 일부는 원래의 이동유전자와 비교해 그동안 많은 돌연변이를 일으켰고 따라서 매우 오래된 유전자 요소라는 사실을 알 수 있는데, 이를 원시반복요소(ARE)라 부른다. 재미있는 사실은 이 원시요소가 생쥐와 인간의 게놈에서 대개는 똑같은 위치에서 발견된다는 점이다(그림에서는 이 요소가 인간과 생쥐 모두 유전자 A와 B 사이에 나타난다).

더욱 흥미로운 경우는 원시요소가 삽입되는 순간에 염기쌍이 특정한 위치에서 정확히 절단되고, 그 결과 DNA 서열 일부가 떨어져 나가 앞으로 제 기능을 수행할 가능성을 완전히 상실하는 경우다(그림에서는 유전자 B와 C 사이에 절단된 유전자가 놓였다). 절단된 원시반복요소가 인간과 생쥐의 게놈에서 똑같은 자리에 나타난다는 사실은 이 원시요소의 삽입이 인간과 생쥐의 조상에서 공통으로 일어났고, 다시 말해 인간과 생쥐는 조상이 같다는 설득력 있는 증거가 된다.

를 '쓰레기 DNA'라고 무시하는 행위는 우리 무지를 무심코 드러내는 행위라고. 실제로 이 요소 가운데 일부는 중요한 제어 기능을 할지도 모른다. 하지만 이 설명의 신뢰도를 심각하게 의심할 사례가 있다. 이동유전자는 전위 과정에서 훼손될 때가 많다. 즉, 어떤 원시반복요소는 과거에 인간과 생쥐 게놈에 삽입될 때 절단되는 바

람에 제 기능을 완전히 잃은 것도 있다. 인간과 생쥐 게놈에서, 동일한 위치에 있으면서 완전히 잘린 채 못 쓰게 된 원시반복요소를 쉽게 발견할 수 있다.〈그림 5.2〉

신은 무력해진 원시반복요소를 적절한 자리에 배치해 우리를 혼란케 하고 오도하려 했다고 결론내리지 않는 한, 인간과 생쥐는 조상이 같다는 결론을 내릴 수밖에 달리 방법이 없다. 따라서 최근에 나온 이런 게놈 연구 결과는 세상에 존재하는 종은 하나같이 무에서 창조되었다는 견해를 고수하는 사람들에게는 엄청난 도전이 아닐 수 없다.

진화를 나타내는 생명계통도에서 인간의 위치는 우리와 유연관계가 가장 가까운 침팬지와의 비교로 더욱 분명해진다. 침팬지의 게놈 서열이 모두 밝혀지면서 인간과 침팬지는 유전자의 96퍼센트가 동일하다는 사실이 드러났다.

인간과 침팬지의 염색체를 해부학적으로 조사해보면 둘 사이의

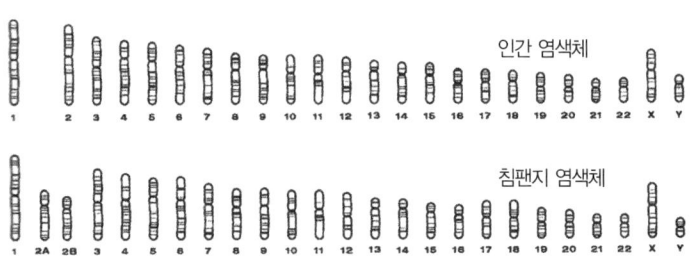

〈그림 5.3〉 인간과 침팬지의 염색체 또는 '핵형(核型).' 두드러진 예외 한 곳을 제외한 나머지 염색체의 크기와 개수의 유사성에 주목하라. 중간 크기의 침팬지 염색체 2개를(여기서는 2A와 2B를) 머리끼리 맞붙이면 인간의 2번 염색체가 된다.

유연관계가 더 확실히 드러난다. 염색체는 DNA 게놈이 가시적으로 발현된 형태로, 세포분열 시 광학현미경으로 관찰할 수 있다. 각 염색체에는 유전자 수백 개가 들어있다. 〈그림 5.3〉은 인간과 침팬지의 염색체를 비교한 그림이다. 인간은 염색체가 23쌍이지만, 침팬지는 24쌍이다. 염색체 수가 한 쌍이 차이나는 것은 조상이 갖고 있던 염색체 2개가 서로 붙어 인간 염색체 2번이 탄생한 결과로 보인다. 이처럼 인간은 융합되어 만들어진 존재라는 생각은 고릴라와 오랑우탄의 연구로 더욱 힘을 얻게 된다. 고릴라와 오랑우탄은 침팬지와 똑같이 염색체가 24쌍이다.

최근에 인간게놈 서열이 완벽하게 밝혀지면서 이 같은 염색체 융합이 일어났을 법한 위치를 구체적으로 지목할 수 있게 되었다. 길게 뻗은 2번 염색체 띠가 그곳으로, 이곳의 서열은 실로 놀랍다. 전문적인 세부사항은 제쳐두고, 모든 영장류의 염색체 끝에 나타나는 이 특별한 서열만을 이야기해보자. 이 서열은 다른 곳에서는 좀처럼 나타나지 않는다. 단지 진화가 일어났을 법한 위치인 융합된 2번 염색체 중간에서만 나타난다. 우리가 유인원에서 진화해오는 동안에 일어난 이 융합은 바로 이곳에 DNA 흔적을 남겼다. 두 조상이 같다는 가정을 배제한다면 이 상황을 이해하기가 무척 힘들다.

'가짜 유전자'라 불리는 유전자를 관찰해보아도 침팬지와 인간의 조상이 같다는 주장이 제기된다. 이 유전자들은 DNA 설계도에 나온 특성을 거의 모두 갖추었지만 몇 가지 결함이 있어서 이 설계도에 나온 말을 엉터리 말로 바꿔버린다. 침팬지와 인간을 비교해보면 한쪽 종에서는 제 기능을 발휘하는데 다른 종에서는 그렇지 못한 유전자를 더러 발견하게 된다. 하나 또는 그 이상의 해로운 돌연변이가 생겼기 때문이다. 예를 들어 카스파제-12라고 알려진 인간게놈은 여러 차례 심각한 타격을 받았다. 이 물질은 침팬지에서도 인간과 똑같은 자리에서 발견되지만, 침팬지의 경우에는 정상적으로 활동한다. 생쥐를 포함한 거의 모든 포유류도 마찬가지다. 인간이 초자연적인 특별한 창조 행위의 산물이라면, 신은 왜 제 기능을 발휘하지도 못하는 유전자를 이처럼 정확한 위치에 애써 삽입했을까?

우리는 이제 인간과 가장 가까운 종과 우리 인간 사이의 좀 더 구조적인 차이로 들어가 그 기원을 설명할 수도 있게 되었다. 이 가운데는 우리를 인간으로 만드는 데 중요한 역할을 수행하는 것도 있다. 한 예로, 턱 근육 단백질을 합성하는 유전자(MYH16)가 인간의 경우에 돌연변이를 일으켜 가짜 유전자로 변했으리라 추측된다. 다른 영장류에서는 턱 근육 발달과 강화에 여전히 중요한 기능을 수행하는 유전자. 이 유전자가 활동을 하지 않은 까닭에 인간의 턱 근육은 그 양이 줄어들었으리라고 생각해봄직 하다. 유인원은 대개 우리보다 턱이 크고 강하다. 다른 무엇보다도 인간과 유인원의 두개골이 턱 근육을 지탱하는 역할을 했을 것이다. 턱이 작아지면서 역설적으로 우리 두개골은 위쪽으로 더 커졌고 덕분에 우리 뇌도 더 커질 수 있었다고 생각해볼 수 있다. 물론 어디까지나 추측일 뿐이며, 인간과 침팬지의 두드러진 차이 중 하나인 뇌 피질의 크기를 설명하려면 이 외에 다른 유전자 변화가 더 필요할 것이다.

또 다른 예로, FOXP2라 불리는 유전자가 언어 발달에 영향을 끼칠 수도 있다는 사실이 알려지면서 최근에 이 유전자를 둘러싸고 관심이 높아지기 시작했다. 3대째 심각한 언어장애를 겪는 어느 영국 가정의 사연이 이야기의 발단이 되었다. 이 가족은 문법에 맞춰 단어를 변화시키고 복잡한 문장 구조를 이해하거나, 구강과 안면과 후두 근육을 움직여 특정한 소리를 분명하게 발음하는 데 큰 어려움을 느꼈다.

유전자 추적 결과, 놀랍게도 이 가족은 7번 염색체의 FOXP2 유전자에서 DNA 암호 딱 한 글자가 잘못되어 있다는 사실이 밝혀졌다. 유전자 하나에 생긴 아주 작은 결함이, 눈에 띄는 다른 이상 없이, 이런 심각한 언어장애를 초래할 수 있다는 사실은 충격적이었다.

똑같은 FOXP2 유전자 서열이 거의 모든 포유동물에서는 놀라울 정도로 안정되어 있다는 사실이 밝혀지면서 그 충격은 빠르게 고조되었다. 그러나 유독 인간만은 예외여서, 이 유전자의 암호 생성 지역에서 불과 10만 년 전에 두 가지 중대한 변화가 일어났다. 이런 사실을 근거로, FOXP2에서 일어난 최근의 변화가 인간의 언어발달에 어느 정도 영향을 미쳤으리라고 가정해볼 수 있다.

이 점에서 신을 부정하는 유물론자들은 환호성을 지를지도 모르겠다. 인간이 돌연변이와 자연선택으로만 진화했다면, 우리 인간을 설명하는 데 과연 누가 신을 들먹이려 하겠는가? 이 질문에 나는 대답한다. 내가 들먹이겠다고. 침팬지와 인간의 유전자 서열을 비교하는 일은 무척 흥미롭지만 그것이 인간에게 어떤 의미를 갖는지는 말해주지 않는다. 내가 보기에, DNA 서열에 비록 생물학적 기능에 관한 방대한 자료가 담겼다 한들 그 서열만으로는 도덕법에 대한 지식이나 신을 찾는 보편적 행위와 같은 인간만의 특성을 결코 설명하지 못한다.

신의 어깨에서 창조라는 특별한 행위의 짐을 내려놓는다고 해서, 인간을 특별한 존재로 만드는 근원이자 우주 그 자체의 근원인 신을 부정하는 것은 아니다. 그것은 다만 신이 어떻게 활동하는가를 우리에게 보여줄 뿐이다.

진화, 이론인가 사실인가

이 책에 밝힌 게놈 연구의 사례와 더불어 이 책 수백 권을 채울 분량의 다른 정보에서 나온 사례들은 진화론을 분자적 차원에서 지지한다. 현재 활동하는 거의 모든 생물학자들은 다윈이 말한 변이와 자연선택이 기본적으로는 의심의 여지가 없는 정확한 이론이라고 확신한다. 사실 유전학을 연구하는 나 같은 사람들이 보기에, 다윈의 이론이 기초가 되지 않았던들 게놈 연구에서 지금 같은 방대한 자료를 얻기란 불가능했다. 20세기의 대표적 생물학자였던, 그리고 독실한 동방정교회 신자였던 테오도시우스 도브잔스키(Theodosius Dobzhansky)가 말한 대로 "진화론적 관점에서 보지 않으면 생물학에서 말이 되는 건 아무 것도 없다."³

그러나 진화는 지난 150년간 종교계를 무척 불편하게 만든 근원이었던 게 사실이며, 종교계의 저항은 지금도 수그러들 기미를 보이지 않는다. 그러나 우리 인간을 포함해 모든 생물은 서로 연관되어 있다는 견해를 뒷받침하는 수많은 과학 자료를 종교인들도 자세히 들여다볼 필요가 있다. 이처럼 명백한 증거가 있는데도 일반 미국인의 인식은 좀처럼 변하지 않는다는 현실이 그저 당혹스럽기만

하다.

어쩌면 진화론에서 '론(theory)'이라는 단어를 오해해 이런 문제가 생겼을지도 모른다. 비평가들은 진화가 "단지 이론일 뿐"이라는 점을 즐겨 지적하는데, '이론'의 의미를 다르게 해석하는 과학자들에게는 당혹스러운 지적이 아닐 수 없다. 내가 가진 《펑크앤드왜그늘스(Funk & Wagnalls)》 사전을 보면 'theory(이론, 학설)'에 다음 두 정의를 달아놓았다. "(1)추측 또는 억측에서 나온 견해 (2)과학, 예술 등의 밑바탕에 깔린 근본 원칙. 예) 음악이론, 방정식론."

과학자들이 진화론이라고 할 때는 중력이론 또는 전염병에 관한 세균이론 등을 말할 때처럼 (2)번 뜻으로 말하는 것이다. 이런 문맥에서 '론' 또는 '설'은 불확실성을 의미하지 않는다. 불확실성을 드러낼 때 과학자들은 '가설'이라는 말을 쓴다. 그러나 일상에서 '론'이나 '설'은 훨씬 더 느슨한 의미로, 《펑크앤드왜그늘스》의 (1)번 뜻으로 쓰이는 경우가 많다. "현실을 외면한 탁상공론일 뿐이다" 또는 "그건 단지 하나의 설에 지나지 않는다"에서처럼. 생물의 유연관계를 놓고 벌이는 과학과 신앙 사이의 논란이 단순한 단어 의미의 혼동으로 더욱 심화되었다는 명백한 현실을 보노라면, 마땅히 구별해야 할 이런 차이를 구별하지 못하는 우리 언어의 한계가 그저 안타까울 따름이다.

만약 진화가 진실이라면, 과연 신의 영역이 남아있을까? 저명한 영국 분자생물학자이면서 뒤이어 영국국교회 성직자가 되어 생물학과 신앙을 아우르는 광범위한 글을 남긴 아서 피콕(Arthur Peacocke)은 최근 《진화, 신앙의 사이비 친구?(Evolution: The Disguised Friend of Faith?)》라는 책을 출간했다. 언뜻 화해를 암시하는 듯한 재미있는 책 제목이 혹시 양립할 수 없는 세계관의 마지못한 결합을 뜻하지는 않을까? 한쪽에서는 신의 존재 가능성을 주장하고 한쪽에서는 우주의 기원과 지구상에서 생명의 기원을 설명하는 과학 자료를 펼쳐 보이는 현재 상황에서, 과연 흐뭇하고 조화로운 통합의 길을 찾을 수 있을까?

3

과학에 대한 믿음, 신에 대한 믿음

잃어버린 시간이란
우리가 삶을 끝까지 누리지 못한 시간이며,
경험과 창조적 노력과 기쁨과 고통으로
비옥해지지 못한 시간이다.

디트리히 본회퍼

THE LANGUAGE OF GOD

창세기, 갈릴레오, 그리고 다윈

　워싱턴 D.C.는 똑똑하고 열성적이고 재미있는 사람들로 가득하다. 종교도 무척 다양할 뿐 아니라 무신론자와 불가지론자도 상당수를 차지한다. 도시 바로 바깥쪽에는 유명한 개신교 교회가 있는데, 이곳에서 내게 연례행사인 남자성도 만찬모임에 나와 연설을 해달라고 하기에 흔쾌히 수락했다. 분위기가 한껏 고조된 가운데, 유명한 지도자, 교사, 노동자들이 모여 자신의 믿음에 대해 너나할 것 없이 흉금을 터놓고 진지하게 대화를 나누고, 과학과 신앙이 어떻게 상대를 반박하거나 사기를 북돋을 수 있을지에 관한 날카로운 질문을 던졌다. 오랜 시간 토론을 벌이는 사이에 화기애애한 분위기가 실내를 가득 메웠다.

　이때 한 교인이 담임목사에게 창세기 첫 장에서 지구와 인류의 기원을 단계별, 날짜별로 묘사한 부분을 문자 그대로 믿느냐고 물었다. 그러자 이내 사람들의 얼굴이 일그러지고 입이 굳게 닫혔다. 평화로운 기운이 실내 구석으로 몰려났다. 목사는 민첩한 정치인처럼 조심스레 말을 골라 질문을 교묘히 피해 갔다. 사람들은 충돌을 피했다는 생각에 안심하는 눈치였으나 원래의 분위기는 깨지고 말았다.

몇 달 뒤 나는 전국적인 그리스도교 의사 모임에 참석해 연설을 하면서, 게놈을 연구하는 과학자이면서 동시에 그리스도교 신자로서 어떻게 크나큰 기쁨을 누릴 수 있는가를 설명했다. 따뜻한 미소가 넘쳤고, "아멘" 소리도 간간이 터져 나왔다. 뒤이어 나는 진화를 뒷받침하는 과학적 증거가 넘친다고 말했고, 내 생각으로는 진화가 인류를 창조하려는 하나님의 멋진 계획이었던 것 같다고 말했다. 그러자 분위기가 한순간에 싸늘해졌다. 참석자 중 일부는 당혹스러운 마음에 고개를 절레절레 흔들며 자리를 떴다.

대체 이게 무슨 일인가? 생물학자의 시각으로 보자면 진화를 뒷받침하는 증거는 지극히 타당하다. 다윈의 자연선택설은 모든 생물의 관계를 이해하는 기본 틀을 제공한다. 진화가 예언하는 내용은 다윈이 150년 전에 진화론을 주장하면서 상상했을 것보다 훨씬 많은 곳에서, 특히 게놈 분야에서 분명히 증명되었다.

이처럼 진화를 증명하는 과학적 증거가 쏟아져 나오는 상황에서 사람들이 좀처럼 진화를 받아들이지 않는 현상을 어떻게 이해해야 하나? 유명한 갤럽연구소는 2004년에 미국인 가운데 통계 표본을 추출해 다음과 같은 질문을 던졌다. "찰스 다윈의 진화론을 어떻게 생각하십니까? (1)증거가 확실한 과학이론이다. (2)여러 이론 중 하나일 뿐이며 이론을 입증할 증거가 충분치 않다. (3)잘 몰라서 답을 하기 어렵다." 조사 결과, 미국인의 3분의 1만이 진화론을 증거가 확실한 이론이라 믿었고, 나머지는 증거가 충분치 않다고 주장하는 사람과 잘 모르겠다는 사람으로 거의 반반씩 나뉘었다.

좀 더 노골적으로 들어가 인간의 기원에 관해 질문을 던지면, 더 많은 사람이 진화론을 거부했다. 질문은 이랬다. "인간의 기원과 진화에 관한 당신의 생각과 가장 가까운 것은 다음 중 어느 것입니까? (1)인간은 지금보다 덜 진화한 형태에서 시작해 수백만 년에 걸쳐 진화해왔다. 하지만 물론 신이 이 과정을 인도했다. (2)인간은 지금보다 덜 진화한 형태에서 시작해 수백만 년에 걸쳐 진화해왔지만, 신이 이 과정에 개입하지는 않았다. (3)신은 지난 1만 년 정도의 시간에 인간을 단 한 번에 거의 지금과 같은 형태로 창조했다."

2004년에 미국인의 45퍼센트가 (3)번을 택했고, 38퍼센트가 (1)번을, 13퍼센트가 (2)번을 택했다. 지난 20년 동안 기본적으로 거의 변함이 없는 결과였다.

**창세기가
말하고자 하는 것** 진화론이 반(反)직관적이라는 데는 의문의 여지가 없다. 수세기 동안 인간은 주변의 자연계를 세심하게 관찰했다. 종교를 불문하고 대부분의 관찰자들은 설계자를 가정하지 않고서는 생명체의 복잡성과 다양성을 설명할 길이 없었다.

다윈의 생각은 전혀 예상치 못한 결론을 제공했다는 점에서 가히 혁명적이었다. 새로운 종이 진화하는 것을 목격하기란 누구나 경험할 수 있는 일상이 아니었다. 어떤 무생물(눈송이 등)은 의심할 나위 없는 복잡성을 띠고 있지만, 생명의 복잡성은 무생물계의 관찰 가능한 복잡성에 비하면 비교가 안 될 정도로 엄청나 보였다. 황무지에서 시계를 발견한 윌리엄 페일리의 비유는 누구든 시계공의 존재를 추론하게 만드는 이야기이며, 17세기에 많은 독자들 사이에서 공감을 일으켰고 오늘날에도 여전히 많은 사람들이 공감하는 이야기다. 생명은 설계된 게 분명해 보이니, 설계자도 틀림없이 존재할 것이다.

진화론을 인정하는 문제에서 가장 중요한 부분은 진화에 개입된 아득히 긴 시간의 중요성을 파악하는 것이다. 이 간격은 상상이 닿기 힘든 개인의 경험 저 너머에 있다. 이 까마득한 역사를 좀 더 이해하기 쉬운 형태로 줄이는 한 가지 방법은 지구가 처음 생성된 날부터 오늘에 이르기까지 45억 년의 세월을 하루 24시간으로 압축한다면 과연 어떤 일이 일어날까를 상상해보는 방법이다. 지구가 오전 12시 1분에 생성되었다면 생명체는 오전 3시 30분께에 나타날 것이다. 이 생명체가 다세포 생물로 서서히 진화하다가 오후 9시쯤 마침내 캄브리아기 폭발이 일어난다. 그리고 그날 밤 공룡이 지구를 어슬렁거린다. 그러다가 밤 11시 40분에 공룡이 멸종하고 포유류가 세력을 확장하기 시작한다.

생물은 계속 분화하여 하루가 끝나기 불과 1분 17초를 남겨두고 침팬지와 인간이 나타나고, 고작 2초가 남은 시점에서 해부학적으로 오늘날과 같은 인간이 탄생한다. 오늘날 지구상에서 중년에 이른 사람의 삶은 마지막 1초를 1천 등분한 끝에 자리 잡는다. 사정이 이러하니, 사람들이 진화의 시간을 감 잡지 못하는 것도 무리가 아니다.

나아가 유독 미국에서 진화를 대중적으로 널리 받아들이지 못하는 이유는 진화가 초자연적 설계자의 역할을 부인한다고 생각하기 때문이다. 그것이 사실이라면, 모든 종교인은 이 반론을 매우 진지하게 받아들여야 한다. 만약 여러분이 나처럼 도덕법의 존재와 신에 대한 보편적 갈망을 거역하지 못한다면, 만약 우리 마음속에 자비롭고 사랑스러운 존재를 가리키는 반짝이는 표지판이 있다고 생각한다면, 그 표지판을 부숴버릴 것 같은 힘에 저항하는 것은 지극히 당연한 일이다. 그러나 그 침입 세력에 맞서 전면전을 감행하기 전에 우리가 중립적인 관찰자에게, 나아가 동맹자에게 총부리를 겨누는 건 아닌지 확인해야 한다.

물론 많은 종교인이 느끼는 문제는 신이 우주와 지구 그리고 우리를 포함한 모든 생명을 창조했다고 묘사한 종교 문헌과 진화가 말하는 내용이 서로 상반된다는 점이다. 예를 들어 이슬람교의 코란은 생명을 무대에서 진화하는 모습으로 묘사하지만 인간만큼은 "검은 진흙으로, 즉 도토(陶土)로 형상을 주조해"(15:26) 만든 특별한 창조 행위의 산물로 본다. 유대교와 그리스도교에서는 창세기 1장과 2장에 나오는 위대한 창조 이야기가 많은 신도들에게 믿음의 탄탄한 토대가 된다.

최근에 창세기를 읽은 적이 없다면 지금 당장 성경을 펴고 창세기 1장 1절에서 2장 7절까지 읽어보라. 의미를 이해하려면 문제의 원문을 살펴보는 것밖에는 다른 대안이 없다. 성경이 수세기 동안 손에서 손으로 필사되는 사이에 원문이 심각하게 변형되지 않았을까 하는 걱정은 접어두어도 좋다. 이 히브리어 성경의 진실성을 보장하는 증거는 여전히 탄탄하다.

창세기는 힘차고 시적인 이야기체로 하나님의 창조 행위를 자세히 설명한 글이란 점은 의문의 여지가 없다. "한처음에 하나님께서 하늘과 땅을 지어내셨다"는 말에는 하나님이 항상 존재했다는 뜻이 담겼다. 이 부분은 과학에서 말하는 대폭발과 모순이 없다. 창세기 1장의 나머지 부분은 일련의 창조 행위를 묘사하는데, 첫째 날 "빛이 생겨라!"에서 시작해, 둘째 날에 물과 창공이, 셋째 날에 땅과 초목이, 넷째 날에 태양과 달과 별이, 다섯째 날에 물고기와 새가, 그리고 마지막으로 매우 분주한 여섯째 날에 육지 짐승과 남자와 여자가 탄생했다.

창세기 2장은 일곱째 날이 되어 하나님이 휴식을 취하는 모습으로 시작한다. 그 다음에는 인간 창조의 두 번째 묘사가 이어지는데, 여기서 묘사된 인물은 분명 아담이다. 창조를 두 번째로 묘사한 이 부분은 첫 번째와 완벽하게 일치하지는 않는다. 1장에서는 인간이 창조되기 전인 셋째 날에 초목이 나오는 데 반해, 2장에서는 나무나 풀이 전혀 등장하지 않은 상태에서 하나님은 땅의 흙으로 아담을 만든다. 재미있는 사실은 우리가 '생명'으로 번역하는 히브리어가 창세기 2장 7절에서는 아담을 뜻하는데, 1장 20절과 24절에서는 물고기, 새, 육지 짐승을 뜻한다는 점이다.

이런 묘사를 어떻게 이해해야 할까? 이 대목을 쓴 사람은 하루가 24시간으로 이루어진 여러 날 동안에 일어난 일을 순서에 맞춰 정확하게 글자 그대로 묘사하려 했을까? 태양이 만들어지기 전인 셋째 날까지는 하루를 어떻게 잡아야 하는가 하는 문제는 여전히 의문으로 남는다. 만약 상황을 비유가 아닌 있는 그대로 묘사하려 했다면, 왜 두 이야기가 정확히 맞물리지 않는 걸까? 이 이야기가 시적 묘사, 나아가 우화적 묘사일까, 아니면 문자 그대로의 역사일까?

이 문제는 수세기 동안 논쟁의 대상이었다. 다윈 이후로 문자 그대로의 의미를 벗어난 해석은 일부 사람들에게 다소 의심의 눈초리를 받는데, 이런 해석은 진화론에 '굴복한다'는 비난을 받을 수 있고 그로 인해 성경의 진실을 훼손할 수도 있다는 이유에서였다. 따라서 다윈이 등장하기 훨씬 전에, 어쩌면 지구의 까마득한 나이를 말해주는 지질학상의 증거가 축적되기도 전에 살았던 박식한 신학자들이 창세기 1, 2장을 어떻게 해석했는지 알아보는 것도 도움이 된다.

그 점에서 그리스도교로 개종한, 회의적이고 명석했던 서기 400년경의 신학자 아우구스티누스의 저서를 살펴보는 것은 대단히 흥미로운 일이다. 아우구스티누스는 창세기 처음 두 장에 매료되어, 이 부분을 최소 5번이나 광범위하게 분석해 놓았다. 지금으로부터 약 1,600년 전에 기록된 그의 사상은 오늘날에도 여전히 빛을 발한다. 특히 《문자 그대로의 창세기의 의미》, 《고백록》, 《신국》에 기록된 대단히 분석적인 그의 명상을 읽다보면, 아우구스티누스가 대답보다는 질문을 더 많이 한다는 걸 분명히 알 수 있다. 그는 시간의 의미를 끝없이 질문했고, 결국 신은 시간 밖에 존재하며 시간에 구속되지 않는다는 결론에 이르렀다(베드로후서 3장 8절은 이를 분명하게 언급한다. "주님께는 하루가 천 년 같고 천 년이 하루 같습니다"). 그러자 이번에는 성경에서 창조의 시간으로 나오는 7일이라는 기간에 의문이 생겼다.

창세기 1장에서 '날', '하루'라는 뜻으로 쓰인 히브리어 yôm(욤)은 하루 24시간을 뜻하기도 하고 좀 더 상징적인 의미로 쓰이기도 한다. 성경에는 yôm이 문자 그대로의 의미를 벗어나 쓰인 곳이 아주 많다. "야훼께서 오실 날이 다가왔다"도 그중 하나인데, 여기서 '날'은 '어버이날'의 '날'과 같으며, 이 경우 어버이가 24시간만 살았다는 뜻이 아니다.

아우구스티누스는 이렇게 쓴다. "이 '날'이 어떤 종류의 날인지를 이해하기란 지극히 어려운, 어쩌면 아예 불가능한 일인지도 모른다."[1] 그는 창세기를 다양하게 해석할 수 있다는 점을 인정한다. "나는 이 점을 염두에 두고, 내 능력이 닿는 한 다양한 방법으로 창세기에 나오는 말들을 연구하고 소개했다. 그리고 우리 사고를 자극할 목적으로 모호하게 쓰인 단어를 해석할 때는 나보다 더 나을 수도 있는 경쟁자의 해석을 뿌리치고 무모하게 내 입장만을 고수하지는 않았다."[2]

창세기 1, 2장의 의미를 두고 다양한 해석이 끊임없이 나오고 있다. 일부 사람은, 특히 복음주의교회 사람들은 하루 24시간을 비롯해 문자에 충실한 해석을 고집한다. 어셔 주교는 이 해석법에다 창조 뒤에 나오는 구약성서 계보를 더해 하나님이 하늘과 땅을 기원전 4004년에 창조했다는 유명한 결론을 내리게 된다. 독실한 다른 신자들은 하나님의 창조 행위를 묘사한 성경의 이야기를 문자 그대로, 순서대로 받아들이면서도, 창조에서 나온 '날'이 꼭 하루 24시간일 필요는 없다고 생각한다. 또 다른 신자들은 창세기 1, 2장에 쓰인 언어는 모세 시대 독자들에게 하나님의 성품에 대해 가르칠 목적으로 쓰인 것이지, 당시로서는 대단히 혼란스러웠을 창조의 세부적 내용에 관한 과학적 진실을 가르칠 목적이 아니었다고 본다.

2,500년간의 논쟁에도 불구하고 창세기 1, 2장이 정확히 무엇을

의미하려 했는지는 아무도 모른다고 말해야 옳다. 우리는 계속 탐구해야 한다. 그러나 그 탐구 과정에서 과학의 발견을 적으로 생각한다면 참으로 고약한 태도가 아닐 수 없다. 하나님이 우주를 창조하고 우주를 다스릴 법을 창조했다면, 그리고 인간에게 하나님의 업적을 분별할 지적 능력을 부여했다면, 하나님은 우리가 그런 재능을 무시하기를 바라겠는가. 우리가 하나님이 만든 피조물의 비밀을 밝힌다고 해서 하나님이 움츠러들거나 위협을 느끼겠는가.

**갈릴레오에게
배우는 교훈**

역사에 일가견이 있는 사람이 오늘날 교회의 특정 종파와 거침없는 일부 과학자 사이에서 벌어지는 불꽃 튀는 논쟁을 본다면 이렇게 물을 것이다. "전에도 이런 장면을 본 적이 있지 않던가?" 성경 해석과 과학적 관찰 사이에서 일어나는 충돌은 사실 새로운 일이 아니다. 특히 17세기에 그리스도교회와 천문학 사이에서 일어난 충돌은 진화론을 두고 벌어지는 오늘날의 충돌에 어느 정도 교훈적인 배경을 제공한다.

갈릴레오 갈릴레이는 1564년 이탈리아에서 태어난 뛰어난 과학자이자 수학자였다. 다른 사람들의 자료를 수학적으로 분석하거나, 실험적 검증을 거치지 않은 채 이론만 내놓는 아리스토텔레스 식 전통을 따르는 것으로 성이 차지 않은 갈릴레오는 실험에 의한 측정과 수학을 동원하여 그것들을 해석하는 작업에 들어갔다. 1608년에는 네덜란드에서 망원경이 발명되었다는 소식에 고무되어 자기만의 기구를 만들었고, 이때부터 의미심장한 천문학적 관찰이 잇따라 빠르게 진행되었다. 그 결과 목성 주위를 도는 위성 4개를 발견했다. 오늘날에는 당연하게 받아들이는 사실이지만, 모든 천체가 지구 주위를 돈다고 여긴 당시의 전통적인 프톨레마이오스 체계에서는 심각한 문제 제기인 셈이었다. 갈릴레오는 태양흑점도 관찰했다. 모든 천체는 완벽하게 창조되었다는 믿음에 모욕이 될 수도 있는 발견이었다.

갈릴레오는 이제까지 자신이 발견한 사실로 미루어보건대 지구가 태양 주위를 돌아야 말이 된다는 결론에 도달했다. 이 결론으로 그는 가톨릭교회와 정면으로 충돌하게 되었다.

교회가 갈릴레오를 박해했다는 내용과 관련해 전해 내려오는 여러 이야기는 다소 과장된 점이 있지만, 많은 신학계가 그의 결론을 충격적으로 받아들인 것만은 분명하다. 그러나 모든 종교계가 똑같은 반응을 보이지는 않았다. 많은 예수회 천문학자들은 갈릴레오의 관찰 결과를 받아들였지만, 경쟁 관계에 있는 학계에서는 이에 분노하며 교회를 부추겨 간섭하게 만들었다. 도미니크수도회의 카치니(Caccini) 신부도 뭔가 조치를 취해야 한다고 생각했다. 그는 갈릴레오를 직접적으로 겨냥한 설교에서 "기하학은 악마의 학문"이며 "수학은 모든 이단을 양산하는 것이어서 추방되어 마땅하다"고 주장했다.[3]

또 다른 가톨릭 성직자는 갈릴레오의 결론은 이단일 뿐 아니라 무신론적이라고 주장했다. 이밖에도 "그의 날조된 발견은 구원이라는 전체 그리스도교의 계획을 망쳐놓는다"거나 "성육신이라는 가르침을 의심의 눈길로 바라본다"는 등의 공격이 이어졌다. 그를 향한 비난은 주로 가톨릭교회에서 나왔지만 그것이 전부는 아니었

다. 칼뱅과 루터도 그에게 반대했다.(이 문장은 저자의 착오로 보인다—편집자)

요즘 사람이 그때를 돌이켜본다면, 지구가 태양 주위를 돈다는 생각에 교회가 왜 그토록 위협을 느꼈는지 의아하기만 하다. 성경을 보면 당시 교회의 입장을 지지하는 구절이 있기는 하다. 시편 93편 1절은 이렇게 적는다. "세상을 흔들리지 않게 든든히 세우셨고." 시편 104편 5절도 있다. "땅을 주춧돌 위에 든든히 세우시어 영원히 흔들리지 않게 하셨습니다." 전도서 1장 5절은 이렇게 말한다. "떴다 지는 해는 다시 떴던 곳으로 숨 가빼 가고." 오늘날의 종교인 치고 이 구절은 과학을 가르칠 목적으로 쓰였다고 주장하는 사람은 없다. 그럼에도 지동설은 그리스도교의 믿음을 훼손한다는 생각에 그와 같은 주장이 맹렬히 제기되었다.

갈릴레오가 비록 종교계를 발칵 뒤집어놓긴 했지만, 종교계는 갈릴레오에게 그의 견해를 퍼뜨리거나 옹호하지 말라고 경고를 내리는 선에서 일을 마무리했다. 뒤이어 우호적인 태도를 보인 새 교황은 그에게 균형 잡힌 견해를 내놓기만 한다면 그의 견해를 책으로 펴내도 좋다고 다소 애매하게 말했다. 갈릴레오는 걸작 《두 가지 주요 세계 체계에 관한 대화(Dialogue Concerning the Two Chief World Systems)》를 펴냈다. 천동설을 열렬히 주장하는 사람과 지동설을 열렬히 주장하는 사람이 중립적이면서도 재미있는 평범한 사람을 중재자로 놓고 가상의 대화를 나누는 내용이었다. 이야기체 형식의 이 글은 누가 봐도 그 의도가 빤했다. 책 끝부분에 이르자 지동설을 지지하는 갈릴레오의 입장은 분명하게 드러났고, 이 책은 가톨릭의 검열을 마쳤음에도 엄청난 반발을 불러일으켰다.

1633년, 갈릴레오는 종교재판을 받게 되었고, 결국 자신의 저서를 "포기하고, 저주하고, 혐오하겠노라"고 말해야 했다. 그는 여생을 가택연금 상태로 지내야 했고, 어떤 책도 출간할 수 없었다. 이후 359년이 흐른 1992년에 와서야 교황 요한 바오로 2세가 정식 사과문을 발표했다. "갈릴레오는 과학을 연구하면서 창조자의 존재를 감지했습니다. 그 창조자는 그의 영혼 깊은 곳에서 그를 자극했던, 그의 직관을 예상하고 지원한 창조자였습니다."**4**

　이 사례에서 보듯, 지동설의 과학적 타당성은 신학계의 거센 반발을 물리치고 결국 승리했다. 오늘날에는 소수의 원시적 믿음을 제외한 모든 종교가 지동설을 편안히 받아들이게 되었다. 지동설이 성경을 반박한다는 주장은 이제 과장된 주장으로 인식되고, 성경의 특정한 구절을 글자 그대로 해석하는 것도 정당성을 전혀 인정받지 못한다.

　종교와 진화론 사이의 현재의 대립도 결국에는 이처럼 조화로운 결말을 볼 수 있을까? 갈릴레오 사건이 보여주는 긍정적인 측면은 양측의 논쟁이 결국에는 과학적 증거를 기반으로 해결되었다는 점이다. 그러나 그에 따른 피해도 적잖았는데, 과학보다는 신앙 쪽의 피해가 더 컸다. 아우구스티누스는 창세기를 언급하면서, 17세기 교회가 마땅히 유념했어야 할 간곡한 훈계를 잊지 않았다.

　그리스도인이 아닌 사람도 대개는 알고 있다. 땅과 하늘과 그 밖의 이 세상 것들, 별의 움직임과 궤도, 심지어 그 크기와 상대적 위치, 예측 가능한 일식과 월식 그리고 일 년 열두 달과 계절의 주기, 동물과 관목과 돌 등에 대해. 그리고 이 지식을 이성과 경험에서 나온 확실한 것으로 받아들인다.

이제 성경의 의미를 전달한다며 이런 주제에 관해 허튼소리를 해대는 그리스도인에게 귀를 기울이는 것이 이교도들에게는 수치스럽고도 위험한 짓이 되었다. 우리는 사람들이 그리스도인 전반에 대해 잘 모르거나 그리스도인을 비웃는 당혹스러운 상황을 막아야 한다.

무지한 한 개인이 비웃음을 받는 거야 문제될 게 없지만, 종교계 바깥에 있는 사람들이 성경을 쓴 사람들은 하나같이 그런 의견을 가지고 있으려니 생각한다면, 그리고 성경을 쓴 사람들이 비난 대상이 되고 교육 받지 못한 사람으로 내몰려 우리가 애써 구원하고자 하는 사람들에게도 큰 피해가 돌아가는 상황이 벌어진다면, 그것이야말로 수치스러운 일이다. 그리스도인이 일반 사람들도 빤히 아는 사실을 두고 실수를 하거나 성경에 관해 바보 같은 말만 늘어놓는다면, 사람들이 어떻게 우리 성경을 믿을 것이며, 죽은 자의 부활이니 영적 삶이니 천국이니 하는 것들을 어떻게 믿을 수 있겠는가? 그들이 이미 경험을 통해 이성적 시각으로 터득한 사실을 놓고 성경은 온통 바보 같은 소리만 지껄인다면 그들은 어떤 생각이 들겠는가?[5]

그러나 불행하게도, 진화와 신앙 사이의 논쟁은 지동설과 천동설 사이의 논쟁보다도 훨씬 더 어렵다는 게 여러 방면으로 증명되고 있다. 결국 진화 논란은 종교와 과학의 심장부까지 도달했다. 이는 바위투성이 천체에 관한 문제가 아니라 우리 자신에 관한, 그리고 우리와 창조자와의 관계에 관한 문제다. 이 문제가 보여주는 핵심은 오늘날의 급속한 발전과 정보 확산에도 불구하고, 다윈이 《종의 기원》을 출간한 지 150년 가까이 지난 지금에도 우리는 진화를 둘러싼 대중의 논쟁을 해결하지 못했다는 점일 것이다.

갈릴레오는 죽을 때까지 독실한 신자였다. 그는 과학적 탐구가 종교인도 받아들일 수 있는 진실일 뿐 아니라 종교인이 따라야 할 숭고한 행동방침이라는 주장을 굽히지 않았다. 그는 오늘날 과학자이자 신앙을 가진 모든 사람이 좌우명으로 삼을 만한 유명한 말을 남겼다. "우리에게 감각과 이성과 지성을 부여한 바로 그 하나님이 우리가 그것들을 무용지물로 만들게 하셨을까요? 저는 그렇게 생각하지 않습니다."[6]

이 훈계를 마음에 담고, 이제부터는 진화론과 신앙 사이에서 일어나는 분란에 어떻게 대응할지 생각해보자. 자, 이제는 우리 각자 어느 정도 결론에 도달해야 하고, 다음 장에서 제시하는 선택 사항 중 하나를 골라야만 한다. 생명의 의미를 논하는 상황에서, 이도저도 아닌 태도를 보인다면 과학자로서나 종교인으로서나 올바른 자세가 아니다.

과학에 대한 믿음, 신에 대한 믿음

첫 번째 선택, 무신론과 불가지론
과학이 신앙을 이겼을 때

내가 대학 3학년이던 1968년은 혼란스러운 사건으로 가득한 한 해였다. 소련 탱크가 체코슬로바키아로 진입하고, 베트남전쟁은 '신년공세'로 한층 더 격화되고, 케네디 대통령과 킹 목사가 암살되었다. 그러나 그해 말, 전 세계를 흥분케 한 반가운 사건이 일어났으니, 바로 아폴로 8호가 발사된 사건이다. 달 궤도를 돌았던 최초의 유인 우주선이다. 프랭크 보먼(Frank F. Borman), 제임스 러벨(James Lovell), 윌리엄 앤더스(William Anders)는 그해 12월, 세계가 숨 죽여 지켜보는 가운데 사흘간 우주를 여행했다. 그런 다음 달을 돌기 시작했고, 인간으로서는 처음으로 달 표면 위로 떠오르는 지구를 사진에 담아, 우주에서 본 우리 지구의 모습이 얼마나 작고 무력한가를 우리 모두에게 일깨워주었다.

성탄절 전날 밤, 세 사람의 우주비행사는 캡슐 안에서 당시 상황을 텔레비전으로 생중계했다. 이들은 그간의 경험과 달 표면의 황

량함을 언급한 뒤에, 세상을 향해 창세기 1장을 1절부터 10절까지 다함께 읽었다. 당시 불가지론자에서 무신론자로 막 넘어가던 참이었던 나는 "한처음에 하나님께서 하늘과 땅을 지어내셨다"는 말이 38만 킬로미터 떨어진 곳에서 내 귀에 닿는 순간 놀라운 경외감에 사로잡혔고, 그 느낌은 지금도 생생하다. 창세기를 읽은 사람들은 과학자이고 공학자였지만, 그 글은 세 사람에게 커다란 의미로 다가왔음이 분명했다.

그 직후 미국의 유명한 무신론자 매덜린 머레이 오헤어(Madalyn Murray O'Hair)는 성탄절 전날 밤에 성경을 읽게 했다는 이유로 미국 항공우주국(NASA)을 상대로 소송을 제기했다. 오헤어는 연방정부에 고용된 우주비행사라면 우주에서 공개적으로 기도를 하는 행위는 금지되어야 마땅하다고 주장했다. 법원은 결국 오헤어의 소송을 기각했지만, 항공우주국은 이후 비행에서 그 같은 종교적 언급을 자제시켰다. 그 결과 1969년 아폴로 11호에 탑승한 버즈 올드린(Buzz Aldrin)은 인간 최초로 달 표면에 착륙했을 때 그곳에서 성찬식을 올렸지만, 그 일은 한 번도 공개적으로 방송되지 않았다.

성탄절 전날 밤, 달 주위를 선회하던 우주비행사가 성경을 읽었다는 이유로 법적 소송을 제기한 호전적인 무신론자. 우리 현대 사회에서 종교인과 비종교인 사이에 고조되는 적대적 감정의 전형이 아닌가! 1844년에 새뮤얼 모스(Samuel Morse, 모스부호 개발자—옮긴이)가 처음 타전한 내용은 "하나님의 작품이로다!"였다. 그러나 21세기에 들어오면서 과학계와 종교계의 극단주의자들은 점점 더 상대방의 침묵을 강요한다.

오헤어가 무신론의 옹호자로 부각된 이래, 지난 몇십 년간 무신론은 점점 진화했다. 오늘날 무신론의 전위대를 구성하는 사람들은 오헤어 같은 비종교인 활동가가 아니라 바로 진화론자들이다. 진화론을 소리 높여 옹호하는 사람 가운데 가장 두드러진 인물은 리처드 도킨스와 다니엘 데닛(Daniel C. Dennett)이다. 다윈설을 설명하고 확장하는 데 많은 노력을 기울이는 명석한 두 학자는 생물학에서 진화를 받아들인다면 신학에서는 무신론을 받아들여야 한다고 공언한다. 두 사람과 무신론자 모임의 다른 동료들은 뛰어난 선전 전략의 일환으로 '총명하다'라는 말을 '무신론자'라는 말 대용으로 사용하도록 권장하기도 한다. 바꿔 말하면 종교인은 '아둔하다'는 이야기인데, '총명하다'는 용어가 널리 퍼지지 못한 까닭도 바로 이런 논리 때문이 아닐까 싶다. 이들은 신앙을 향한 적대적 태도를 결코 숨기지 않는다. 우리가 어쩌다 이 지경에 이르렀는가.

무신론을 말하다

어떤 사람은 무신론을 '소극적' 형태와 '적극적' 형태로 나눈다. 소극적 무신론은 하나님 또는 다양한 신의 존재에 대한 믿음의 부재인 반면에, 적극적 무신론은 그런 신성은 아예 존재하지 않는다는 굳은 확신이다. 일상적인 대화에서 적극적 무신론은 대개 이런 관점을 가진 사람이 취하는 태도를 말하며, 따라서 나는 여기서 이들의 관점을 생각해보려 한다.

나는 신을 추구하는 행위는 지역을 막론하고 인간의 역사를 통틀어 모든 인류에게 나타나는 광범위한 공통적 특성이라고 틈틈이 주장해왔다. 성 아우구스티누스는 뛰어난 저서《고백록》의 첫 문단에서 이런 갈망을 묘사한다. "그럼에도 불구하고 당신을 찬양하는 행위는 당신이 창조한 작은 조각인 인간의 욕망입니다. 당신은 인간을 자극하여 당신을 찬양하는 가운데 기쁨을 맛보게 하는데, 그것은 당신이 당신을 위해 우리를 만들었기 때문이며, 우리 마음은 당신 안에서 휴식을 취하기 전까지는 불안하기 때문입니다."[1]

이처럼 신을 추구하는 보편적 현상이 마음에서 저절로 우러나는 현상이라면, 신의 존재를 부정하는 불안한 마음의 소유자들을 우리는 어떻게 해야 하나? 대체 무슨 근거로 그들은 그토록 확신에 차서 신을 부정하는 것일까? 이런 관점의 역사적 기원은 무엇인가?

계몽주의가 출현하고 유물론이 부각된 18세기 전까지 무신론은 인간의 역사에서 미미한 역할을 할 뿐이었다. 그러나 무신론적 관점의 문을 활짝 연 계기는 자연법의 발견만이 아니었다. 사실 아이작 뉴턴은 하나님을 굳게 믿었고, 수학과 물리보다는 성경 해석에 관한 저서를 더 많이 남겼을 정도다. 18세기에 무신론을 일으킨 더 큰 원동력은 정부와 교회의 억압적 권위에 맞선 저항, 특히 프랑스 혁명에서 드러난 저항이었다. 프랑스 왕족과 교회 지도자들은 가혹하고, 스스로를 치켜세우고, 위선적이고, 일반 사람들의 욕구에 둔감해 보였다. 조직화된 교회를 하나님과 동일시했던 혁명론자들은 둘을 한꺼번에 내쫓는 게 좋겠다고 판단했다.

뒤이어 신에 대한 믿음은 단지 희망사항일 뿐이라고 주장하는 지그문트 프로이트의 저서가 나와 이런 무신론자들의 생각을 더욱 부채질했다. 그러나 지난 150년간 무신론자들의 견해에 더 든든한 지지대가 되었던 것은 다윈의 진화론이 출현한 일이었을 것이다. 유신론자들의 무기고에 강력한 무기로 자리 잡았던 '설계론'을 해부한 진화론은 무신론자들에게 영성에 대항하는 강력한 무기로 각광받았다.

우리 시대에 손꼽히는 진화생물학자인 에드워드 윌슨을 예로 들어보자. 윌슨은 《인간 본성에 관하여(On Human Nature)》라는 책에서 진화는 모든 종류의 초자연주의에 승리했다고 유쾌하게 선언하면서 이렇게 결론 내렸다. "과학적 자연주의가 향유하는 최후의 결정적 우위는 그것의 주요 경쟁 상대인 전통적 종교를 순전히 물질적 현상으로 해석할 수 있는 능력에서 나올 것이다. 신학은 독립적이고 지적인 학문으로 살아남기는 힘들 것으로 보인다."[2] 대단한 결론이다.

이보다 더 단호한 말은 리처드 도킨스에게서 흘러나왔다. 도킨스는 《이기적 유전자(The Selfish Gene)》에서 시작해 《눈먼 시계공(The Blind Watchmaker)》, 《오를 수 없는 산을 오르며(Climbing Mount Improbable)》, 《악마의 사도(A Devil's Chaplain)》 등에 이르는 일련의 저서에서 호소력 있는 유추와 화려한 수사로 변이와 자연선택의 결과를 간결하게 설명한다. 그는 다윈설을 기초로 종교에 관한 자신의 생각을 매우 과격한 말투로 결론짓는다. "에이즈 바이러스니, '미친 소' 병이니, 기타 여러 질병이 인류를 위협하는 상황을 두고 종말론 운운하는 것이 유행이지만, 내 생각에 세상에서 신앙만한 악은 없으며 그것은 천연두 바이러스에 비견할 만하지만 제거하기로 치면 천연두보다 훨씬 더 어려운 게 분명하다."[3]

분자생물학자이자 신학자인 알리스터 맥그래스(Alister McGrath)는 최근 저서 《도킨스의 신》에서 도킨스의 종교적 결론을 다루며 그 이면의 논리적 결함을 지적한다. 도킨스의 주장은 크게 세 가지 반론으로 나눠볼 수 있다. 첫째로, 진화는 인류의 생물학적 복잡성과 기원을 설명하기에 부족함이 없으니, 신이 끼어들 필요가 없다는 주장이다. 신이 지구상의 많은 종을 하나하나 창조해야 하는 번거로운 책임감을 덜어주는 주장이긴 하나, 진화론이 출현했다고 해서 신의 창조적 계획을 부정할 수 있는 것은 아니다. 따라서 도킨스의 첫 번째 주장은 성 아우구스티누스가 숭배한 신과도, 내가 숭배하는 신과도 관련이 없다. 그러나 도킨스는 망상을 세워놓고 그것을 게걸스럽게 해체하는 데 선수다. 결국 신앙을 거듭 엉뚱하게 묘사함으로써, 과학 영역에서 그가 그토록 소중히 여기는 이성에 근거해 논리적인 주장을 폈다기보다는 매몰찬 사적 견해를 무심코 드러낸 꼴이 되었다고밖에는 달리 해석할 방법이 없다.

    진화론에 근거한 무신론을 주장하는 도킨스 학파의 두 번째 반론 역시 또 다른 망상, 즉 종교는 반이성적이라는 생각에서 나온다. 그는 마크 트웨인의 가짜 학생에게나 어울릴 법한 종교의 정의를 들이댄다. "신앙은 사실이 아닌 줄 알면서도 믿는 것이다."[4] 도킨스가 말하는 신앙이란 "증거가 없는, 심지어는 증거를 거스르는 맹목적인 신뢰"[5] 를 뜻한다. 물론 역사를 통틀어 대부분의 진지한 종교인이 갖고 있던, 그리고 개인적으로 내가 아는 사람들이 갖고 있는 신앙과는 거리가 먼 설명이다.

    이성적 주장으로 결코 신의 존재를 증명할 수는 없지만, 아우구스티누스에서 아퀴나스와 루이스에 이르기까지 진지한 사상가들은 신에 대한 믿음이 지극히 타당하다고 증명해 보였다. 오늘날에도 마찬가지다. 도킨스가 과장해 표현한 신앙은 그의 만만한 공격 대상일지언정 진실은 아니다.

도킨스의 세 번째 반론은 종교라는 이름으로 심각한 해악이 저질러졌다는 점이다. 맞는 말이다. 신앙은 연민에서 우러나는 훌륭한 활동을 독려했지만, 동시에 해악을 끼친 것도 사실이다. 그러나 종교의 이름으로 저질러진 악행이 결코 신앙의 진실을 의심하는 근거가 될 수는 없다. 그러한 악행은 오히려 인간의 본성에, 그리고 진실이라는 순수한 물이 담긴 녹슨 물병에 의문을 던질 뿐이다.

흥미롭게도 도킨스는 모든 생물체의 존재를 설명하는 것은 바로 유전자와 그 유전자의 살아남으려는 쉼 없는 노력이라고 주장하면서도 우리 인간은 마침내 우리 유전자 명령을 거역할 수 있을 정도로 진화했다고 주장한다. "우리는 순수하고 사심 없는 이타주의를 의도적으로 배양하고 키우는 방법을 논의하는 단계에 이르렀다. 자연에서는 찾아볼 수 없는, 전 세계 역사를 통틀어 유례를 찾아볼 수 없는 일이다."⁶

여기에 모순이 있다. 도킨스도 도덕법을 지지하는 사람이 분명해 보인다. 그런데 이 훌륭한 감정이 대체 어디서 샘솟는 것일까? 도킨스는 신이 없는 진화로 인해, 자신과 모든 인류를 포함한 자연 어느 곳에나 "맹목적이고 매정한 무관심"이 부여되었다고 주장하는데, 그렇다면 이러한 무관심과 도덕법의 모순을 그는 어떻게 해명할까? 그리고 이타주의에 어떤 가치를 부여할까?

과학에는 무신론이 필요하다는 도킨스의 주장에 담긴 피할 수 없는 큰 결점은 증명의 영역을 벗어난다는 점이다. 신이 자연 밖에 존재한다면 과학은 신의 존재를 인정할 수도, 부정할 수도 없다. 무신론 자체도 순수 이성으로 옹호할 수 없는 믿음이라는 점에서 맹목적인 믿음의 한 형태로 보아야 한다. 이 견해를 가장 화려하게 압축한 사람은 믿기 힘들겠지만 아마도 스티븐 제이 굴드일 것이다. 도킨스를 제외하면, 지난 세대 가운데 진화론의 대변자로서 대중에게 가장 널리 읽힌 저자가 아닐까 싶다. 굴드는 서평을 쓰면서 도킨스의 관점을 꾸짖었고, 이 점 때문에 그의 서평은 눈길을 끌었다.

나의 모든 동료를 향해 수백 번도 더 반복해 말한다. 과학은 아무리 합리적인 수단을 이용한다고 해도 자연을 관리하는 신의 문제를 판단하기란 한마디로 불가능하다고. 우리는 그것을 증명할 수도, 부정할 수도 없다. 우리 과학자들은 그에 대해 이러쿵저러쿵 이야기할 수 없다. 만약 우리 군중 가운데, 다윈설은 신을 반증한다는 철없는 주장을 하는 사람이 있다면 매키너니 선생님(굴드의 3학년 때 담임선생님)을 찾아가 따끔하게 혼내주라고 말씀드려야겠다. (…) 과학은 오직 자연적인 설명만을 내놓을 뿐, 다른 영역에서(도덕 등) 다른 형태의 배우(하나님 등)를 인정할 수도, 부정할 수도 없다. 철학은 잠시 잊자. 지난 100년간의 경험론자들이면 충분하다. 다윈은 불가지론자였지만(가장 아끼던 딸의 비극적 죽음으로 종교적 신념을 버렸다) 자연선택을 옹호하고, 《다윈주의》라는 책을 쓴 미국의 위대한 식물학자 아사 그레이(Asa Gray)는 독실한 그리스도교 신자였다. 그 뒤 50년이 지나 버제스세일(Burgess Shale) 화석을 발견한 찰스 D. 월컷(Charles D. Walcott) 역시 다윈설을 열렬히 신봉하는 독실한 그리스도교 신자였고, 신이 자연선택을 만들어 신의 계획과 목적에 따라 생명의 역사를 건설했다고 믿었다. 그 뒤 다시 50년이 흘러 우리 시대에 가장 위대한 진화론자 두 사람이 탄생하는데, 인본주의적 불가지론자인 심프슨(G. G. Simpson)과 러시아정교회를 믿은 테오도시우스 도브잔스키다. 결국 내 동료 가운데 절반이 어리석기 짝이 없거나, 아니면 다윈설의 과학이 전통 신앙과 (그리고 무신론과도) 얼마든지 양립 가능하거나, 둘 중 하나다.[7]

따라서 무신론자가 되기로 결정한 사람은 그러한 결정을 내린 근거를 다른 곳에서 찾아야 한다. 진화로는 어림없다.

불가지론을 말하다

'불가지론자(agnostic)'란 말은 '다윈의 불독'으로 알려진, 개성 있는 영국 과학자 토머스 헨리 헉슬리가 1869년에 만든 말이다. 그가 처음 이 말을 만든 사정은 이렇다.

지적으로 성숙해지면서, 내가 무신론자인지 유신론자인지 범신론자인지, 유물론자인지 관념론자인지, 그리스도인인지 자유사상가인지를 자문하게 되었을 무렵, 나는 더 배우고 생각할수록 대답하기는 더 어렵다는 사실을 깨닫게 되었고, 마침내 맨 마지막 항목을 빼면 이 가운데 어느 종파와도 관련이 없다는 결론에 이르렀다. 나는 이 선한 사람들 대부분이 동의하는 한 가지에 의견이 달랐다. 이들은 어떤 'gnosis(그노시스—영적 인식)'를 얻었다고, 즉 존재의 문제를 어느 정도는 분명하게 풀었다고 확신했지만, 나는 그렇지가 못해서 그 문제는 풀 수 없다는 꽤 강한 확신을 갖고 있었다. (…) 그래서 곰곰이 생각하다가 더없이 적절해 보이는 'agnostic(애그노스틱)'이란 말을 만들었다. 이 말은 내가 모르는 바로 그것을 훤히 안다고 공언했던 교회 역사의 'gnostic(그노스틱: 그노시스파, 즉 헬레니즘 시대에 영적 인식을 강조

했던 사람들—옮긴이)' 들과 반대되는 느낌이 들었다.[8]

그렇다면 'agnostic'은 신의 존재를 인식하기란 불가능하다고 말하는 자다. 무신론에서처럼 불가지론에서도 적극적 형태와 소극적 형태가 있어서, 적극적 불가지론은 인간이 신의 존재를 인식하기란 앞으로도 절대 불가능하다고 말하고, 소극적 불가지론은 '지금으로서는' 불가능하다고 말한다.

적극적 불가지론과 소극적 불가지론의 경계는 모호하며, 이 사실을 잘 보여주는 다윈의 흥미로운 일화도 있다. 1881년, 무신론자 두 사람과 저녁식사를 하던 다윈은 손님들에게 "두 분은 왜 스스로 무신론자라고 하십니까?"라고 물으며, 자기는 헉슬리의 '불가지론자' 라는 말이 더 좋다고 했다. 그러자 손님 한 사람이 대답했다. "불가지론자는 그럴 듯해 보이는 무신론자일 뿐이고, 무신론자는 공격적으로 보이는 불가지론자일 뿐입니다."[9]

그러나 대부분의 불가지론자는 그다지 공격적이지 않으며, 단지 적어도 지금 본인으로서는 신의 존재를 인정하거나 거부하기가 불가능하다는 입장이다. 언뜻 보기에는 논리적 방어가 가능한 입장이다. 진화론과도 얼마든지 양립할 수 있는 입장이며, 많은 생물학자들이 이 부류에 모여든다. 그러나 불가지론은 회피로 이용될 위험을 안고 있다.

불가지론이 논리적 방어력을 갖추려면 신의 존재를 인정한다거나 부정한다는 모든 증거를 충분히 검토한 뒤에 도달한 것이라야 한다. 불가지론자 중에 그런 노력을 하는 사람은 흔치 않다. 그런 노력을 하다가 뜻밖에 신을 믿게 되는 경우가 있고, 그중에는 저명한 사람도 제법 있다. 더군다나 불가지론은 많은 사람에게 편안한 도피처가 되지만, 지적인 관점에서 볼 때는 다소 가벼워 보인다. 우주의 나이는 결코 알 수 없다고 우기면서도 관련 증거를 찾아보려고 하지 않는 사람을 존경할 수 있겠는가.

세계적인 일신교들을 깎아내리는 행위를 정당화하는 데 과학이 이용되어서는 안 된다. 이들 종교는 지난 수백 년간의 역사와 도덕철학 그리고 인간의 이타주의가 뒷받침하는 강력한 증거에 기반을 두고 이어져온 종교다. 과학이 그러한 종교를 부정한다면 그것은 과학적 오만의 극치다. 이 문제는 우리에게 한 가지 과제를 던진다. 신이 단지 전해 내려오는 이야기로만이 아닌 실제로 존재한다면, 그리고 자연계에 관한 과학적 결론이 객관적인 사실이라면, 그 두 가지 진실은 서로 모순되지 않는다. 완벽한 조화와 통합이 얼마든지 가능하다.

그러나 오늘날 우리가 사는 세계를 보면, 두 진실이 서로 조화를 이루려하지 않고 불화를 일으키는 경우를 흔히 본다. 다윈의 진화론을 둘러싼 공방이 그 대표적인 예다. 다른 어느 곳보다 격렬한 싸움이 벌어지는 곳, 상대에 대한 오해가 가장 심각한 곳, 우리 미래가 걸린 곳, 조화가 가장 절실히 필요한 곳이 바로 이곳이다. 따라서 우리가 이제 주목해야 할 곳도 바로 이 부분이다.

8

두 번째 선택, 창조론
신앙이 과학을 이겼을 때

　종교적 또는 과학적 견해 가운데 한마디로 깔끔하게 요약되는 것은 거의 없다. 이런 와중에 근래에는 특정 관점에 잘못된 표기를 붙임으로써 과학과 신앙 사이의 토론을 흐려놓은 사례가 비일비재했다. '창조론자'라는 표기가 그중 대표적인 사례로, 이 말은 지난 20세기에 벌어진 과학과 신앙을 주제로 한 토론의 가장 큰 특징이 되었다. '창조론자'라는 용어는 표면적인 의미로 보면 어떤 신이 존재해서 우주 창조에 직접적으로 개입했다는 견해를 주장하는 사람들을 가리킨다. 넓은 의미로 보면 나를 포함해 거의 모든 유신론자와 많은 이신론자를 창조론자에 넣어야 할 것이다.

절반의 선택
'젊은지구창조론'

　그러나 지난 20세기에 '창조론자'라는 용어는 그런 사람들 중에서도 극히 일부를, 특히 창

세기 1, 2장을 문자 그대로 해석해 우주 창조와 지구상에서 생명의 탄생을 설명하려는 사람들을 가리키는 말로 사용되고 악용되는 수모를 겪었다. 이런 '창조론자'들이 가진 견해 가운데 가장 극단적인 것은 '젊은지구창조론'이라 불리는 것으로, 이를 지지하는 사람들은 창조가 이루어진 6일간을 문자 그대로 하루 24시간의 6일로 해석해, 지구의 나이가 1만 살이 되지 않는다고 주장한다. 이들은 또 지구상의 종 하나하나가 모두 신의 창조적 행위로 탄생했으며, 아담과 이브는 하나님이 에덴동산에서 흙으로 빚은 역사적 인물이지 다른 생물체에서 진화해온 인물이 아니라고 믿는다.

젊은지구창조론을 믿는 사람들은 대개 변이와 자연선택으로 종 내부에서 작은 변화가 일어났다는 '소진화'를 받아들일 뿐, 한 종이 다른 종으로 진화했다는 '대진화'는 받아들이지 않는다. 그리고 화석 기록에 나타난 공백은 다윈의 이론이 틀렸다는 증거라고 주장한다. 1960년대에는 현재 고인이 된 헨리 모리스가 설립한 '창조연구학회' 회원들이 《창세기 홍수(*The Genesis Flood*)》를 비롯해 여러 서적을 잇달아 출간하면서 젊은지구창조론의 활동이 한층 더 구체화되었다.

모리스와 그의 동료들의 주장 가운데는 지층과 그 지층에서 발견된 화석은 수억 년에 걸쳐 퇴적된 결과가 아니라 창세기 6~9장에 묘사된 단 몇 주 동안의 대홍수의 결과라는 내용도 있다. 설문조사 결과, 미국인의 약 45퍼센트가 젊은지구창조론을 믿는 것으로 나타났다. 많은 복음주의교회 사람들도 이와 비슷한 견해를 갖고 있다. 그리스도교 서점에서 볼 수 있는 책과 비디오에는 새, 거북, 코끼리, 고래 등에 해당하는 화석이 발견되지 않는다거나(그러나 이런 화석도 지난 몇 년 사이에 모두 발견되었다), 열역학 제2법칙은 진화의 가능성을 배제한다거나(이는 사실과 거리가 멀다), 방사성원소의 붕괴율은 시간이 지나면서 변하기 때문에 방사능을 이용해 바위와 우주의 연대를 측정하는 것은 잘못이라는(이는 사실이 아니다) 등의 주장을 펼친다. 창조론자들이 만든 박물관이나 테마공원을 가보면 인간이 공룡과 즐겁게 노는 장면을 볼 수 있는데, 젊은지구창조론은 인간이 나타나기 훨씬 전에 공룡이 모두 멸종했다는 사실을 받아들이지 않기 때문이다.

젊은지구창조론을 지지하는 자들은 진화가 거짓이라고 주장한다. DNA 연구로 눈앞에 드러난 유기체들의 유연관계는 단지 하나님이 특별한 창조 행위를 반복한 결과일 뿐이다. 서로 다른 포유동물에서 염색체의 유전자 배열이 비슷하다거나, 인간과 생쥐의 DNA에서 똑같은 자리에 반복되는 '쓰레기 DNA'가 나타난다는 등의 현상은 하나님의 계획 중 일부일 뿐이라며 대수롭지 않게 여긴다.

이런 견해를 가진 사람들은 대체적으로 자연주의가 인간의 경험에서 신을 몰아내려 위협한다고 깊이 우려하는, 진실하고 선량한 마음으로 신을 두려워하는 사람들이다. 그러나 과학 지식의 칼날을 어설프게 만지작거리는 젊은지구창조론의 주장은 아무래도 받아들이기 힘들다. 이들의 주장이 진짜 사실이라면 물리, 화학, 우주, 지질, 생물 같은 과학은 돌이킬 수 없을 정도로 완전히 끝장날 것이다. 생물학 교수인 대럴 포크(Darrel Falk)가 복음주의적 관점으로 쓴 훌륭한 저서 《과학과 화해하기(Coming to Peace with Science)》에서 지적하듯이, 젊은지구창조론의 관점은 마치 2 더하기 2는 4가 아니라고 주장하는 것과 같다.

과학의 증거에 친숙한 사람이라면 젊은지구창조론적 관점이 그토록 폭넓은 지지를 받는다는 사실이, 특히 지식과 기술이 고도로 발달한 미국 같은 나라에서 그런 지지를 받는다는 사실이 도무지 이해가 가지 않는다. 그러나 젊은지구창조론을 옹호하는 사람들은 무엇보다도 그들의 신앙을 진지하게 받아들이며, 하나님을 받들도록 인류를 가르치는 성경의 힘을 희석할 수 있다는 이유로, 성경을 문자 그대로 해석하지 않는 경향에 깊은 우려를 표시한다. 이들은 창세기 1장에 나오는 하루 24시간의 6일 동안 이루어진 특별하고 신성한 창조 행위 이외의 것을 인정하면 사람들은 가짜 믿음으로 빠져들게 되리라고 주장한다. 이 주장은 독실한 신자들의 강력하고 이해할 만한 본능에 호소하는데, 이들에게는 하나님을 향한 충성이 최우선 목표이며 하나님을 공격하는 행위로 간주되는 것은 적극적으로 막아야 할 행위다.

성 아우구스티누스의 창세기 1장 해석에 다시 귀를 기울여보면, 그리고 당시에는 진화나 지구의 나이에 관한 과학적 증거가 없었다는 점을 기억한다면, 성경 원문을 세심하고 진지하고 경건하게 읽는다고 해서 젊은지구창조론처럼 글자 하나하나에 얽매일 필요는 없다는 사실이 분명해진다. 사실 성경을 이처럼 좁은 의미로 해석하는 것은 주로 지난 100여 년간 다윈의 진화론에 반발해 일어난 결과다.

성경을 문자 그대로 해석하지 않는 것에 대한 우려는 이해할 만하다. 신약성서 상당 부분을 포함해 성경에는 역사적 사건을 직접 목격하고 쓴 부분이 분명히 존재한다. 종교인이라면 이런 부분에 기록된 사건을 저자의 의도대로 목격한 바를 진술한 그대로 받아들여야 한다. 그러나 창세기 처음 몇 장을 비롯해 욥기, 아가, 시편을 비롯한 성경의 다른 부분은 서정적이고 우화적인 요소가 있어서 역사적 사실을 순수하게 그대로 기술했다고 보기는 힘들다. 다윈의 등장으로 종교인이 수세적 위치에 놓이기 전까지, 성 아우구스티누스나 역사에 등장하는 대부분의 성경 해석가들은 창세기의 처음 몇 장을 저녁 뉴스에 등장하는 실제 기사라기보다는 권선징악을 표현하는 만들어진 이야기라고 생각했다.

성경에 나오는 말을 문자 그대로 받아들여야 한다는 주장은 이 외에도 많은 어려움에 부딪힌다. 이를테면 정말로 하나님의 오른팔이 이스라엘 민족을 붙들었을 리 없다(이사야 41장 10절). 중요한 문제를 잊어버렸다가 때때로 예언자들의 도움을 받아 다시 기억해야 하는 것이 하나님의 본성일 리 없다(출애굽기 33장 13절). 성경의 의도는 예나 지금이나 하나님의 본성을 인류에게 밝히는 일이다. 3,400년 전에 하나님의 백성들에게 방사능 붕괴, 지층, DNA를 강의했다면 과연 그것이 하나님의 목적에 부합하는 행위였을까?

하나님을 믿는 많은 사람들이 젊은지구창조론에 끌리는 이유는 과학 발전이 하나님에게 위협이 된다고 보기 때문이다. 하지만 여기서 하나님에게 구태여 변론이 필요할까? 하나님은 우주 법칙을 창조하지 않았던가? 하나님은 가장 위대한 과학자가 아니던가? 위대한 물리학자는? 위대한 생물학자는? 더 중요하게는, 하나님의 백성이라면 마땅히 하나님의 창조에 관한 엄밀한 과학적 결론까지도 무시해야 한다고 말하는 자들은 하나님을 명예롭게 하는 자들일까, 욕되게 하는 자들일까? 하나님을 사랑한다는 신앙이 자연에 관한 거짓에 기초할 수 있을까?

신은 위대한 사기꾼인가

헨리 모리스와 그의 동료들의 지원을 받는 젊은지구창조론은 20세기 후반이 되자, 자연계에서 관찰된 현상 가운데 젊은지구창조론의 입장과 상반되는 것들을 설명할 대안을 찾기 시작했다. 그러나 소위 과학적 창조론의 기반은 몹시 취약했다. 근래에는 이 견해의 지지자 가운데 일부가 과학적 증거의 압도적인 위력을 인식하고는 그 모든 증거는 하나님이 우리를 꾀어 믿음을 시험하고자 고의로 계획한 것이라고 주장하는 수법을 쓰기도 한다. 이 주장에 따르면 방사능 붕괴를 이용한 연대측정이니, 화석이니, 게놈 서열이니 하는 것들은 하나같이 고의로 만들어진 것이어서, 우주가 창조된 지는 실제로 1만 년도 되지 않았건만 그보다 훨씬 더 오래되어 보인다는 것이다.

케네스 밀러(Kenneth Miller)가 그의 뛰어난 저서 《다윈의 신을 찾아서(*Finding Darwin's God*)》에서 지적하듯, 그러한 주장이 사실이려면 신은 거대한 속임수를 쓰고 있어야 한다. 이를테면 우주에 있는 관찰 가능한 많은 별과 은하는 1만 광년 이상 떨어져 있기 때문에 젊은지구창조론의 관점대로라면, 우리가 그것을 관찰할 수 있다는 것은 신이 그 모든 광자를 하나같이 '이제 막' 여기 도착하도록 만들었다는 이야기인데, 그건 전적으로 허구에 불과할 뿐이다.

신을 우주의 사기꾼으로 묘사하는 이런 설명은 결국 창조론적 관점의 패배를 인정하는 꼴이다. 위대한 사기꾼이 과연 우리가 숭배하려는 대상일까? 이들의 주장은 우리가 성경을 통해, 도덕법을 통해, 그리고 다른 모든 경로를 통해 알고 있는 신에 관한 모든 사실들, 즉 신은 인류를 사랑하고 논리적이며 일관된 모습이라는 사실과 조화를 이루는가?

이처럼 어떤 이성적 근거로 보더라도 젊은지구창조론은 과학에서나 신학에서나 지적 파멸에 이를 수밖에 없다. 따라서 그러한 창조론이 존속한다는 것은 우리 시대에 대단히 당혹스럽고 비극적인 일이다. 그것은 과학의 거의 모든 영역을 공격하여, 과학적 세계관과 영적 세계관의 조화가 그 어느 때보다 절실한 요즘에 오히려 그 둘의 틈을 더욱 벌려놓는다. 젊은지구창조론은 젊은이들에게 과학은 위험하며 과학을 추구하는 행위는 종교적 믿음을 거부하는 행위라는 인식을 심어주어, 앞으로 유능한 과학자가 될 수도 있는 인재들의 싹을 일찌감치 도려낸다.

그러나 여기서 가장 큰 피해자는 과학이 아니다. 젊은지구창조론은 하나님을 믿으려면 기본부터 허점투성이인 그들의 자연관에 동의해야 한다고 주장함으로써 신앙에 더 큰 해를 입힌다. 창조론을 고집하는 가정이나 교회에서 자란 젊은이들은 조만간 고대 우주에 관한, 진화와 자연선택을 거치며 유연관계를 맺게 되는 모든 생물에 관한 과학적 증거의 홍수에 맞닥뜨린다. 이때 이들이 마주치는 선택은 얼마나 괴롭고 불필요한 선택인가! 어려서부터 믿어온 신앙을 고수하려면 광범위하고 정밀한 과학 자료를 거부하면서 사실상의 지적 자살을 감행해야 한다. 창조론 외에 다른 대안을 제시하지 않는다면 이 많은 젊은이가 결국에는 믿음을 버리게 되지 않을까? 대단히 설득력 있게 자연계를 가르치는 과학을 거부하라고 명령하는 하나님에게 등을 돌리지는 않을까?

이제 복음주의교회를 향해 애정 어린 간청으로 이 짧은 장을 마무리해야겠다. 나 역시도 스스로를 복음주의교회의 한 일부라고 여긴다. 그간 복음주의교회는 하나님의 사랑과 은혜라는 복음을 전파하기 위해 여러 방면으로 좋은 일도 많이 했다. 종교인이라면 신은 창조자라고 굳게 믿는 게 당연하며, 성경이 말하는 진실을 굳게 믿는 게 당연하며, 과학은 인간 존재에 관한 가장 어려운 질문에 답을 하지 못한다는 결론을 굳게 믿는 게 당연하며, 무신론적 유물론의 주장에는 단호히 맞서야 한다고 굳게 믿는 게 당연하다. 그러나 근거 없는 토대로 이런 믿음을 떠받치려 한다면 싸움에서 이길 수 없다. 계속 그런 식으로 나간다면 종교에 반대하는 사람들에게 번번이 승리를 안겨줄 뿐이다.

19세기 후반과 20세기 초반의 보수적인 개신교 신학자였던 벤저민 워필드는 사회적, 과학적으로 아무리 큰 변화가 일어나도 종교인들은 그 믿음의 영원한 진실에 굳건히 발을 딛고 있어야 한다고 생각했다. 그러나 그런 생각을 가진 그 역시 하나님이 창조한 자연계에 관해 새로운 사실이 밝혀지면 그것을 축하해야 한다고 보았다. 워필드는 오늘날의 교회에서도 깊이 새겨들어야 할 위대한 말을 남겼다.

그렇다면 우리는 그리스도인으로서 이성의 진실, 철학의 진실, 과학의 진실, 역사의 진실, 비평의 진실에 반감을 가져서는 안 된다. 빛의 자녀인 우리들은 모든 빛에 조심스레 열린 태도를 취해야 한다. 그러니 오늘날의 연구 결과를 당당히 마주하는 용기를 기르자. 우리는 다른 누구보다도 더 그것에 열광해야 한다. 우리는 다른 누구보다도 빨리 모든 영역에서 진실을 식별해야 하고, 더 적극적으로 그것을 받아들여야 하며, 그것이 어느 곳으로 향하든 더 충실히 따라야 한다.[1]

세 번째 선택, 지적설계론
과학에 신의 도움이 필요할 때

2005년은 지적설계론(Intelligent Design, ID)으로 떠들썩한 해였다. 미국 대통령은 학교에서 진화를 토론할 때 지적설계론도 함께 토론해야 한다고 생각한다며 지적설계론을 부분적으로 인정했다. 대통령이 이 발언을 한 배경은 이와 비슷한 정책을 취한 펜실베이니아 도버 교육위원회가 시끄러운 소송에 휘말렸기 때문이었다. 언론 매체가 이에 반응했다.《타임》과《뉴스위크》는 이 이야기를 표지기사로 다루었고, 라디오에서도, 심지어는《뉴욕타임스》제1면에서도 이 이야기가 대대적으로 논의되는 가운데, 지적설계론을 둘러싼 논쟁과 혼란은 날이 갈수록 격렬해졌다. 나 역시 과학자와 편집자뿐 아니라 의회 직원들과도 이 문제를 토론했다. 도버 재판이 원고의 승리로 끝나기 전인 그해 가을, 도버 시민들은 투표로 교육위원회 사람들을 모조리 해임시켰다.

1925년 스콥스 재판 이래로 미국에서 진화와 그것이 종교에 미치는 영향을 두고 이처럼 뜨거운 논쟁이 벌어진 적이 없었다. 차라리 잘된 일일지도 몰랐다. 이런 저런 견해를 두고 물밑에서 공격을 하기보다는 공개적으로 토론을 벌이는 편이 더 나을 테니까. 그러나 독실한 종교인이면서 진지한 과학자들이 보기에, 그리고 지적설계론을 강력히 지지한 일부 사람들이 보기에, 상황은 걷잡을 수 없이 심각하게 변해갔다.

지적설계론이 대체 무엇이기에

15년이라는 짧은 역사를 가진 지적설계론 운동은 대중의 담론에서 뜨거운 주제로 떠올랐다. 그러나 무대에 새롭게 등장한 이 이론의 기본 신념을 두고 여전히 적잖은 혼란이 일고 있다.

무엇보다도 '창조론'이라는 용어에서처럼 여기서도 용어의 의미를 파악하기가 상당히 까다롭다. 언뜻 보기에 '지적 설계'라는 두 단어는 생명이 지구에 탄생하게 된 경위와 그 과정에서 신이 담당했을 역할에 대한 광범위한 해석을 담고 있겠거니 생각하게 된다. 그러나 고유명사로서의 '지적설계'는 자연에 관한, 특히 '환원 불가능한 복잡성'(여러 부분이 모여 하나의 복잡한 생물적 기능을 수행할 때, 그 여러 부분 중 어느 하나만 제거해도 전체 기능이 마비되는 생물 조직체계를 가리키는 말―옮긴이)이라는 개념에 관한 대단히 특별한 여러 의미를 담은 전문 용어가 되었다. 따라서 이런 사실을 모르는 사람이 볼 때는 인간에게 관심을 갖는 하나님을 믿는 사람이라면 누구나 지적설계를 믿으려니 생각하기 쉽다. 그러나 실상은 그렇지가 않다.

지적설계론은 1991년에 갑자기 나타났다. 그 뿌리는 생명 기원의 확률적 불가능성을 지적한 초기 과학으로 거슬러 올라간다. 그러나 지적설계론의 주요 관심사는 최초의 자기복제 유기체가 어떻게 생겨났는가가 아니라 생명의 놀라운 복잡성을 설명하지 못한다고 판단되는 진화론의 허점이다.

지적설계론을 처음 만든 사람은 버클리 캘리포니아대학 법학 교수이자 그리스도교도인 필립 존슨(Phillip Johnson)으로, 그는 저서 《심판대의 다윈(*Darwin on Trial*)》에서 처음으로 지적설계론의 입장을 설명했다. 그의 주장은 여러 사람에게 점점 퍼져갔고, 특히 생물학 교수 마이클 베히(Michael Behe)는 《다윈의 블랙박스(*Darwin's Black Box*)》라는 책에서 '환원 불가능한 복잡성'이란 개념을 자세히 다루었다. 최근에는 정보이론을 연구한 수학자 윌리엄 뎀스키(William Dembski)가 지적설계론의 해설자로 선도적인 역할을 하고 있다.

지적설계론이 출현한 시기는 미국 내 학교에서 창조론을 가르치는 것은 부당하다는 법원 판결이 연이어 나온 시기와 일치한다. 따라서 그 시기적 특성상 비평가들은 지적설계론을 명백한 '은밀한 창조론' 또는 '창조론 2.0'이라고 말한다. 그러나 이런 용어는 지적설계론을 지지하는 사람들의 깊은 고민과 진정성을 올바로 평가하는 말이 아니다. 유전학자이고 생물학자이면서 신을 믿는 내가 보기에 지적설계론은 진지하게 생각해볼 가치가 있다.

지적설계론은 기본적으로 다음 세 가지 명제를 바탕으로 한다.

명제 1 : 진화는 무신론적 세계관을 확산하기 때문에 하나님을 믿는 사람들은 이를 저지해야 한다.

이 이론의 창시자인 필립 존슨은 생명을 이해하려는 과학적 욕구에서 출발한 게 아니라(그는 스스로를 과학자라 주장하지 않는다) 대중 사이에 유물론적 세계관이 점점 확산된다는 판단에 따라 하나님을 지켜야 한다는 개인적 사명감에서 출발했다. 이 같은 우려는 종교계에서 큰 공감대를 형성한다. 그리고 오늘날 일부 진화론자들이 거침없는 주장을 펼치다 보니, 종교계도 어느 정도 과학적 타당성을 갖춘 대안을 내놓아야 한다는 절박함이 형성된 터였다(이 점에서 지적설계는 아이러니하게도 리처드 도킨스와 다니엘 데닛의 반항적 사생아로 생각될 수도 있다).

존슨은 자신의 의도를 거리낌 없이 드러냈고,《진리의 쐐기를 박다(*The Wedge of Truth*)》에는 그런 태도가 잘 드러난다. 지적설계론 운동을 지지하는 대표적 단체이자 존슨이 프로그램 자문위원으로 활동하는 '디스커버리학회'는 여기서 한 걸음 더 나아가는데, 애초에 내부 비망록 정도로 만들어졌다가 인터넷에까지 올라간 이들의 '쐐기 문서'에 그 의도가 잘 나타나 있다. 문서에는 여론에 영향력을 행사해 결국에는 무신론적 유물론을 뒤엎고 그 자리를 '자연에 대한 광범위한 유신론적 이해'로 대체할 5년, 10년, 20년 계획을 설정해 놓았다.

이처럼 지적설계론은 과학이론으로 소개되지만 사실은 과학 전통에서 탄생하지 않았다고 말해야 옳다.

명제 2 : 진화는 자연의 미묘한 복잡성을 설명하지 못하므로 근본적 결함이 있다.

역사 학도라면 복잡성 이면에 설계자가 있다는 주장은 19세기 초 윌리엄 페일리의 주장과 동일하다는 사실을, 다윈 역시 자연선택으로 진화를 설명하기 전까지는 그 논리를 제법 설득력 있는 논리로 여겼다는 사실을 떠올릴 것이다. 그러나 지적설계 운동에서는 이 관점이 새 옷을 갈아입는다. 생화학과 세포생물학이라는 과학의 옷이다.

마이클 베히는 《다윈의 블랙박스》에서 이 주장을 꽤 설득력 있게 설명한다. 생화학자 베히는 세포 내에서 일어나는 현상을 관찰하고는 그 분자적 장치의 복잡함에 감탄하고 경외감을 느낀다. 지난 수십 년간 과학이 밝혀낸 이 섬세한 장치는 RNA를 단백질로, 또 세포 이동을 돕는 물질로 바꾸기도 하고, 어떤 때는 신호 전달 물질로 바꿔 다양한 요소가 얽혀 일련의 반응을 일으키는 경로를 따라 돌아다니며 세포 표면에서 세포핵으로 신호를 전달하기도 한다.

경이로운 것은 비단 세포만이 아니다. 수억 또는 수조에 이르는 세포로 구성된 전체 유기체의 구성 방식 또한 경외감을 일으킬 따름이다. 가령 인간의 눈을 보면, 복잡한 카메라 같은 이 기관의 해부학적, 생리학적 구조는 광학을 연구하는 대단히 뛰어난 학자까지도 감탄사를 연발하게 만든다.

베히는 이런 종류의 구조는 자연선택만으로는 결코 생겨날 수 없다고 주장한다. 그는 여러 단백질이 상호작용을 하고 이 가운데 어느 하나가 문제를 일으킬 경우 전체 기능이 마비되는 복잡한 구조에 특히 주목한다.

베히가 언급한 특별히 눈에 띄는 예는 세균의 편모다. 많은 세균이 편모를 갖고 있는데, 배에 부착하는 작은 외장형 모터와 같은 이 편모는 세포를 다양한 방향으로 이동시킨다. 약 30가지 단백질로 구성된 편모는 그 구조가 상당히 정교해서, 배로 치면 닻, 구동축, 자재 이음 장치에 해당하는 기관을 갖추고 있다. 바로 이 기관들이 가느다란 편모를 움직이는 것이다. 경이로운 최첨단 나노공학기술이 아닐 수 없다.

만약 30가지 단백질 가운데 어느 하나가 유전자 돌연변이를 일으켜 제 기능을 못한다면, 기관 전체가 제대로 작동하지 않는다. 다윈의 진화론만으로는 이처럼 복잡한 장치를 도저히 설명할 수 없다는 게 베히의 주장이다. 그의 가정에 따르면, 이 복잡한 외장형 모터를 구성하는 부품 중 어느 하나가 오랜 세월에 걸쳐 우연히 진화할 수도 있었겠지만, 다른 29개 부품이 동시에 발달하지 않았던들 자연선택의 압력만으로 그것이 계속 진화할 수는 없었을 것이다. 또한 전체가 조립되기 전까지는 그 어떤 부품도 자연선택으로 인한 이익이 없었을 것이다. 베히의 주장에 따르면, 그리고 뎀스키가 훗날 수학적 토대를 덧붙인 주장에 따르면, 이처럼 독립적으로는 쓸모없는 여러 부품이 우연히 동시에 진화할 확률은 거의 제로에 가깝다.

이처럼 지적설계 운동이 내세우는 과학적 주장의 핵심에는 요즘 생화학, 유전학, 수학의 언어로도 표현되는 페일리 식의 '개인적 불신에 근거한 주장'(한 개인이 어느 전제에 믿음이 가지 않는다는 이유로 그 전제의 진실을 의심하는 주장—옮긴이)이 새로운 모습으로 자리 잡고 있다.

명제 3 : 진화가 환원 불가능한 복잡성을 설명할 수 없다면, 진화

과정에 어떤 식으로든 지적설계자가 개입해 필요한 요소를 공급했을 게 분명하다.

지적설계 운동은 그 설계자가 누구일지 구체적으로 명시하지 않으려고 애를 쓰지만, 이 운동을 이끄는 사람들 다수가 그리스도교 관점을 지녔다는 점에서 이 사라진 힘은 하나님에게서 나온다는 사실을 알 수 있다.

지적설계론에 대한 과학적 반론

지적설계 운동이 제기하는 다윈설에 대한 반론은 언뜻 보기에 그럴듯하며, 특히 진화 과정에서 신의 역할을 기대하는 사람들이 이 주장을 환영하는 것은 어쩌면 당연한 일이다. 그러나 이 논리가 진정 과학적으로 근거가 있다면, 현재 활동하는 평범한 생물학자들도 이 논리에 관심을 보여야 한다. 특히 생물학자 가운데 많은 수가 종교인이라는 사실을 고려하면 더욱 그러하다. 그러나 현실은 그렇지가 못하다. 지적설계론은 주류 과학계 내부에서 그다지 신뢰를 받지 못한 채 여전히 주변 이론으로 남아 있다.

그 이유가 뭘까? 지적설계 지지자들이 은연중에 암시한 대로, 생물학자들이 다윈의 제단을 향해 경배를 올리는 것에만 익숙한 채 다른 대안을 찾지 못했기 때문일까? 사실 과학자들은 으레 논란이 이는 문제에 매력을 느끼며, 당시에 일반적으로 인정되는 이론을 뒤집을 기회를 호시탐탐 노리는 사람들이라는 점을 생각한다면 지적설계론이 다윈 이론에 대항한다는 단순한 이유로 과학자들이 지적설계론의 주장을 거부할 리는 없다. 사실 이들이 지적설계를 거부하는 근거는 따로 있다.

우선 지적설계는 과학이론으로 자리 잡기에는 근본적으로 문제가 있다. 과학이론이라면 많은 실험과 관찰을 거쳐 납득할 만한 틀을 갖추기 마련이다. 또한 이론의 주된 용도는 단지 뒤를 돌아보는 것이 아니라 더불어 앞을 내다보는 것이다. 유용한 과학이론은 앞으로 어떤 사실이 발견될지를 예견하고 나아가 실험적 검증법을 제시한다. 지적설계는 이 점에서 심각한 결함을 드러낸다. 그러다 보니 지적설계론이 비록 많은 종교인에게 호소력을 지니지만, 초자연적 힘을 개입시켜 복잡하고 다양한 요소로 구성된 생물의 실체를 설명하는 시도는 결국 과학에서 막다른 길에 도달하고 만다. 타임머신을 발명하지 않는 한 지적설계론을 증명할 방법은 없어 보인다.

존슨이 간단히 설명한 지적설계론의 핵심은 초자연적 존재가 개입해 복잡성이 생기게 된 경위를 설명하지 못한다. 베히는 이를 설명하기 위해, 원시생물에는 복잡하고 다양한 부품으로 구성된 분자적 장치, 즉 환원 불가능한 복잡한 장치로 발전하는 데 필요한 모든 유전자가 '미리' 장착되어 있었다고 주장했다. 이 잠자는 유전자는 그 뒤로 수억 년이 흘러 적절한 때가 되자, 즉 그 유전자가 필요해지자 잠에서 깨어났다. 오늘날 발견되는 원시생물 중에는 미래에 쓸 유전자 정보를 은닉해둔 생물이 없다는 사실은 제쳐두고라도, 사용되지 않는 유전자가 돌연변이를 일으킬 확률을 생각해본다면 그 같은 정보 창고가 미래에 사용될 때까지 한없이 오래 보존될 가능성은 대단히 희박하다.

지적설계의 미래와 관련해 더욱 중대한 사실은 환원 불가능한 복잡성을 보여주는 많은 예가 실은 환원 불가능하지 않다는 점이며, 이에 따라 지적설계론이 내세우는 주요 과학적 주장이 무너지기 시작했다는 점이다. 지적설계가 등장한 이후 고작 15년이 흐르는 동안 과학은 눈부신 발전을 이루었고, 이 발전은 특히 진화계통도의 서로 다른 부분에 있는 다양한 유기체의 게놈 연구에서 더욱 두드러졌다. 이로써 지적설계론에 깊은 금이 가기 시작했고, 이 이론의 지지자들은 알려지지 않은 것과 알 수 없는 것을 혼동하고, 풀리지 않은 것과 풀 수 없는 것을 혼동하는 실수를 저질렀다는 사실이 드러났다.

이 주제에 관해서는 책과 기사가 많이 나왔으니,[1] 관심 있는 독자라면 이들 자료를 참고해 이 논쟁을 둘러싼 다양한 면을 더욱 명확하게 이해할 수 있을 것이다. 그러나 베히가 정의한 환원 불가능한 복잡성에 딱 들어맞아 보이는 구조가 사실은 단계별 점진적 진화에 의해 완성될 수 있음을 분명하게 보여주는 세 가지 예를 들어보겠다.

십여 가지 또는 그 이상의 단백질이 간여하는 인간의 혈액응고 과정은 베히가 루브 골드버그(Rube Goldberg, 쓸데없이 복잡한 장치를 발명하는 인물을 그린 유명한 미국 만화가—옮긴이)에 버금간다고 생각했을 정도로 그 체계가 복잡해 보이지만, 사실은 반응을 일으키는 데 필요한 요소들을 하나씩하나씩 점진적으로 모아들인 과정으로 이해할 수 있다. 처음에는 낮은 압력, 낮은 혈류량으로 제 기능을 발휘하는 대단히 단순한 체계로 시작해서 오랜 세월에 걸쳐 인간과 기타 포유동물에 알맞은 복잡한 체계로 바뀌면서 압력이 높고 출혈이 재빨리 멈추는 심혈관계로 진화했으리라 보인다.

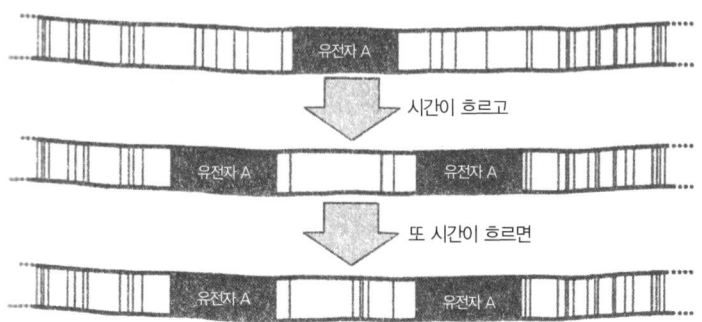

⟨그림 9.1⟩ 유전자 복제에 의한 다중단백질 복합체의 진화. 가장 단순한 환경에서 유전자 A는 유기체에 본질적인 기능을 제공한다. 이 유전자가 복제를 하면(게놈이 진화하면서 흔히 일어나는 현상) 똑같은 유전자가 새로 생긴다. 이 복제 유전자는 없어서는 안 될 유전자는 아니며(유전자 A가 필요한 기능을 수행하고 있으므로) 따라서 아무런 제약을 받지 않고 자유롭게 진화한다. 그러다가 아주 드문 경우에, 우연히 생긴 작은 변화가 새로운 기능을 수행하고(유전자 A´) 그것이 이 유기체에 유리하게 작용하면 결국에는 이 기능이 선택된다. DNA 서열을 자세히 연구해보면 인간의 혈액응고 과정을 비롯해 수많은 복잡한 다중요소 체계가 이 같은 원리로 생겨남을 알 수 있다.

이러한 진화 가설 가운데 이미 밝혀진 중요한 사실 하나는 유전자 복제 현상이다.⟨그림 9.1⟩ 혈액응고에 간여하는 여러 단백질을 자세히 살펴보면, 대부분이 아미노산 서열 단계에서 서로 관련되어 있음을 알 수 있다.

이처럼 여러 단백질이 서로 닮은 까닭은 임의의 유전자 정보에서 전적으로 새로운 여러 단백질이 만들어져 궁극적으로 똑같은 주제로 수렴했기 때문이 아니다. 그보다는 원시 유전자가 자기복제로 똑같은 유전자를 만들고, 이때 새로 탄생한 유전자가 원래의 기능을 수행해야 하는 속박에서 벗어나 자연선택의 영향을 받으며 새로운 기능을 수행하도록 점진적으로 진화했기 때문이라고 볼 수 있다.

솔직히 말해, 궁극적으로 인간의 혈액응고에 이르기까지의 모든 단계를 순서대로 정확히 나열할 수는 없다. 어쩌면 앞으로도 불가능할지 모른다. 앞서 일어난 많은 과정을 몸에 지닌 유기체가 이미 역사에 묻혔기 때문이다. 그러나 다윈설은 중간 단계가 분명히 존재했으리라고 예견했고, 또 일부는 실제로 밝혀지기도 했다. 지적설계론은 이 같은 예견에 침묵한다. 앞서도 언급했듯 혈액응고의 전 과정이 애초에 완벽한 기능을 갖춘 채 나타났다는 지적설계론의 핵심 전제는 생물학을 연구하는 진지한 학자라면 결코 받아들이지 않을 엉터리 시나리오다.[2]

지적설계를 옹호하는 사람들이 자연선택의 단계별 진화로는 결코 획득될 수 없는 복잡성을 보여주는 증거로 자주 언급하는 또 하나의 사례는 '눈'이다. 다윈도 독자들이 이해하기 힘들 거라며 이렇게 말했다. "서로 다른 거리에 동시에 초점을 맞추고, 서로 다른 양의 빛을 받아들이고, 구면수차와 색수차를 바로잡는 등 흉내 낼 수 없는 정밀함을 갖춘 눈이 자연선택으로 형성되었다고 생각하기란, 솔직히 인정하건대, 정말 가당치 않아 보인다."[3] 그러나 보기 드문 인상적인 비교생물학자였던 다윈은 150년 전에 이 복잡한 기관의 진화를 설명하는 일련의 단계를 제시했고, 현대 분자생물학은 이를 빠르게 인정하고 있다.

매우 단순한 유기체도 빛을 감지하는 능력이 있어서 효과적으로 포식자를 피하고 먹이를 찾는다. 편형동물에는 단순한 색소반이 있는데, 여기에 빛을 감지하는 세포가 있어서 다가오는 광자를 감지하는 방향성을 제공한다. 몸 속에 멋진 방을 갖고 있는 앵무조개는 변이를 거쳐 약간 진화했는데, 이 과정에서 색소반이 작은 바늘구

멍으로 변해 그곳으로 빛을 받아들이게 되었다. 이때 주변 조직의 배치만 약간 변했을 뿐 다른 변화는 없었는데도 해상력이 급격히 증가했다.

그런가 하면 어떤 유기체는 여기에 젤리 같은 물질이 더해져 빛을 감지하는 원시 세포를 덮는데, 이로써 빛은 초점을 맞출 수 있게 된다. 수억 년의 시간을 고려할 때 이런 조직이, 빛을 감지하는 망막과 빛의 초점을 맞추는 수정체를 갖춘 오늘날의 포유류의 눈으로 어떻게 진화할 수 있었는가를 생각하기란 불가능할 정도로 어려운 일은 아니다.

한 가지 또 중요한 사실은, 자세히 살펴보면 눈이 완벽하게 이상적으로 설계되지 않았다는 점이다. 빛을 감지하는 간상체와 추상체는 망막 바닥에 있어서 빛이 그곳에 닿으려면 신경과 혈관을 지나야만 한다. 이밖에도 몸을 수직으로 지탱하도록 최적화되어 설계되지 않은 인간의 척추, 불완전한 사랑니, 끝까지 퇴화하지 않고 남은 맹장 등을 보노라면 많은 해부학자들은 인간의 형상을 지적으로 계획한 존재가 있다는 주장을 좀처럼 받아들이지 않게 된다.

지적설계론의 근간에 심각한 균열을 가져온 계기는 최근에 '세균의 편모'를 지적설계 포스터의 이미지로 사용한 일이었다. 그것이 환원 불가능한 복잡성을 나타낸다는 주장의 근거는 편모를 구성하는 개별적 하위 요소들이 과거에는 그 어떤 종류의 유용한 기능을 담당하지 않았으며 따라서 이 모터는 자연선택의 힘에 영향을 받아 그 구성 요소가 하나씩 점진적으로 모여 조립된 게 아니라는 것이다.

최근의 연구 결과는 이 견해를 근본적으로 부정한다.[4] 특히 다양한 세균의 단백질 서열을 비교한 연구에서, 어떤 세균은 다른 세균이 공격해올 때 독을 발사하는데 이때 사용하는 기관이 편모의 여러 요소와 유사하다는 사실이 밝혀졌다.

미생물학자들이 '제3유형의 분비장치'라고 부르는 이 공격용 무기는 그것을 소지한 유기체에게 명백한 '적자생존'의 이점을 안겨준다. 추측컨대, 이 장치를 이루는 요소들은 수억 년 전에 복제된 뒤로 새로운 필요에 의해 모집되고, 여기에 과거 더욱 단순한 기능을 수행하던 다른 단백질이 결합해 마침내 모터가 탄생했을 것이다. 제3유형의 분비장치는 이 편모 퍼즐 중 한 조각에 불과하며, 전체 퍼즐을 다 채우려면 그것이 가능한지는 미지수지만 아직 멀었다. 그러나 지적설계가 초자연적 힘의 영역으로 분류했던 영역을 자연선택이 한 조각 한 조각씩 채워가고 있으며, 이에 따라 지적설계 옹호자들이 설 자리도 점점 줄어들고 있다.

베히는 다윈의 유명한 다음 구절을 인용해 환원 불가능한 복잡성을 주장한다. "만약 미미한 변이가 아무리 연속적이고 지속적으로 일어난다 해도 도저히 생길 수 없을 법한 복잡한 유기체가 존재한다는 사실이 증명된다면 내 이론은 끝장나고 말 것이다."[5]

그러나 편모의 경우, 그리고 환원 불가능한 복잡성의 예로 제시되는 사실상 거의 모든 경우가 다윈이 내세운 조건에 해당되지 않았고, 현재의 지식으로 솔직하게 평가한다면 다윈의 그 다음 문장과 똑같은 결론에 도달한다. "그러나 나는 그런 경우를 찾지 못했다."

지적설계론에 대한 신학적 반론

따라서 지적설계는 실험적 증명도 제시하지 못했고, 환원 불가능한 복잡성이라는 핵심적 주장을 뒷받침할 분명한 근거도 제시하지 못했다는 점에서 과학적으로 실패한 이론이다. 그러나 그보다 더 중요한 점은 지적설계가 냉철한 과학자보다 종교인들 사이에서 더 관심을 끌어야 하거늘 그마저도 실패했다는 점이다. 지적설계는 그 옹호자들이 과학으로는 설명이 불가능하다고 주장하는 영역에 초자연적 존재를 끌어들일 필요성을 상정하는 일종의 '빈틈을 메우는 신' 이론이다.

전통적으로 많은 사회가 당대의 과학이 해결하지 못하는 초자연적 현상을 신의 영역으로 돌렸다. 일식이나 꽃의 아름다움 등이 다 그랬다. 그러나 빈틈을 메우는 신 이론의 역사는 암울하다. 그것을 신봉했던 사람들에게는 무척 실망스러운 일이지만 과학의 발전이 그 틈을 메워버렸기 때문이다. 오늘날에는 이런 실수를 되풀이해서는 안 된다. 그런데도 지적설계론은 이 실망스러운 전통을 그대로 답습하면서 궁극적으로 그때와 똑같은 종말을 마주하고 있다.

나아가 지적설계가 묘사하는 전지전능한 존재는 애초에 생명의 복잡성을 직접 계획해놓고 그 부족한 부분을 고치기 위해 정기적으로 간섭하는 어설픈 창조자의 모습이다. 상상하기도 힘든 지성과 창조력을 지닌 신을 향해 경외감을 품은 신도들이 보기에 대단히 못마땅한 모습이 아닐 수 없다.

지적설계 운동의 수학적 토대를 마련하는 일에 앞장서는 윌리엄 뎀스키는 순수한 진실 추구가 얼마나 중요한가를 강조한다. "지적설계는 수용하기 힘든 견해로 상대를 제압하려는 고상한 거짓말이 되어서는 안 된다(역사는 불명예로 끝난 고상한 거짓말로 가득하다). 지적설계는 과학적 근거를 바탕으로 그 진실성을 확신시켜야만 한다."[6] 뎀스키의 주장은 백 번 옳다. 그러나 지적설계의 궁극적 종말을 예고하는 발언이기도 하다. 뎀스키는 다른 곳에서 또 이렇게 말한다. "세균의 편모처럼 복잡하고, 섬세하고, 통합된 경이로운 생물 체계가 다윈이 말하는 점진적 과정으로 형성될 수 있다면, 그리고 그 특별한 복잡성이 환상에 불과하다면, 아무런 지시도 받지 않고 자연적으로 일어날 수 있는 현상에 구태여 지적인 원인을 끌어들일 필요가 없으니, 지적설계가 반박될 수 있다. 오컴의 면도날이 지적설계를 깔끔하게 잘라내는 경우다."[7]

현재의 과학 정보를 냉정하게 평가한다면 그런 결론은 이미 가까이 다가왔다고 인정하지 않을 수 없다. 지적설계가 신으로 채우려 했던 진화의 빈틈을 신이 아닌 과학의 진보가 채웠다. 신의 역할을 이처럼 제한적이고 좁은 시각으로 바라보게 만드는 지적설계는 아이러니하게도 신앙에 심각한 해를 입히고 있다.

지적설계를 옹호하는 사람들의 진정성에는 의심의 여지가 없다. 그리고 일부 열성적인 진화론자들이 다윈의 이론을 무신론의 근거인양 묘사한다는 현실을 감안하면 종교인들이, 특히 복음주의자들이 지적설계를 환영하는 것도 충분히 이해가 간다. 그러나 이 배가 향하는 방향은 약속의 땅이 아니다. 이 배는 대양의 한복판으로 향한다. 지적설계로 신은 인간 세계에서 설 자리를 찾으리라는 일말의 희망이 종교인들의 가슴 속에 존재한다면, 그러다가 지적설계론이 무너진다면 그때는 신앙이 어떻게 되겠는가?

과학과 신앙 사이의 조화는 가망 없는 일일까? "우리가 관찰하는 우주에도 어떤 특성이 있다면, 그것은 근본적으로 설계도 없고, 목적도 없고, 악도 없고, 선도 없고, 다만 맹목적이고 매정한 무관심밖에 없는 우주다"[8]라는 도킨스의 관점을 받아들여야 한단 말인가? 절대 그런 일이 없기를! 종교인에게도, 과학자에게도 나는 말하고 싶다. 진실을 찾다보면 명확하고 설득력 있고 지적인 만족스러운 해답을 틀림없이 얻게 되리라고.

네 번째 선택, 바이오로고스
과학과 신앙이 조화를 이룰 때

고등학교 졸업식 때 어느 졸업생의 아버지이면서 독실한 장로교 목사였던 분이 좀이 쑤신 학생들에게 제안했다. 삶에 관한 세 가지 중대한 질문을 던지더니 앞으로 그 질문에 어떻게 대답할지 한번 생각해보라고 했다. 질문은 이랬다. (1)여러분은 평생의 직업으로 무엇을 택하겠는가? (2)여러분 삶에 사랑이 어떤 역할을 하겠는가? (3)여러분은 신앙과 관련해 어떤 일을 하겠는가? 노골적이고 직접적인 질문에 우리는 다들 깜짝 놀랐다. 내 솔직한 대답은 이랬다. (1)화학, (2)가능한 한 많은 역할, (3)신앙은 갖지 않겠다. 나는 어딘가 모르게 불편한 마음으로 졸업식장을 떠났다.

십여 년이 흘러 나는 (1)번과 (3)번의 답을 찾느라 깊은 고민에 빠지게 되었다. 화학, 물리, 의학을 두루 거치며 긴 우여곡절을 겪은 뒤 마침내 내가 그토록 찾아 헤매던 인간의 도전을 자극하는 분야와 마주쳤다. 과학과 수학을 향한 내 애정과 타인을 돕고 싶은 욕구를 한데 아우르는 분야, 즉 의학유전학이었다. 그와 동시에 하나님에 대한 믿음이 내가 그때까지 견지하던 무신론보다 훨씬 더 내 마음을 끈다는 결론에 도달했고, 생전 처음으로 성경에 담긴 영원한 진실 같은 것을 감지하기 시작했다.

나는 막연하게 깨달았다. 내 주위에는 그 두 가지를 동시에 추구하는 것이 모순이며 내가 낭떠러지로 가고 있다고 생각하는 사람들이 있다는 것을. 하지만 나는 과학적 진실과 영적 진실 사이에 그 어떤 모순도 발견할 수 없었다. 진실은 진실이다. 진실은 진실을 반증할 수 없다. 나는 '미국과학연맹'(www.asa3.org)에 가입했다. 독실한 신앙을 가진 과학자 수천 명이 모여, 모임을 열고 간행물을 펴내면서 과학과 종교가 조화를 이룰 방법을 모색하는 단체다. 당시로서는 신앙과 냉철한 과학을 통합하는 데 전혀 불편함을 느끼지 않는 독실한 신앙인을 보는 것만으로도 내게는 더 바랄 게 없었다.

고백컨대, 나는 그 뒤 여러 해 동안 과학과 신앙 사이에 마찰이 일어날 수도 있다는 사실에 크게 신경 쓰지 않았다. 그건 그다지 중요해 보이지 않았다. 책도 읽고 종교인들과 토론도 하면서 인간의 유전자에 관해 과학적으로 연구할 것들이 너무 많았고 신의 본성에 관해서도 연구할 게 너무 많았다.

내 안에서부터 세계관의 조화를 찾아야 할 필요성을 느낀 건 우리 인간과 지구상의 다른 유기체의 게놈을 연구하기 시작하면서부터였다. 공통의 조상에서 변이를 거쳐 생물체가 탄생하기까지의 과정에 관한 풍부하고 상세한 자료가 쏟아져 나왔다. 나는 이러한 자료에 마음이 불편해지기는커녕 모든 생물이 서로 유연관계에 있다는 이 명쾌한 증거에 경외감을 느꼈고, 이는 전지전능한 존재가 세운 거대한 계획이라고 생각하게 되었다. 그 존재는 우주를 만들고 우주의 물리적 변수들을 정확히 정해놓음으로써 별과 행성과 중원소가, 그리고 생명 그 자체가 탄생할 수 있는 여건을 만들어놓은 바로 그 존재였다. 당시 정확한 명칭을 알지 못했던 나는 흔히 사용하는 합성어인 '유신론적 진화'라는 말에 만족했고, 오늘날까지도 이 입장이 무척 만족스럽다.

'유신론적 진화'란 무엇인가

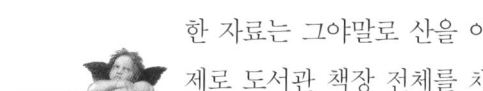

다윈의 진화론, 창조론, 지적설계를 주제로 한 자료는 그야말로 산을 이루고도 남아서, 실제로 도서관 책장 전체를 채울 정도다. 그러나 과학자나 종교인들 중에 '유신론적 진화'라는 말에 익숙한 사람은 많지 않다. 요즘 판단의 척도가 된 구글로 검색해보면, 유신론적 진화라는 말은 창조론이나 지적설계에 비해 그 쓰임 빈도가 현저히 낮다.

그러나 유신론적 진화는 독실한 신앙을 가진 진지한 과학자들 사이에서 그들의 입장을 대변하는 말로 흔히 사용된다. 미국에서 다윈의 대표적 옹호자였던 아사 그레이와 20세기에 진화론적 사고를 확립한 테오도시우스 도브잔스키도 그런 사람이다. 이 견해는 힌두교, 이슬람교, 유대교, 그리스도교에서도 많은 사람의 지지를 받고 있으며, 교황 요한 바오로 2세도 그중 한 사람이다. 역사적 인물을 두고 추측을 하기에는 위험이 따르지만, 마이모니데스(Maimonides, 12세기의 유명한 유대 철학자)와 성 아우구스티누스도 진화의 과학적 증거를 본다면 이 견해에 동의하지 않았을까 싶다.

약간씩 변형된 형태도 많지만 전형적인 유신론적 진화는 다음과 같은 전제를 기초로 한다.

1. 우주는 약 140억 년 전에 무에서 창조되었다.
2. 확률적으로 대단히 희박해보이지만, 우주의 여러 특성은 생명이 존재하기에 정확하게 조율되어 있다.
3. 지구상에 처음 생명이 탄생하게 된 정확한 메커니즘은 알 수 없지만, 일단 생명이 탄생한 뒤로는 대단히 오랜 세월에 걸쳐 진화와 자연선택으로 생물학적 다양성과 복잡성이 생겨났다.
4. 일단 진화가 시작되고부터는 특별히 초자연적으로 개입할 필요가 없어졌다.
5. 인간도 이 과정의 일부이며, 유인원과 조상을 공유한다.
6. 그러나 진화론적 설명을 뛰어넘어 영적 본성을 지향하는 것은 인간만의 특성이다. 도덕법(옳고 그름에 대한 지식)이 존재하고 역사를 통틀어 모든 인간 사회에서 신을 추구한다는 사실이 그 예가 된다.

이 여섯 가지 전제를 인정한다면, 얼마든지 있을 법하고 지적으로 만족스러우며 논리적으로 일관된 통합체가 탄생한다. 공간이나 시간의 제약을 받지 않으며 우주를 창조하고 그것을 관장하는 자연법을 만든 신이다. 신은 불모의 공간이었을 우주를 생명으로 채우고자 정밀한 진화 체계를 선택해 마침내 각종 미생물과 식물, 동물을 탄생시켰다. 가장 놀라운 점은 신은 의도적으로 이와 똑같은 체계를 이용해 특별한 생물을 만들었다는 것인데, 지성을 갖추고 옳고 그름을 판단하며 자유의지가 있고 신과 함께 있고자 하는 생물이다. 신은 이 생물이 궁극적으로는 도덕법에 복종하지 않으리라는 사실도 알고 있었다.

이런 견해는 과학이 자연계에 관해 우리에게 가르쳐주는 모든 사실과 얼마든지 양립 가능하다. 또 세계의 주요 일신교들과도 양립 가능하다. 물론 유신론적 진화라는 관점 역시 다른 어떤 논리적 주장과 마찬가지로 신의 존재를 증명할 수는 없다. 신을 믿으려면 항상 신앙이라는 도약이 필요할 것이다. 그러나 이 종합적 견해는 신앙을 가진 수많은 과학자에게 만족스럽고 일관되고 영양가 있는 관점을 제공하며, 이로써 과학적 세계관과 영적 세계관이 우리 안에서 즐겁게 공존한다. 이 관점은 신앙을 가진 과학자들을 지적으로 충만하고 정신적으로 생기 있게 만들며, 신을 숭배하면서 동시에 과학이라는 도구를 이용해 신의 창조물이 지닌 놀라운 신비를 벗기게 한다.

물론 그동안 유신론적 진화에 많은 반론이 제기되었다.[1] 그것이 그토록 만족스러운 통합적 견해라면 왜 더 광범위하게 퍼지지 않았을까? 우선 널리 알려지지 않은 탓이다. 대중적으로 저명한 인물 가운데 유신론적 진화를, 그리고 그것이 오늘날의 대립을 해결하는 방법을 열정적으로 설명한 사람이 거의 또는 아예 없다. 많은 과학자가 유신론적 진화를 받아들이면서도 대개는 동료 과학자에게 부정적 반응을 듣지 않을까, 신학계에서 비판을 받지 않을까 두려워하여 드러내놓고 말하기를 주저하는 게 사실이다.

종교계에서는 창조론이나 지적설계를 옹호하는 사람들의 거센 반발을 무릅쓰고 이 견해를 당당하게 주장할 만큼 생물학에 조예가 깊은 저명한 신학자를 찾아보기 힘들다. 그러나 예외적인 중요한 인물이 있다. 교황 요한 바오로 2세는 1996년에 교황청과학아카데미에 보내는 메시지에서 대단히 사려 깊고 용기 있게 유신론적 진화를 옹호했다. 교황은 "새로운 사실이 발견됨에 따라 진화를 가설 이상의 것으로 인정해야 한다"고 했다. 이로써 교황은 진화의 생물학적 진실을 인정했지만, 영적인 견해와의 조화를 강조하기 위해 교황 비오 7세가 견지했던 입장을 이야기했다. "인간의 육체가 예전부터 존재했던 생물체에서 나왔다면, 정신적 영혼만큼은 하나님에 의해 직접 창조되었다."[2]

교황의 이 같은 견해는 신앙을 가진 많은 과학자에게 열렬히 환영받았다. 그러나 교황 요한 바오로 2세가 세상을 떠난 지 몇 달 지나지 않아 오스트리아 빈의 쇤보른(Schönborn) 추기경은 우려를 표시하며, 그것은 "진화에 관한 다소 모호하고 중요하지 않은 1996년의 서신"이었으며 그보다는 지적설계론적 관점을 더 진지하게 고민해야 한다는 뜻을 나타냈다.[3] 하지만 최근 바티칸은 다시 교황 요한 바오로 2세의 견해로 돌아간 듯하다.

유신론적 진화가 주목 받지 못하는 사소한 이유 중 하나는 아마도 그 달갑지 않은 명칭 때문일 것이다. 신학자가 아닌 다수 사람들은 유신론(theism)이 무엇인지도 제대로 모르는데, 하물며 그 용어가 다윈의 진화를 수식하는 말로 쓰일 때는 오죽하겠는가. 신에 대한 믿음이 수식어로 전락했다는 것은 그 말이 부차적이 되고 뒤에 오는 명사, 즉 '진화'가 우선적으로 강조된다는 뜻이다. 그러나 '진화론적 유신론'으로 말을 바꿔도 언뜻 이해가 안 되기는 마찬가지다.

안타깝게도 이 합성어가 지닌 다양한 본질을 설명하는 많은 명사나 형용사가 이미 널리 사용되는 탓에 쉽게 가져다 쓸 수도 없는 상태다. '창진론'이라는 신조어를 만들까? 그건 아닐 게다. '창조', '지적', '근본적', '설계자' 같은 말은 혼란을 가져올 수 있으니 함부로 쓰기도 어렵다. 처음부터 새로 시작해야 한다. 내가 감히 제안하건대, 유신론적 진화에 '로고스에 의한 바이오스' 또는 간단히 '바이오로고스(BioLogos)'라는 새 이름을 붙이면 어떨까?

학자들은 '바이오스(bios)'가 '생명'을 뜻하는 그리스어이며(biology(생물학), biochemistry(생물화학) 등의 어근이 된다), '로고스(logos)'는 '말'을 뜻하는 그리스어임을 알 것이다. 많은 종교인에게 '말' 또는 '말씀'은 '하나님'과 같은 뜻이며, 요한복음 시작 부분에서도 이 말이 힘찬 시적 표현으로 사용된다. "한처음에 천지가 창조되기 전부터 말씀이 계셨다. 말씀은 하나님과 함께 계셨고 하나님과 똑같은 분이셨다."(요한복음 1:1) '바이오로고스'는 신이 모든 생명의 근원이며 생명은 신의 의지를 표현한다는 믿음을 나타낸다.

아이러니하게도 바이오로고스의 입장이 눈에 띄지 않는 또 다른 주된 이유는 그것이 서로 대립하는 양진영 사이에 조화를 이루기 때문이다. 우리 사회는 조화보다는 대립에 끌리는 사회가 아니던가. 대중매체도 부분적으로 책임이 있지만 그것은 대중의 욕구에 발맞추었을 뿐이다. 저녁 뉴스에서 듣는 소식이라고는 다중추돌 사고, 파괴적인 허리케인, 폭력 범죄, 유명인의 떠들썩한 이혼, 진화론을 가르칠 것이냐 말 것이냐를 주제로 한 교육위원회의 요란한 논쟁 등이 고작이다. 서로 종교가 다른 이웃들이 모여 지역사회 문제를 풀기 위해 노력한다는 소식이나 평생 무신론자로 지낸 앤서니 플루(Anthony Flew)가 종교를 가졌다는 소식, 또는 유신론적 진화나 오늘 오후 도시 위에 뜬 쌍무지개에 관한 소식 따위가 뉴스에 나올 리 없다. 우리는 논쟁과 불화를 좋아하며, 거칠수록 더 끌린다. 학계에서는 어떤 교수가 진지한 음악이나 미술 작품을 내놓으면 그 난해함이 되레 축하를 받기도 한다. 조화는 따분하다.

그러나 바이오로고스에 대한 반발 가운데 심각한 경우는 이 견해가 과학이나 종교 또는 두 가지 모두를 거역한다는 생각에서 나오는 반발이다. 무신론을 견지하는 과학자들에게는 바이오로고스가 '빈틈을 메우는 신', 즉 전혀 필요치 않은 자리에 신의 존재를 밀어 넣는 이론의 다른 형태로 보인다. 그러나 이 주장은 적절치 않다. 바이오로고스는 우리가 자연계를 이해하면서 생기는 틈에 신을 밀어 넣지 않는다. 다만 "우주가 어떻게 여기에 생기게 되었을까?" 또는 "삶의 의미는 무엇인가?" 또는 "사후에는 어떤 일이 벌어질까?"처럼 과학이 대답하지 않는 문제에 대답할 때 신을 끌어들일 뿐이다. 지적설계와 달리 바이오로고스는 스스로를 과학적 이론이라고 주장하지 않는다. 그 진실은 단지 마음과 정신과 영혼의 영적인 논리로만 증명될 뿐이다.

그러나 오늘날 바이오로고스에 가장 크게 반발하는 사람은 신을 믿되, 신이 다윈의 진화와 같은 마구잡이식의 무정하고 비능률적인 방법으로 만물을 창조했다는 점을 도저히 받아들일 수 없는 사람들이다. 이들은 진화론자들이 창조를 우연과 무작위적 결과로 가득한 과정으로 본다고 주장한다. 그러니까 이들이 생각하는 진화론에 따르면, 시계를 수억 년 뒤로 돌려 진화가 다시 일어나게 만든다면,

지금과는 사뭇 다른 결과가 나타날 수 있다는 이야기다. 이를테면 지금은 증거 자료가 충분한, 6,500만 년 전에 일어난 대규모 소행성과 지구와의 충돌이 없었다면, 고도의 지능이 육식 포유동물(호모사피엔스)에게 나타나지 않고 파충류에게 나타났을 수도 있을 것이다.

그렇다면 인간은 "하나님의 모습대로"(창세기 1:27) 창조되었다는 신학적 개념과는 어긋나지 않는가? 우리는 이 부분에서 지나치게 물리적인 의미에 집착해 성경을 해석해서는 안 될 것이다. 하나님의 모습이란 육체보다는 마음의 모습을 뜻하지 않을까? 하나님에게도 발톱이 있을까? 배꼽이 있을까?

하지만 신이 어떻게 우연에 기댈 수 있는가? 진화가 임의로 일어나는 것이라면 신이 어떻게 그것을 총괄할 수 있으며, 지적인 존재를 비롯한 그 결과를 신이 대체 어떻게 확신할 수 있겠는가?

인간의 한계를 신에도 적용하지만 않는다면, 그 해답은 이미 나와 있다. 신이 자연의 바깥에 있다면, 신은 공간과 시간의 바깥에 존재한다. 그렇다면 신은 우주를 창조하는 순간에 미래에 일어날 일을 세세한 부분까지 모두 알 수 있다. 별과 행성과 은하의 생성, 그리고 지구상에 생명을 탄생시킬 화학과 물리와 지질과 생물에 관한 모든 것들과 여러분이 이 책을 읽는 순간과 그 이후의 인간의 진화 등을 전부 알 수 있다. 우리가 보기에 진화는 우연에 지배되는 듯하지만, 신의 관점으로 보면 그 결과는 하나하나가 전적으로 미리 정해진 것이다. 이처럼 신은 각각의 종이 창조되는 순간에 일일이 완벽하게 개입할 수 있지만, 시간 개념이 일차원적 수준에 머무르는 우리가 보기에는 이 과정이 방향성도 없는 무차별적 과정으로 보이기 쉽다.

그렇게 생각한다면, 지구상에서 인간이 탄생할 때 우연이 개입된다 해도 그다지 반발심이 생기지 않을 수 있다. 그러나 적어도 모든 종교인이 바이오로고스 입장을 이해할 때 부딪히는 장애물은 진화의 전제들이 성경과 상충되어 보인다는 점이다. 우리는 앞서 창세기 1장과 2장을 자세히 살펴보면서, 독실한 신자들이 훌륭한 해석을 많이 남겼으며, 이 성스러운 자료를 문자에 얽매인 과학적 설명으로 이해하기보다는 시적, 비유적 해석으로 이해하는 게 좋다고 결론 내렸었다.

이 점을 새삼 다시 반복하기보다는 러시아정교회의 믿음과 유신론적 진화에 모두 충실했던 저명한 과학자 테오도시우스 도브잔스키가 남긴 말을 되새겨보는 게 좋겠다. "창조는 기원전 4004년에 일어난 일이 아니다. 100억 년 전에 시작되어 지금도 여전히 진행 중인 하나의 과정이다. (…) 진화론의 논리가 종교적 신념과 충돌할까? 그렇지 않다. 성경을 천문학, 지질학, 생물학, 인류학을 다룬 초등학교 교과서로 오해하는 것은 큰 실수다. 그곳에 나오는 상징을 애초의 의도와는 거리가 먼 뜻으로 해석할 때만이 해결할 수 없는 허상의 충돌이 일어날 뿐이다."**4**

**그렇다면
아담과 이브의
존재는 사실인가**

6일간의 창조는 과학이 자연계에 관해 설명하는 내용과 완벽하게 조화를 이룬다. 그렇다면 에덴동산은 어떤가? 흙으로 아담을 빚고 뒤이어 아담의 갈비뼈로 이브를 만들었다는 창세기 2장의 설명은 영혼

이 없는 동물의 왕국에 인간의 영혼이 들어갔다는 비유적 묘사일까, 아니면 문자 그대로의 역사일까?

앞서 언급했듯이, 화석 기록과 더불어 인간의 변이에 대한 연구는 한결같이 오늘날 인간의 기원을 약 10만 년 전 동아프리카로 지목한다. 유전자 분석 결과, 약 1만 명의 조상에서 오늘날의 60억 인구가 탄생했으리라고 추정된다. 그렇다면 아담과 이브 이야기를 이같은 과학적 사실과 어떻게 연관 지어야 할까?

우선 성경 자체도 아담과 이브가 에덴동산에서 쫓겨나던 바로 그때 다른 인간이 나타났다는 사실을 암시한다. 그렇지 않다면, 카인이 에덴을 떠나 놋이라는 땅에 살게 되었다는 이야기(창세기 4장 16~17절) 직후에 어떻게 카인의 아내가 나타날 수 있겠는가? 성경을 문자 그대로 해석하는 사람 중에는 카인과 셋의 아내가 실은 그들의 누이였다고 주장하는 사람도 더러 있지만, 이는 뒤이어 나오는 근친상간을 금한다는 내용과 명백히 대치되고, 성경을 있는 그대로 읽는다 해도 맞지 않는 주장이다.

신앙인들이 마주치는 진짜 난감한 문제는 창세기 2장에서 언급한 내용이 지구 위를 걸어 다니는 다른 모든 생물과 생물학적으로 구별되는 역사적인 한 쌍의 남녀를 창조하기까지의 기적 같은 특별한 행위를 기록한 것인지, 아니면 인류에게 영적인 본성(영혼)과 도덕법을 주입하려는 신의 계획을 시적이고 비유적으로 묘사한 것인지를 판단해야 하는 문제다.

초자연적 존재인 신은 초자연적 행위를 할 수 있기에 둘 다 이성적으로도 그럴 듯한 해석이다. 그러나 지난 3,000년 동안 나보다 훌륭한 사람들도 이 이야기를 정확히 이해하지 못했으니, 우리는 이 문제에 대해 지나치게 목소리를 높이지 않는 게 좋겠다. 많은 신앙인이 아담과 이브의 이야기를 설득력 있는 문자 그대로의 역사로 받아들이지만, 신화와 역사 분야의 저명한 학자인 루이스 같은 지식인은 아담과 이브 이야기를 과학 교과서나 전기에 나오는 이야기라기보다는 도덕적 교훈으로 이해한다. 문제의 사건을 바라보는 루이스의 해석은 이렇다.

　　수세기에 걸쳐 신은 동물의 형상을 완성했고, 그것은 장차 인간의 매개체가 되고 신의 형상이 될 것이었다. 신은 동물에게 손을 만들어주었고, 그중 엄지는 다른 손가락들과 맞닿을 수 있게 했으며, 또 턱과 이빨과 목구멍을 만들어주어 분명한 발음을 가능케 했고, 뇌를 만들어 각 부분의 움직임을 효과적으로 지휘함으로써 이성적 사고가 구현되도록 했다. 이 창조물은 이 상태로 오랜 세월을 보낸 뒤에 인간이 되었다. 그것은 오늘날의 고고학자들이 인류의 증거물로 여기는 것들을 만들어낼 정도로 똑똑했을 것이다.
　　그러나 그것은 동물일 뿐이었다. 모든 물리적, 정신적 과정이 물질적이고 자연적인 것들만을 목표로 삼았기 때문이다. 그리고 한참 시간이 흐른 뒤에 신은 이 유기체의 심리와 생리에 '나'라고 하는 새로운 의식을 심어주었는데, 그 의식은 스스로를 객관적으로 볼 수 있으며, 신을 알고, 진실과 아름다움과 선을 판단할 수 있으며, 시간 너머에 존재하면서 흘러가는 시간을 감지할 수 있는 인식이었다.
　　(…)우리는 신이 이런 창조물을 얼마나 많이 만들었는지, 이들이 얼마나 오랫동안 천국 같은 상태를 지속했는지 알 수 없다. 그러나 이들은 머잖아 끝이 났다. 누군가는 또는 무언가는 자기들이 신이 될 수 있

다고 속삭이기도 했다. (…)이들은 신을 향해 "이건 우리 일이지 당신 일이 아니오"라고 말할 우주 어딘가의 후미진 곳을 원했다. 그러나 그런 후미진 곳은 없다. 이들은 명사가 되고 싶었지만 단지 형용사에 머물렀고 앞으로도 영원히 그러할 것이다. 우리는 그 자기모순의 불가능한 소망이 어떤 행위에서 또는 일련의 행위들에서 표출되었는지 알 길이 없다. 내가 알 수 있는 것이라고는, 그 소망은 아마도 열매를 말 그대로 먹는 행위와 관련이 있었는지 모르지만, 그 문제는 전혀 중요하지 않다.[5]

잘하면 루이스의 열렬한 숭배자가 되었을 보수적인 그리스도인들은 이 글을 읽고 심기가 불편했을 것이다. 창세기 1, 2장에서의 타협으로 종교인들은 비탈길을 미끄러져 내려가기 시작해 결국에는 신의 근본적 진실과 신의 기적 같은 행위를 부정하기에 이르지 않았는가? 신앙의 참된 진실을 갉아먹는 '자유' 신학의 자유분방함은 분명 위험하지만, 성숙한 관찰자들은 비탈길에 살면서 어디에서 멈춰야 현명한지를 결정하는 일에 익숙해졌다. 성경에는 직접 목격한 역사적 사실임을 분명하게 표시하는 곳이 많고, 종교인들은 이런 진실에 충실해야 한다. 그러나 욥기나 요나에 나오는 이야기나 아담과 이브의 이야기는 솔직히 역사적 사실이라고 받아들이기에는 찜찜한 구석이 많다.

성경에 나오는 이런 부분을 해석할 때의 불확실성을 고려할 때, 참된 신앙인이라면 진화론에 관한 논의에 기대 자신의 입장 전체를 다듬고, 과학의 신뢰성에 기대 견해를 정리하고, 문자에 충실한 해석에 기대 종교적 기반을 다지는 것이 현명하지 않을까? 다른 참된 신앙인이 다윈과 《종의 기원》이 나오기 훨씬 전부터, 그리고 지금까지 이런 태도를 거부하더라도 말이다. 나는 신을 향한 우리 사랑을 증명하려는 목적으로 과학이 우리 앞에 밝힌 자연계의 명백한 진실을 우리 스스로 거부하는 행위는 이 모든 우주를 창조한 신이, 기도와 영적 혜안으로 백성들과 소통하는 신이 바라는 바가 아니라고 생각한다.

그런 맥락으로 볼 때, 유신론적 진화론, 즉 바이오로고스는 이제까지 나온 여러 견해 가운데 과학적으로 가장 일관되고 영적으로 가장 만족스러운 견해라고 볼 수 있다. 나중에 한물갔다는 이유로, 과학에서 새로운 사실이 발견되었다는 이유로 틀렸다고 증명되는 일은 없을 것이다. 그것은 지적으로 엄정하고, 당혹스러운 여러 질문에 답을 제공하며, 과학과 신앙이 두 개의 흔들리지 않는 기둥처럼 서로를 지탱하면서 '진실'을 쌓게 만든다.

첨단과학이 점점 발전해 가는 21세기 사회에서 인류의 마음과 정신을 놓고 치열한 공방이 계속되고 있다. 많은 유물론자들은 자연에 관한 우리 지식의 빈틈을 메워주는 과학 발전에 고무되어, 신을 향한 믿음은 낡은 미신이며 우리는 그 사실을 인정하고 앞으로 나아가야 한다고 단언한다. 신을 믿는 많은 사람들은 영적인 자기 성찰에서 나오는 진실은 다른 진실보다 더 지속적인 가치를 지닌다는 확신에 따라 과학과 기술의 발전을 위험하고 신뢰할 수 없는 것으로 여긴다. 양쪽의 입장은 갈수록 굳건해진다. 양쪽의 목소리는 갈수록 날카로워진다.

우리는 앞으로 과학이 신을 위협한다는 판단에 따라 과학에 등을 돌린 채, 자연에 관해 더 많은 정보를 얻을 가능성과 과학이 인류의 고통 완화와 행복 증진에 기여할 가능성을 포기하게 될까? 아니면 과학으로 영적인 삶은 더 이상 필요 없어졌으며, 우리 제단에 놓인 전통적인 종교적 상징은 이제 이중나선 구조 조각으로 대체될 수 있다는 결론을 내린 채 신앙에 등을 돌리게 될까?

둘 다 대단히 위험한 선택이다. 둘 다 진실을 거부한다. 둘 다 인류의 고귀함을 깎아내릴 것이다. 둘 다 우리 미래를 파괴할 것이다. 둘 다 무익하다. 성경의 신은 동시에 게놈의 신이다. 그 신은 예배당에서도, 실험실에서도 숭배될 수 있다. 신의 창조는 웅장하고 경이로우며 섬세하고 아름답다. 그것은 싸움의 대상이 될 수 없다. 오직 불완전한 우리 인간만이 그러한 싸움을 시작한다. 그리고 오직 우리만이 그 싸움을 끝낼 수 있다.

진리를 찾는 사람들

아프리카 서쪽 해안에서 기역자로 꺾어지는 부분에 나이저강 삼각주가 있는데, 그곳에 가난한 마을 에쿠가 있다. 내가 생각지 못한 큰 교훈을 얻은 곳이 바로 그곳이다.

1989년 여름, 작은 선교병원에서 자원 활동을 하러 나이지리아에 갔었다. 선교 활동을 하는 의사들에게 연차회의에 참석할 기회를 주고 영혼과 육체를 재충전하게 할 목적의 활동이었다. 나와 당시 대학생이던 딸아이는 아프리카의 삶에 오래 전부터 호기심을 갖고 있었고, 또 개발도상국가에 뭔가 기여하고픈 숨은 욕구도 있던 차에 이 모험에 함께 참가하기로 했다. 고도로 발달한 미국 의학계에서 습득한 내 의학 기술이 그곳의 생소한 열대 질병이나 열악한 기술과는 잘 맞지 않을 수도 있다는 건 짐작하고 있었다. 하지만 내 존재만으로도 그곳에서 내가 돌봐줄 많은 사람의 삶에 큰 도움을 줄 수 있으리라 기대했다.

에쿠에 있는 병원은 내 예상과는 한참 달랐다. 침대도 늘 부족해서 환자들이 바닥에서 잠을 자는 일이 허다했다. 병원에서 적절한 영양을 공급해주지 못하다보니 환자 가족들은 환자를 데리고 이곳저곳을 돌아다니며 환자를 먹여 살려야 했다. 심각한 병도 그 형태가 참으로 다양했다. 병이 이미 여러 날 진행된 뒤에 병원에 찾아오는 환자도 많았다. 더 심각한 경우는 주술사의 엉터리 처방으로 병을 키워오는 경우였는데, 나이지리아에서는 병이 생기면 주술사부터 찾아갔다가 이런저런 처방이 다 먹히지 않을 때라야 비로소 병원을 찾는 사람들이 많았다.

무엇보다도 가장 받아들이기 힘들었던 점은 내가 치료해야 했던 질병 대부분이 공중보건체계의 심각한 결함에서 발생한다는 분명한 사실이었다. 결핵, 말라리아, 파상풍, 다양한 종류의 기생충 질환 등은 주변 환경이 전혀 관리되지 않고 있으며 공중보건체계가 엉망이라는 사실을 단적으로 보여주었다.

나는 이런 총체적 문제에 질리고 끊임없이 몰려드는 환자에 지쳐갔다. 진찰 기구도 갖춰지지 않고 치료 장비나 엑스레이도 턱없이 부족해 절망스러웠다. 나는 갈수록 의욕을 잃었고, 대체 무슨 근거로 이번 여행에 희망을 걸었었는지 한심하기만 했다.

그러던 어느 날 오후, 체력이 점점 쇠약해가고 다리가 심하게 부풀어 오른 한 젊은 농부가 가족의 부축을 받아 병원에 찾아왔다. 맥박을 살피던 나는 환자가 숨을 들이쉴 때면 맥박이 거의 사라지는 걸 발견하고는 깜짝 놀랐다. '기맥'이라 부르는 이 고전적 증세가 이토록 극적으로 나타나는 경우를 한 번도 본 적이 없었지만, 이 젊은 농부의 심장 주변 심낭에 엄청난 양의 물이 찼다는 사실만은 분명했다. 이 물이 혈액순환을 방해해 생명을 위협하는 상황이었다.

이 상태라면 질병의 원인은 결핵일 확률이 높았다. 에쿠에도 결핵약이 있었지만, 이 젊은이의 생명을 구할 정도로 약효가 빠르지 않았다. 뭔가 극적인 처방이 없이는 기껏해야 며칠밖에 살지 못할 상황이었다. 생명을 구하기 위해 써볼 수 있는 유일한 방법이라면 구멍이 큰 바늘을 가슴에 꽂아 심낭에 고인 물을 빼내는 지극히 위험한 방법뿐이었다. 이런 개발도상국가에서는 오직 수준 높은 심장 전문의만이 초음파 기구를 이용해 심장 손상과 급사를 막아가며 그런 수술을 집도할 수 있을 것이다.

하지만 초음파 기구는 없었다. 나이지리아의 작은 병원에 그런 수술을 해본 의사도 전혀 없었다. 결국 내가 위험이 매우 높은 그 바늘 삽입수술을 하든지, 아니면 농부가 죽는 걸 지켜보든지 둘 중 하나였다. 나는 자신의 불확실한 운명을 제대로 파악하지 못한 이 젊은이에게 상황을 설명했다. 그는 내게 수술을 해달라고 침착하게 부탁했다.

나는 몹시 떨리는 마음으로 중얼거리며 기도했다. 그리곤 그의 왼쪽 어깨를 겨냥해 흉골 바로 밑에 커다란 바늘을 찔러 넣었고, 그러는 사이 행여 내가 진단을 잘못 내리지는 않았을까, 그래서 내가 이 남자의 목숨을 앗아가는 건 아닐까 몹시 두려웠다.

오래 기다릴 것도 없었다. 주사기 안으로 검붉은 물이 쏟아져 나오자 처음에는 심장을 건드렸다는 생각에 공포감이 몰려왔지만, 그것은 정상적인 심장 내 혈액이 아니라는 걸 금방 알 수 있었다. 그것은 심장 근처 심낭에서 나오는, 혈액이 섞인 엄청난 양의 결핵성 삼출액이었다.

심낭에 고인 물의 4분의 1을 빼냈다. 젊은이의 반응은 놀라웠다.

기맥은 곧바로 사라졌고, 부풀어 오른 다리도 24시간 안에 빠르게 호전되었다.

이 과정이 끝나고 두어 시간 동안 나는 이제 막 일어났던 일에 가슴을 쓸어내렸고 희열마저 느꼈다. 그러나 다음날 아침이 되자 내게 익히 익숙한 우울함이 다시 엄습해왔다. 결국 이 젊은이를 결핵으로 몰아간 환경은 변하지 않을 것이다. 그는 병원에서 결핵약을 복용하기 시작하겠지만, 그리고 앞으로 2년간 계속 치료를 받아야 하지만, 그 치료비를 감당할 능력이 없을 게 뻔했고, 결국에는 결핵이 재발해 이번 수고가 무색하게 결국 죽고 말 것이다. 설령 결핵을 이겨낸다 해도, 더러운 물이나 영양 결핍으로 인해 조만간 다른 질병에 걸릴 확률이 높았다. 나이지리아에서 농부가 오래 살 확률은 지극히 낮았다.

그런 착잡한 생각을 하며 그가 누워 있는 침대를 찾아갔는데, 그는 성경을 읽고 있었다. 그는 장난기 어린 눈빛으로 나를 쳐다보더니, 이 병원에서 일한 지가 오래됐느냐고 물었다. 내가 여기 온 지 얼마 되지 않았다는 걸 그가 쉽게 눈치 챈 것 같아 약간의 짜증과 당혹스러움을 느끼며 오래되지 않았다고 솔직히 말했다. 그러자 나와 문화, 경험, 조상이 다른 많은 사람들 중 한 사람일 뿐인 그가 내 마음에 영원히 새겨질 말을 건넸다. "제가 보니까 선생님은 지금 내가 대체 여기를 왜 왔을까, 그런 생각을 하고 계신 것 같은데요. 제가 알려드릴게요. 선생님이 여기 오신 이유는 딱 하나예요. 저를 위해 오신 거예요."

나는 깜짝 놀랐다. 내 마음을 꿰뚫어 보는 것에 놀랐고, 그가 하는 말에 더욱 놀랐다. 나는 그의 심장 가까이에 바늘을 찔러 넣었고, 그는 나의 정곡을 찔렀다. 그는 단순한 몇 마디로, 아프리카 사람 수백만 명을 치유하겠다는 잘난 백인 의사의 원대한 꿈을 수치스럽게 만들었다. 그가 옳았다. 우리는 서로 상대방에게 다가가라는 부름을 받는다. 드물게는 그런 부름이 대규모로 행해지기도 한다. 그러나 대개는 한 사람이 다른 한 사람에게 베푸는 작은 친절함으로 나타난다. 정말 중요한 것은 그런 작은 행동이다. 그의 말을 곱씹던 나는 안도의 눈물로 눈앞이 흐려졌다. 형언할 수 없는 확신에서 나오는 눈물이었고, 그것은 그 낯선 장소에서 바로 그 순간에 내가 하나님의 의지와 조화를 이루면서 대단히 예외적인 그러나 기적 같은 방법으로 이 청년과 인연을 맺었다는 확신이었다.

과학에서 배운 그 어느 것도 이 경험을 설명하지 못했다. 인간의 행동에 관한 그 어떤 진화론적 설명도 이 특혜 받은 백인이 젊은 아프리카 농부 곁에 서 있는 상황을, 그러면서 두 사람이 뭔가 대단히 특별한 것을 주고받은 상황을 해석하지 못했다. 이것은 바로 루이스가 아가페라 부른 것이었다. 어떤 보상도 바라지 않는 사랑이다. 그것은 유물론과 자연주의에 대한 모욕이다. 그리고 그것은 인간이 체험할 수 있는 가장 감미로운 기쁨이다.

아프리카를 간다는 꿈에 부풀었던 여러 해 동안 나는 남을 위해 진정으로 이타적인 그 무언가를 하고픈 마음에 잔잔한 설렘을 느꼈었다. 어느 사회나 존재하게 마련인 개인적 이익을 바라지 말고 봉사하라는 부름이었다. 그러나 그다지 고상하지 않은 다른 꿈이 끼어들었다. 에쿠 마을 사람들에게서 존경을 받고, 고국에 있는 의료계 동료들에게서 박수를 받으리라는 기대였다. 이 원대한 계획은 가난한 에쿠 마을의 참담한 현실에서는 이루어질 수 없는 게 분명했다. 그러나 내 기술로는 감당하기 힘든 절망적 상황에 빠진 오직 한 사람을 도우려 했던 단순한 행동이야말로 인간의 모든 경험 가운데 가장 의미 있는 경험이었다.

짐이 덜어졌다. 우리는 한 방향을 향했다. 나침반이 가리키는 곳은 자기 찬미도, 유물론도, 심지어는 의학도 아니었다. 나침반은 우리 모두가 우리 안에서 그리고 다른 사람 안에서 그토록 찾고자 소망하는 선을 가리켰다. 나는 그 어느 때보다 분명히 보았다. 그 선과 진실을 만든 존재가, 우리가 진정으로 가리키는 방향인 하나님이, 신성한 본질을 드러내는 것을. 그리하여 우리가 마음 안에 품고 있는 선을 추구하도록 만드는 것을.

신의 존재에 대한 개인적 심증

이제 이 책의 마지막 장에 이른 지금, 우리는 한 바퀴를 빙 돌아 이야기의 출발점이었던 도덕법의 존재 문제로 돌아왔다. 우리는 화학, 물리학, 우주학, 지질학, 고생물학, 생물학을 두루 여행했지만 인간만의 특징인 이 도덕법에는 여전히 의문이 남는다. 신앙을 가진 지 28년이 흘렀지만 도덕법은 내게 하나님을 암시하는 가장 확실한 팻말로 여전히 굳건히 서 있다. 나아가 그것은 인간에 관심을 갖는 하나님, 그리고 무한히 선하고 신성한 하나님을 가리킨다.

앞서 언급했듯이, 창조자를 암시하는 다른 사실들도 많이 관찰되었다. 우주에 시작이 있었다거나, 우주는 수학으로 정확히 표현될 수 있는 질서정연한 법칙을 따른다거나, 놀랍고 연속적인 '우연'이 존재해서 자연법칙이 생명을 지탱할 수 있다거나 하는 것들이다. 이런 사실들은 그 뒤에 어떤 종류의 신이 존재하는가에 대해서는 암시하는 바가 거의 없지만, 그처럼 정확하고 명쾌한 원칙 뒤에는 지적 존재가 있을 수도 있다는 점을 암시한다. 그렇다면 어떤 지적 존재일까? 우리는 딱 꼬집어 어떤 존재를 믿어야 하는가?

이 책을 시작하면서, 무신론에서 믿음을 갖기까지 내 개인적 과정을 적었다. 이제 그 이후로 내가 어떤 길을 걸었는지 더 자세히 설명해야 할 것 같다. 나는 다소 떨리는 심정으로 이야기한다. 신의 존재를 막연히 인식하는 것과 구체적인 일련의 믿음과의 차이를 드러낼라치면 누구든 이내 강렬한 감정에 휩싸이게 마련이니까.

이 세상에 존재하는 훌륭한 여러 종교는 대개 많은 진실을 공유하는데, 그렇지 않았다면 아마 지금까지 살아남지 못했을 것이다. 그러나 흥미롭고 중요한 차이 또한 존재해서, 사람들은 저마다 진실에 이르는 자기만의 길을 찾을 필요가 있다.

신을 믿기 시작한 뒤로 나는 신의 특성을 찾아내는 데 많은 시간을 보냈다. 그 결과 신은 사람들에게 관심을 갖는 신이 분명하고, 도덕법을 두고 이러쿵저러쿵 논란을 일으키는 것은 말이 안 된다는 결론에 이르렀다. 따라서 이신론은 나에게 맞지 않았다. 나는 또한 신이 신성하고 올바른 존재가 분명하다고 결론 내렸다. 도덕법이 나를 그 방향으로 인도한 까닭이다.

하지만 여전히 너무 추상적이었다. 신은 선하고 피조물을 사랑한다는 이유만으로, 이를테면 우리가 신과 소통할 수 있다든가 신과 어떤 관계를 맺을 수 있다고 보기는 어려웠다. 나는 갈수록 그 소통과 관계에 목말랐고, 그러던 중에 기도의 존재 이유가 바로 그것이라고 깨닫기 시작했다. 기도는 누군가의 말처럼 내 소원을 들어달라고 신을 조종하는 행위가 아니다. 기도는 신과 함께 하고, 신을 배우고, 우리를 당혹케 하고 의아하게 하고 괴롭히는 여러 문제를 신은 어떤 관점으로 보았는지 파악하고자 노력하는 일이다.

그러나 신에게 건너가는 다리를 세우는 일은 여전히 어려웠다. 신을 알면 알수록 그 순수성과 신성성은 더욱 다가가기 힘들어 보였고, 그 밝은 빛에 비춰본 내 사고와 행동은 어둡기만 했다.

나는 단 하루도 올바른 것을 실행할 능력이 없음을 갈수록 뼈저리게 느끼기 시작했다. 여러 가지 변명거리를 만들 수 있었지만, 나에게 솔직해지려고 하면 자만, 냉담, 분노가 내면의 싸움에서 승리자가 되곤 했다. 그 전까지는 '죄인'이라는 말을 나에게 적용한다는 생각을 한 번도 해본 적이 없었지만, 과거에는 거칠고 심판하는 느낌이 든다는 이유로 회피했던 그 단어가 이제는 나에게 딱 들어맞는다는 사실을 괴롭지만 인정해야 했다.

나는 자아성찰과 기도에 더 많은 시간을 보내면서 나를 치유하고자 했다. 하지만 그런 노력은 대개 무미건조하고 보상도 없을 뿐 아니라, 내 스스로 인식한 불완전한 내 본성과 신의 완전함 사이에 놓인 그 넓은 간격을 메울 수도 없다는 사실이 분명해졌다.

이 깊은 우울함 속으로 인간 예수 그리스도가 다가왔다. 교회 성가대에 앉아 있던 어린 시절에는 그리스도가 누구인지 전혀 알지 못했다. 그분은 단지 신화이고 동화이며 잠잘 때 듣는 "그랬더란다" 식의 이야기에 나오는 영웅이려니 생각했다. 그러나 네 가지 복음서에서 하나님의 생애를 처음 읽는 동안, 목격자들이 전하는 이야기와 그리스도의 엄청난 주장, 그리고 그것의 결과가 서서히 내 안에 자리 잡기 시작했다. 여기, 하나님을 안다고 주장할 뿐 아니라 내가 바로 하나님이라고 주장하는 사람이 있다. 다른 어떤 종교에서도 그런 터무니없는 주장을 하는 사람을 보지 못했다. 그는 죄를 용서할 수 있다고도 했는데, 통쾌하면서도 대단히 충격적인 주장이었다. 그는 겸손하고 정다웠으며, 놀랍도록 지혜로운 말을 했다. 그러나 그를 두려워한 사람들 손에 십자가에서 죽어갔다. 그는 인간이었고, 그래서 내가 그토록 힘겨워하던 인간의 조건을 알고 있었으며, 그 짐을 덜어주겠노라고 약속했다. "고생하며 무거운 짐을 지고 허덕이는 사람은 다 나에게로 오너라. 내가 편히 쉬게 하리라."(마태오복음 11장 28절)

신약성서에서 목격자들이 전하는 그리스도에 관한 이야기이자 그리스도교를 믿는 사람들이 핵심 교의로 여기는 또 한 가지 떠들썩한 이야기는 이 선한 분이 죽은 자들 가운데 일어났다는 것이다. 과학적 사고로는 참으로 이해하기 힘든 일이다. 그러나 다른 한편으로는 그리스도가 그분의 공언대로 진짜 하나님의 아들이라면, 그리고 지구를 거쳐 간 모든 이들의 아들이라면, 중요한 목적 수행을 위해 필요할 경우 자연의 법칙을 일시적으로 거스를 수도 있으리라.

그러나 그리스도의 부활은 마술적 힘을 증명하는 것 이상의 의미를 가져야 했다. 그렇다면 부활의 진정한 의미는 무엇이었을까? 그리스도인들은 2,000년이 넘도록 이 문제를 고민했다. 나도 그 답을 찾으려 무척 노력했지만 허사였다. 하지만 몇 가지 연관성 있는 답을 찾을 수 있었고, 그것은 하나같이 죄 많은 우리 자아와 신성한 하나님 사이를 연결하는 다리와 관련이 있었다. 어떤 사람은 대리 개념에 초점을 맞춘다. 즉, 우리는 모두 죄를 저질렀고 따라서 하나님의 심판을 받아야 마땅한데 그런 우리를 대신해 그리스도가 죽음을 맞이했다는 설명이다. 어떤 사람은 이를 속죄라고 부른다. 그리스도가 죄 값을 치르고 우리를 죄의 굴레에서 벗어나게 해주어, 결국 하나님이 더 이상 우리 죄를 물어 심판하지 않고 우리를 깨끗한 인간으로 받아주리라는 확신을 가지고 우리가 하나님 품에서 안식을 찾게 했다는 이야기다. 그리스도인들은 이 구원을 은총이라 부른다.

그러나 나에게는 십자가형이나 부활이 의미하는 바가 더 있었다. 나는 하나님에게 가까이 다가가고 싶었지만 내 자만과 죄악 때문에 다가가지 못했다. 그것은 내 힘으로 나를 통제하고픈 욕구에서 나오는 필연적인 결과였다. 하나님에 충실하기 위해서는 가령 아집을 죽여 새로운 피조물로 다시 태어나야 했다.

내가 어찌 그런 일을 할 수 있을까? 앞서 궁지에 몰릴 때마다 그랬듯이 이번에도 루이스가 그 답을 명쾌하게 제시한다.

> 그러나 신이 인간이 됐다고 가정하면(고통 받고 죽음에 이르는 우리 인간의 본성이 한 개인 안에서 하나님의 본성과 섞였다고 가정해보라) 그 사람은 우리를 도울 수 있다. 그는 인간이기에 자기 의지를 포기할 수 있고 고통 받거나 죽을 수도 있다. 그리고 그는 신이기에 그것을 완벽하게 해낼 수 있다. 여러분과 내가 그 과정을 경험하려면 신이 우리 안에서 그것을 실현해야만 가능하다. 그러나 그것을 실현할 수 있으려면 신은 인간이 되어야만 한다. 우리가 이런 식으로 죽을 수 있으려면 우리 인간이 신의 죽음을 공유해야 한다. 우리가 생각할 수 있으려면 우리 사고가 신의 지적 대양에서 나온 한 방울의 물이어야 하듯이. 그러나

신이 죽지 않고서는 우리가 신의 죽음을 공유할 수 없고, 신은 인간이 아니고서는 죽을 수 없다. 신이 우리 빚을 대신 갚고, 고통 받을 이유가 전혀 없었는데도 우리를 위해 고통을 받은 것은 바로 이런 의미다.[1]

내가 신을 믿기 전까지 이런 식의 논리는 정말이지 말도 안 되는 소리였다. 이제 십자가형과 부활은 하나님과 나 사이에 크게 벌어진 틈을 설명하는 설득력 있는 답변으로 다가왔고, 예수 그리스도라는 한 인간이 그 틈을 이어주는 다리가 되었다.

이제 나는 하나님이 예수 그리스도라는 인간의 모습으로 지상에 나타난 것은 신성한 목적을 이루기 위해서라고 확신하게 되었다. 그런데 이 이야기를 실제 역사로 볼 수 있을까? 내 안에 존재하는 과학자는 그리스도에 대한 성경의 기록이 신화로, 오류로, 속임수로 밝혀진다면, 아무리 매력적인 길이라도 더 이상 그 길을 따라 그리스도교라는 믿음으로 향하려 하지 않았다. 그러나 성경에서든 성경이 아닌 글에서든 1세기 팔레스타인에서 일어난 일들을 적은 글을 읽으면 읽을수록, 예수 그리스도의 존재가 역사적으로 증명된다는 사실에 더욱 놀랐다.

우선 마태오복음, 마르코복음, 루가복음, 요한복음은 모두 그리스도가 죽고 불과 수십 년 뒤에 쓰인 복음서다. 복음서의 문체와 내용은 그것이 목격자의 기록임을 강하게 암시한다(마태오와 요한은 그리스도의 열두 사도 가운데 두 사람이다). 여러 차례의 필사나 안 좋은 번역으로 알게 모르게 오류가 있으리라는 우려도 있었지만, 초기 판본이 발견되면서 이런 우려가 거의 다 사라졌다. 이로써 네 복음서가 진짜라는 증거가 더욱 분명해졌다. 게다가 요세푸스

(Josephus) 같은 1세기의 비그리스도인 역사가들은 서기 33년에 빌라도가 십자가형에 처했던 유대인 예언자를 증언한다. 그리스도가 실존했던 역사적 인물이라는 증거는 다른 훌륭한 책에서도 많이 발견된다. 관심 있는 독자들은 참고하기 바란다.[2] "편견 없는 역사가에게는 그리스도의 역사적 사실성이 율리우스 카이사르의 역사적 사실성만큼이나 자명하다"[3]고 말한 학자도 있다.

자연 앞에, 그리고 신 앞에 무릎 꿇다

이로써 하나님을 대리하면서 동시에 인간을 추구하는 이 특별한 개인이 존재했었다는 증거는 점점 확실해져 갔다. 그러나 그 결과가 두려워 머뭇거려지고 의심이 생겨 괴롭다. 그리스도가 단지 훌륭한 영적 스승은 아니었을까? 이번에도 루이스는 오직 나를 위해 특별한 단락을 쓴 것 같다.

나는 여기서 사람들이 신에 관해 흔히 이야기하는 어리석기 짝이 없는 말, 그러니까 "나는 예수를 훌륭한 도덕 선생으로는 얼마든지 받아들이겠지만, 자기가 하나님이라는 예수의 주장만큼은 받아들일 수 없다"는 말을 내뱉지 못하도록 해야겠다. 우리가 해서는 안 될 말 한 가지가 바로 그것이다. 일개 인간에 지나지 않은 사람이, 그리고 예수가 했다는 그런 말을 한 사람이 훌륭한 도덕 선생일 리 없다. 그 자는 자기가 찐 계란이라고 말하는 사람과 같은 정신 나간 작자이거나 아니면 지옥의 악마일 것이다. 선택은 여러분에게 달렸다. 이 사람이 예나 지금이나 하나님의 아들인지, 아니면 미친 사람이거나 그 이상의 어떤 사람인지. 그 자를 바보 취급하며 입 닥치라고 말할 수도 있고, 그 자에게 침을 뱉고 악마라며 그를 죽일 수도 있고, 그 자의 발 앞에 무릎을 꿇고 그를 왕으로, 신으로 부를 수도 있다. 하지만 그가 인간적인 훌륭한 선생이었다는 터무니없는 말로 선심 쓰는 척하지는 말자. 그분은 우리에게 그걸 용납하지 않았다. 그럴 마음도 없었다.⁴

루이스가 옳았다. 나는 선택을 해야 했다. 내가 신이라는 존재를 믿기로 결정한 이래로 꼬박 한 해가 흘렀고, 이제는 설명하라는 부름이 들렸다. 화창한 어느 가을날, 미시시피강 서쪽을 처음 여행하면서 캐스케이드산맥을 걸어가던 중 신의 피조물이 보여주는 장엄함과 아름다움에 나는 감히 저항하지 못했다. 산모퉁이를 돌자 높이가 수백 미터에 이르는 얼음으로 변한 아름다운 폭포가 돌연 시야에 들어왔고, 그 순간 나는 그간의 방황이 끝났음을 직감했다. 다음날 아침 해가 떠오르는 순간, 나는 이슬 맺힌 잔디에 무릎을 꿇고 예수 그리스도에 항복했다.

복음을 설교하거나 전도할 목적으로 이런 말을 하는 게 아니다. 사람들은 각자 영적 진실을 찾으려 노력해야 한다. 신이 정말 존재한다면 우리를 도울 것이다. 그리스도인들은 그동안 그들이 거주하는 배타적 모임에 대해 지나치게 많은 말을 늘어놓았다. 관용은 선이고, 편협은 악이다. 어느 한 가지 신앙을 가진 사람이 타인의 영적 경험을 무시하는 경우를 볼 때면 한숨이 절로 나온다. 안타까운 일이지만 특히 그리스도인들이 이런 성향을 보인다. 개인적으로 나는 예수 그리스도 안에 나타난 하나님의 계시가 내 믿음의 핵심일지언정, 다른 영적 전통에서도 많은 것을 배우고 그것을 존중한다.

그리스도인들은 걸핏하면 거만하고 남을 심판하려들고 독선적인 모습을 드러내지만, 그리스도는 결코 그리 한 적이 없다. 예를 들어 널리 알려진 착한 사마리아인들의 이야기를 보자. 오늘날과 달리 그리스도가 살았던 시절에는 사람들이 그 이야기를 듣는 순간 그 교훈극에 등장하는 인물들의 본성을 즉시 파악했을 것이다. 루가복음 10장 30~37절에 기록된 예수의 말을 인용해보자.

"어떤 사람이 예루살렘에서 예리고로 내려가다가 강도들을 만났다. 강도들은 그 사람이 가진 것을 모조리 빼앗고 마구 두들겨서 반쯤 죽여 놓고 갔다. 마침 한 사제가 바로 그 길로 내려가다가 그 사람을 보고는 피해서 지나가 버렸다. 또 레위 사람도 거기까지 왔다가 그 사람을 보고 피해서 지나가 버렸다. 그런데 길을 가던 어떤 사마리아 사람은 그의 옆을 지나다가 그를 보고는 가엾은 마음이 들어 가까이 가서 상처에 기름과 포도주를 붓고 싸매어 주고는 자기 나귀에 태워 여관으로 데려가서 간호해 주었다. 다음날 자기 주머니에서 돈 두 데나리온을 꺼내어 여관 주인에게 주면서 '저 사람을 잘 돌보아 주시오. 비용이 더 들면 돌아오는 길에 갚아드리겠소' 하며 부탁하고 떠났다. 자, 그러면 이 세 사람 중에서 강도를 만난 사람의 이웃이 되어준 사람은 누구였다고 생각하느냐?" 율법교사가 "그 사람에게 사랑을 베푼 사람입니다" 하고 대답하자 예수께서는 "너도 가서 그렇게 하여라" 하고 말씀하셨다.

사마리아인들은 유대인들에게 미움을 많이 샀다. 유대 예언자들의 가르침을 거역한 때가 많았기 때문이다. 예수 그리스도가 사마리아인의 행동을 사제나 일반 지도자(레위인)의 행동보다 더 선한 행동으로 내세운 행위는 예수의 말을 듣던 사람들에게는 괘씸한 행위였음이 분명하다. 그러나 사랑과 포용이라는 분명한 원칙은 신약성서에 나타나는 그리스도의 가르침 전반에서 분명히 드러난다. 타인을 대하는 법을 알려주는 가장 중요한 지침이다. 마태오복음 22장 36절에서 그리스도는 율법서 가운데 어느 계명이 가장 큰 계명이냐는 질문을 받는다. 그리스도는 이렇게 대답한다.

"'네 마음을 다하고 목숨을 다하고 뜻을 다하여 주님이신 너희 하나님을 사랑하여라' 이것이 가장 크고 첫째 가는 계명이고 '네 이웃을 네 몸같이 사랑하여라' 한 둘째 계명도 이에 못지않게 중요하다."

이 원칙은 이 세상의 다른 위대한 종교에서도 많이 볼 수 있다. 그러나 신앙이 단지 문화적 관습이 아니라 절대적 진실을 찾는 행위라면, 상충하는 모든 견해가 다 똑같이 진실이라는 논리적 결함을 주장하는 일이 없어야 한다. 일신교와 다신교가 동시에 옳을 수는 없다. 나 개인적으로는 진실을 찾고자 노력한 결과, 그리스도교가 내게는 영원한 진실이라는 특별한 느낌을 주었다. 그러나 여러분의 진실은 여러분 스스로 찾아야 한다.

여러분이 줄곧 나와 함께 여기까지 왔다면, 과학적 세계관과 영적 세계관 둘 다 배울 게 많다는 점에 동의하리라 기대한다. 두 세계관은 세상의 굵직한 질문에 서로 다르면서도 보완적인 답을 내놓는다. 그리고 두 세계관은 지적이고 호기심 많은 21세기 사람의 마음속에 얼마든지 유쾌하게 공존할 수 있다.

과학은 자연계를 연구하는 유일한 합리적 수단이다. 원자 구조를 탐구하든 우주의 특징을 탐구하든 인간게놈의 DNA 서열을 탐구하든 과학적 방법만이 자연현상의 진실을 추구하는 신뢰할 만한 유일한 수단이다. 실험도 여지없이 실패할 수 있고, 실험에 대한 해석에도 오류가 있을 수 있으며, 과학도 실수를 저지른다. 그러나 과학의 본질은 자기 수정이다. 지식이 점진적으로 축적되다보면 어떤 큰 오류도 오래 가지 못한다.

그러나 과학만으로는 그 무거운 질문에 빠짐없이 대답할 수 없다. 알베르트 아인슈타인도 순수한 자연주의적 세계관의 빈약함을 인정했다. 그는 조심스레 말을 골라가며 이렇게 썼다. "종교 없는 과학은 절름발이이며, 과학 없는 종교는 장님이다."[5] 인간 존재의 의미, 신의 실재, 사후세계의 존재 가능성, 그 외에 많은 영적 질문은 과학이 닿을 수 있는 테두리 밖에 존재한다. 따라서 무신론자는 그런 질문은 답이 없는 엉뚱한 질문이라고 주장할지 모르겠으나, 이는 거의 모든 사람이 겪는 개인적 경험을 반영하지 않은 주장이다. 존 폴킹혼은 음악을 비유로 이 점을 설득력 있게 설명한다.

음악의 신비를 생각해보면 객관적 설명의 빈약함이 더없이 분명해진다. 과학적 관점에서 보면 그것은 단지 고막을 두드리고 뇌의 신경 흐름을 자극하는, 대기에 퍼지는 진동일 뿐이다.

일시적 운동이 연속해 일어나는 이 진부한 현상이 우리 가슴에 영원한 아름다움을 불러일으키는 힘을 가진 이유를 대체 어떻게 설명할까? 분홍색 천 조각을 감지하는 것부터 B단조 미사 연주에 전율을 느끼는 것에 이르기까지, 그리고 말로 표현할 수 없는 신의 실체와의 신비스러운 만남에 이르기까지, 이 모든 주관적 경험은, 이 모든 진정한 인간의 경험은 우리가 현실과 만나는 그 한복판에 위치하며, 우리는 그런 경험

을 본질적으로 비인간적이며 생명이 없는 우주 표면에 뜬 부수적인 거품 정도로 간과해서는 안 된다.[6]

과학은 지식을 얻는 유일한 길이 아니다. 영적 세계관도 진실을 찾는 또 다른 길을 제시한다. 이를 부정하는 과학자가 있다면, 천문학자 아서 에딩턴(Arthur S. Eddington)이 과학이라는 도구의 한계를 비유적으로 설명한 이야기를 곰곰이 생각해보기 바란다. 에딩턴은 그물코 크기가 50밀리미터인 그물로 심해에 사는 생물을 연구하는 한 남자를 예로 들었다. 바다 깊은 곳에서 경이로운 야생 생물을 많이 잡아 올린 이 남자는, 심해에는 길이가 50밀리미터가 안 되는 작은 생물은 살지 않는다고 결론 내리는 게 아닌가! 우리가 과학이라는 그물로 특정한 종류의 진실을 건져 올리려 할 때, 영적인 증거가 잡히지 않는 것은 어쩌면 당연한 일이다.

과학적 세계관과 영적 세계관의 상호 보완성을 널리 포용하려 할 때 걸림돌이 되는 것은 무엇인가? 건조한 철학적 고찰을 위한 이론적 질문이 아니다. 우리 개개인이 대답해봄 직한 질문이다. 따라서 이 책을 마무리해야 하는 지금, 내가 다소 개인적인 내용을 언급한다 해도 독자 여러분이 너그러이 용서해주기 바란다.

종교인을 향한 간곡한 부탁

독자 여러분이 신을 믿는 종교인이고, 과학은 무신론적 세계관을 부추겨 신앙을 좀먹는다는 우려에서 애초에 이 책을 집어 들었다면, 지금은 종교와 과학도 조화를 이룰 수 있다는 확신을 가졌기를 희망

해본다. 신이 모든 우주의 창조자라면, 신이 인류를 등장시킬 특별한 계획을 갖고 있었다면, 그리고 신이 인간에게 신을 향한 표지판과 같은 도덕법을 심어놓고 그런 인간과 개인적 관계를 맺고자 했었다면, 우리처럼 하찮은 존재가 신이 만든 피조물의 장엄함을 이해하려고 안간힘을 쓴다고 해서 신이 위협을 느끼는 일은 없을 것이다.

그런 맥락에서 볼 때, 과학은 숭배의 한 형태다. 사실 종교인은 새로운 지식을 추구하는 무리의 최전선에 서야 한다. 과거에는 종교인이 과학을 이끌었던 때가 많다. 그러나 오늘날에는 과학자이면서 자신의 영적 세계관을 인정하기가 쉽지 않은 경우가 너무 많다. 설상가상으로 교회 지도자 가운데는 과학에서 새로운 사실이 발견되었을 때 여기에 보조를 맞추지 않고 새로운 사실을 제대로 이해하지도 못한 채 과학적 관점을 서슴없이 공격하는 경우도 허다하다. 그 결과 교회는 비웃음을 사고, 독실한 신자들마저 하나님 품에 안기기는커녕 하나님을 떠나게 만든다. 잠언 19장 2절은 "철없는 열성은 좋지 않다"고 말하며 이 같은 선의의, 그러나 비뚤어진 종교적 열정을 경계하라고 한다.

종교인들은 코페르니쿠스의 권고를 따를 필요가 있다. 지구가 태양 주위를 돈다는 사실을 발견한 것은 신의 장엄함을 깎아내리기는커녕 되레 축하할 기회라고 생각한 사람이다. "신의 위대한 업적을 아는 것, 신의 지혜와 위엄과 힘을 이해하는 것, 하나님의 법이 훌륭하게 움직이고 있음을 어느 정도 인식하는 것, 이 모든 것은 분명 신을 숭배하는 기쁘고 수용 가능한 한 방법이며, 신에게 감사를 표현할 때 무식이 유식보다 더 위에 있을 수 없다."[7]

**과학자들을 향한
간곡한 부탁**

반면에 여러분이 과학이라는 수단을 신뢰하지만 종교에 관해서는 여전히 회의적인 사람이라면, 두 가지 세계관 사이에 조화를 찾으려는 노력을 가로막는 장벽이 무엇인지 자문해볼 좋은 순간이다.

신을 믿으려면 불합리에, 논리적 타협에, 심지어는 지적 자살에 빠져야 한다고 우려해본 적이 있는가? 이 책에 제시된 논의가 그런 견해에 적어도 부분적으로나마 해독제가 되고, 모든 세계관 가운데 무신론이 제일 합리적이지 못하다는 사실을 독자 여러분이 확신할 수 있기를 희망한다.

종교인이라고 말해놓고 위선적 행동을 하는 사람에게 질린 적이 있는가? 다시 한 번 말하지만, 영적 진실이라는 순수한 물이 인간이라 불리는 녹슨 그릇에 담기는 탓에 때로는 종교의 근간이 심각하게 왜곡된다 해도 그리 놀랄 건 없다. 인간 개개인의 행동이나 종교 단체의 행동을 보고 신앙을 평가하지 말라. 그보다는 신앙이 제시하는, 시간을 초월하는 영적 진실을 보고 신앙을 평가하라.

여러분은 지금, 가령 자상한 신이 왜 고통을 허락했을까 하는 등의 종교와 관련된 특별한 철학적 문제로 괴로워하는가? 그렇다면 고통의 상당 부분은 우리 자신이나 다른 인간의 행동으로 생긴다는 점, 그리고 인간이 자유의지를 가진 세상에서 그것은 불가피하다는 점을 인식하라. 또 신이 실재한다면 신의 목적은 우리의 목적과는 다를 때가 많다는 점도 이해하라. 인정하기는 어렵지만, 고통이 완전히 사라지는 것이 우리의 영적 성장에 최선이 아닐 수도 있다.

과학이라는 도구가 중요한 질문에 충분한 답을 주지 못한다는 견해를 받아들이기가 영 불편한가? 현실을 실험으로 평가하는 데

일생을 바친 과학자들이 특히 이러한 불편함을 느낀다. 이들의 관점에서 보면, 과학이 모든 질문에 답할 수 없다는 사실을 인정할 경우 지적 자존심에 큰 타격이 될 수 있다. 그러나 우리는 그 타격을 인정하고, 내면화하고, 그것에서 교훈을 얻어야 한다.

신이 내 삶의 계획과 활동에 새로운 자리를 요구할 것 같은 느낌에, 영성에 관한 토론이 마냥 불편하기만 한가? 나도 '적극적 묵인'의 시기를 보낼 때는 그런 반응을 보였지만, 지금은 신의 사랑과 은총을 깨닫는다면 삶에 제약이 아니라 큰 힘이 되리라고 감히 장담할 수 있다. 신은 구속이 아닌 해방에 관여한다.

마지막으로, 영적 세계관을 제대로 진지하게 고민해본 적이 있는가? 현대사회에서는 너무나 많은 사람이 우리의 피할 수 없는 죽음을 부정해보려고 앞 다투어 이런저런 경험을 하면서, 신을 진지하게 고민하는 일은 나중에 적당한 때가 오면 하겠다며 미뤄둔다.

인생은 짧다. 죽음은 조만간 누구에게나 현실로 다가온다. 영적 삶에 마음을 열면 말할 수 없는 풍요로움을 맛보게 된다. 평생토록 중요한 이런 문제를 고민하는 일을 개인적 위기가 닥쳤을 때나 나이 들어 어쩔 수 없이 정신적 빈곤함을 느낄 때까지 미뤄두지 말라.

진리를 찾는 이들이여, 이러한 물음에는 모두 답이 있다. 신의 창조에 깃든 조화에는 기쁨과 평화가 있다. 우리 집 위층 복도에는 성경에 나오는 구절 한 쌍이 예쁘게 장식되어 걸려있다. 딸아이가 직접 색색으로 칠한 것이다. 나는 답을 찾아 헤맬 때마다 매번 그 글귀를 읽곤 했고, 그럴 때마다 그 글은 진정한 지혜가 무엇인지 깨우쳐주었다.

"만일 여러분 중에 지혜가 부족한 사람이 있으면 하나님께 구하십시오. 그러면 아무도 나무라지 않으시고 모든 사람에게 후하게 주시는 하나님께서 지혜를 주실 것입니다."(야고보서 1장 5절) "위에서 내려오는 지혜는 첫째 순결하고 다음은 평화롭고 점잖고 고분고분하고 자비와 착한 행실로 가득 차 있으며 편견과 위선이 없습니다."(야고보서 3장 17절)

상처 받은 세상을 위해 나는 기도한다. 사랑과 이해와 연민을 가지고 우리가 다함께 그런 지혜를 구하고 찾게 해달라고.

이제 과학과 영적 세계 사이에서 점점 고조되는 전쟁에 휴전을 선포할 때다. 정말 부질없는 전쟁이었다. 지상에서 일어나는 다른 많은 전쟁처럼, 이 전쟁 또한 양쪽의 극단주의자들이 시작하고 부채질한 전쟁이며, 다른 한쪽이 패배하지 않는 한 파멸이 멀지 않았음을 예고하는 경고음이 요란히 울리고 있다. 과학은 신에 위협받지 않는다. 오히려 발전한다. 신도 결코 과학에 위협받지 않는다. 신은 과학을 가능케 했다.

이제는 '모든' 위대한 진리를 지적으로도 영적으로도 두루 만족스럽게 통합할 수 있는 단단한 기반을 다질 방법을 다함께 찾아보자. 이성과 숭배가 동시에 존재했던 그 옛날에도 사회가 붕괴될 위험 따위는 전혀 없었다. 앞으로도 그런 일은 절대 없다. 성실하게 진리를 추구하는 자들은 이리 와서 모이라는 손짓이 보이지 않는가. 그 부름에 대답하라. 총부리일랑 그만 거두라. 우리의 희망과 기쁨 그리고 우리 세상의 미래는 바로 거기에 달렸다.

부록

창조는 기원전 4004년에 일어난 일이 아니다.
100억 년 전에 시작되어 지금도 여전히 진행 중인 하나의 과정이다.
(…) 진화론의 논리가 종교적 신념과 충돌할까?
그곳에 나오는 상징을 애초의 의도와는 거리가 먼 뜻으로 해석할 때만이
해결할 수 없는 허상의 충돌이 일어날 뿐이다.

테오도시우스 도브잔스키

THE LANGUAGE OF GOD

생명윤리학, 과학과 의학의 도덕적 실천

아반 사람들 가운데 상당수가 생의학이 발전하면 심각한 질병을 예방 또는 치유할 수 있으리라는 기대에 부풀어 있지만, 동시에 이 신기술이 우리를 위험에 빠뜨리지 않을까 걱정한다. 생명공학과 의학을 인간에 적용할 때 그 도덕성을 고려하는 학문을 생명윤리학이라 부른다. 여기 부록에서는 오늘날 중요한 논쟁으로 떠오르는 생명윤리 문제 가운데 몇 가지를 꼽아 다루고자 한다. 특히 인간게놈 연구가 빠르게 발전하면서 생기는 문제에 초점을 맞추려 한다.

의학유전학

몇 해 전, 절박한 상황에 놓인 젊은 여성이 미시간대학 종양과를 찾아왔다. 유전자의학에서 진정한 혁명이 시작되는 날이었다. 이 여성과 나는 가족, 심각한 질병, 인간게놈에 관한 첨단기술 등이 뒤얽힌 복잡한 상황을 의논했다.[1]

수전(가명)과 그 가족은 먹구름 아래 살았다. 맨 먼저 어머니가 유방암 진단을 받더니, 이모와 이모의 두 자녀 그리고 수전의 큰언니가 차례로 같은 진단을 받았다. 깊은 충격에 빠진 수전은 본인도 건강 검진과 엑스레이 유방암 검진을 받았고, 그러는 사이에 결국 암과의 사투에서 패배한 언니의 모습을 지켜보아야 했다. 수전의 사촌 한 명은 같은 운명을 피하기 위해 예방 차원에서 이중 유방절제 수술을 받기로 결정했다. 그리고 수전의 남은 언니 재닛에게서도 혹이 발견되었고, 결국 암으로 판정되었다.

당시 나는 동료 의사인 바버라 웨버(Barbara Weber)와 함께 미시간대학에서 유방암의 유전 인자를 찾아내는 연구에 착수한 상태였다. 수전 가족도 이 연구에 참여했었고, 나는 이들을 단지 '15번 가족'으로만 알고 있었다. 그러나 몇 차례 반복된 묘한 우연의 일치 중 하나로, 재닛이 유방암 진단을 받고 상담을 하러 왔을 때 담당 의사가 바로 웨버였고, 웨버는 재닛의 가족사를 듣던 중 수전과 한 가족이라는 걸 알게 되었다.

몇 달 뒤 절박해진 수전의 관심은 웨버 박사와 내가 혹시 새로운 사실을 발견해 행여 이중 유방절제 수술을 받을 필요가 없어진 건 아닌가 하는 것이었다. 더 이상 희망은 없었고, 수전은 사흘 뒤에 이 극단적인 수술을 받기로 결정했다. 수전이 병원에 온 시각은 절묘했다. 지난 몇 주 동안의 연구에서, 수전 가족의 경우 17번 염색체에 있는 (지금은 BRCA1로 알려진) 유전자가 위험한 변이를 일으키고 있을 가능성이 매우 높다는 결과가 나왔다. 우리는 이처럼 중대한 결과를 임상에 곧바로 적용할 수 있으리라는 예상은 거의 하지 않은 채 연구를 시작했었다. 그러나 워낙 급박한 상황에 놓이다

보니, 웨버 박사와 나는 중대한 상황에서 그 같은 지식을 묵혀두는 게 되레 비윤리적이라는 생각이 들었다.

연구실로 돌아가 관련 자료를 진지하게 살펴본 결과, 수전은 어머니와 두 언니에게서 일어난 위험한 돌연변이를 물려받지 않은 게 분명했고, 따라서 유방암에 걸릴 확률은 다른 평균적 여성에 비해 높지 않다는 사실이 곧바로 드러났다. 바로 그 날 수전은 지구상에서 최초로 자신의 BRCA1 상태에 관한 정보를 얻은 사람이 되었다. 수전은 감격스러우면서도 믿기 어렵다는 반응을 보였다. 그리고 수술을 취소했다.

이 이야기는 수전의 가족과 친척 사이에서 들불처럼 번져갔고, 곧이어 전화벨이 쉴 새 없이 울려댔다. 그 뒤 몇 주 안으로 웨버 박사와 나는 수전의 많은 친척들을 상담해야 했고, 모두 자신의 상태를 알고 싶어했다.

극적인 순간은 몇 차례 더 일어났다. 전에 이중 유방절제 수술을 받았던 사촌은 위험한 돌연변이를 갖고 있지 않다고 판명되었다. 그 사촌은 이 소식을 듣고 처음에는 충격에 사로잡히더니 결국 평온을 되찾고 당시로서는 수술을 받는 것이 최선의 선택이었음을 인정했다.

가장 극적인 순간은 아마도 그 친척 중 다른 한 가족의 경우였을 것이다. 이들은 유방암 진단을 받은 여성들이 아버지 쪽 친척이라서 자기네는 유방암 발병 확률이 높지 않으리라고 생각했다. 이상이 없는 남자가 유방암 발병 유전자를 옮길 가능성은 거의 없다는 판단 때문이었다. 하지만 BRCA1은 그렇지가 않다. 실제로 이들의 아버지는 이 돌연변이 유전자를 가지고 있었고, 열 명의 자녀 중 다섯 명이 이 유전자를 물려받은 것으로 드러났다. 그중 한 명인 서른 아홉 살 여성은 자신도 발병 위험이 있다는 사실에 놀라움을 감추지 못했다. 이 여성은 자신의 DNA 검사 결과를 알고 싶어했고, 결과는 양성반응으로 나타났다. 그러자 엑스레이 유방암 검진을 해볼 수 있겠느냐고 서둘러 물었고, 바로 그 날 유방암 진단을 받았다. 그나마 다행으로 종양은 아주 작았는데, 그냥 두었더라면 2, 3년 동안은 아마 유방암을 발견하지 못했을 것이고, 뒤늦게 발견했을 때는 치유 가능성이 그다지 높지 않았을 것이다.

검사 결과, 이 한 집안에서만 총 35명이 유방암 발병 위험성을 가지고 있었다. 그러니까 약 절반이 이 위험한 돌연변이 유전자를 가지고 있었고, 이 중 절반은 여성이었다. 이 유전자가 있는 여성은 유방암과 난소암 발병 위험을 동시에 가지고 있다. 이번 일의 의학적, 심리적 영향력은 엄청났다. 이 '저주'를 비껴간 수전조차도 오랫동안 우울함과 가족과의 소원함을 느껴야 했다. 유대인 대학살의 생존자를 두고 생긴 말인 '생존자의 죄책감' 때문이었다.

수전 가족은 당연히 드문 경우다. 대부분의 유방암에는 유전적 원인이 있지만 수전 가족처럼 심한 경우는 흔치 않다. 그러나 우리 중에 완벽한 인간은 없다. 진화의 대가로 치르는 흔한 DNA 돌연변이는 영적 완벽함뿐 아니라 육체적 완벽함을 주장할 수 있는 사람은 세상에 아무도 없다는 것을 보여준다.

훗날 질병을 일으킬 수 있는 유전자 결함을 미리 발견할 날이 머지않았다. 그리 되면 우리도 수전 집안사람들처럼 자신의 DNA 설계도에 무엇이 숨어 있는가를 찾아낼 수 있다. 이처럼 인간생물학이 빠르게 발전해 생기는 결과를 지켜보는 사이에 윤리 문제가 불거지게 되었고, 사실 마땅히 그래야 한다. 지식 그 자체에는 본질적으로 도덕적 가치가 없다. 윤리 문제는 그 지식이 어떻게 사용되느냐 하는 부분에서 생겨난다. 이 문제는 비단 의료 분야뿐 아니라 우리 일상에서도 흔히 일어난다. 예를 들어 여러 화학물질을 섞어 화려한 폭죽을 만들면 축하행사에서 하늘을 멋지게 수놓아 우리 사기를 드높인다. 그러나 똑같은 재료를 이용해 발사체를 쏘아 올릴 수도 있고, 폭탄을 만들어 죄 없는 사람을 수십 명이나 죽일 수도 있다.

인간게놈 프로젝트에서 과학적 성과가 쏟아져 나온다는 것은 대단히 축하할 일이다. 역사를 통틀어 어느 사회든 간에 질병에서 오는 고통을 누그러뜨리는 일은 바람직한 일이며, 어느 면에서는 윤리적 의무이기도 했다. 더러는 과학이 지나치게 빨리 발전하는 게 아니냐고, 그리고 어떤 기술은 윤리적 검토를 충분히 거친 뒤에 사용할 수 있게 일시적으로 사용을 유보해야 하지 않느냐고 주장하는 사람도 있겠지만, 아픈 아이 곁에서 발을 동동 구르는 부모에게는 이런 주장이 좀처럼 설득력을 갖기 힘들다. 목숨을 구하는 과학 발전을 놓고 단지 윤리가 그것을 '따라잡을' 시간을 벌기 위해 의도적으로 그 사용을 제한하는 행위가 오히려 비윤리적이지는 않을까?

개인 맞춤형 의학

지금처럼 게놈 연구가 가히 혁명적으로 진전된다면 앞으로 수년 내에 어떤 일이 벌어질까? 무엇보다도 인간 DNA 가운데 사람마다 다른 극히 일부(0.1퍼센트)를 밝히는 작업은 이미 빠르게 진전되었고,

암, 당뇨병, 심장병, 알츠하이머병 등을 유발하는 가장 흔히 일어나는 유전자 결함은 앞으로 수년 안에는 밝혀질 것이다. 그렇게 되면 관심 있는 사람은 앞으로 내가 어떤 병에 걸릴 수 있는가를 보여주는 나만의 유전자 해독 결과를 얻을 수도 있다. 이 가운데 수전 가족처럼 심각한 결과가 나오는 경우는 흔치 않을 것이다. 그처럼 심각한 유전자 결함을 갖고 있는 경우는 많지 않기 때문이다.

여러분도 유전자 해독 결과를 알고 싶은가? 질병에 걸릴 위험을 줄일 조치를 취할 수만 있다면 많은 사람이 그것을 알고 싶어할 것이고, 어떤 경우에는 실제로 그것이 가능하다. 이를테면 결장암에 걸릴 확률이 높은 유전자를 가졌다고 판명된 사람은 일찍부터 내시경 검사를 시작해 1년에 한 번씩 정기적으로 검사를 하면서 작은 돌기인 용종이 제거될 수 있는 순간을 포착해 나중에 치명적인 암으로 발전하지 않도록 예방할 수 있다. 당뇨병에 걸릴 위험이 평균보다 높다고 판정된 사람은 식습관을 잘 조절해 체중이 늘지 않게 주의할 수 있다. 다리에 혈액이 응고되는 혈병이 발생할 확률이 높은 사람은 경구피임약을 피하고 오랫동안 움직이지 않는 일이 없도록 조심할 수 있다.

개인 맞춤형 의학이 큰 효과를 발휘하는 또 한 예로, 약에 반응하는 개인차가 유전에 큰 영향을 받는다는 사실이 점점 분명해지고 있다. 그렇다면 가장 먼저 개인의 DNA 표본을 검사하여 그 사람에게 어떤 약을 얼마나 복용해야 좋을지 판단할 수 있다. 광범위하게 적용될 수 있는 이 '약물유전학'적 접근으로 약물치료를 좀 더 효과적으로 하면서 위험 요소나 치명적인 부작용을 줄일 수 있다.

위에서 언급한 과학 발전은 모두 잠재적 가치가 있는 것들이다.

그러나 여기에는 많은 윤리적 고민이 따른다. 수전 가족의 경우, 자녀들을 대상으로 BRCA1 돌연변이가 일어났는가를 검사한 것이 적절했는가를 두고 커다란 이견이 있었다. 이들을 위한 의학적 해결책의 부재와 양성반응이 가져올 심각한 정신적 충격 때문에 웨버 박사와 나는 많은 윤리 전문가의 조언에 따라, 자녀들이 열여덟 살이 될 때까지 그 검사를 미루기로 결정했다. 그러자 BRCA1 돌연변이를 가진 아버지가 딸들이 바로 검사를 받을 수 없다는 사실에 몹시 화를 냈다.

더 큰 윤리 문제는 제3자가 개인의 유전자 정보를 보거나 사용하는 것이 과연 옳은가 하는 것이었다. 수전과 수전의 많은 친척이 걱정한 문제는 만약 양성반응이 나올 경우 자신의 정보가 의료보험 회사나 직장 고용주의 손에 들어가 보험 혜택을 받지 못하거나 직장을 잃지나 않을까 하는 것이었다.

이 상황을 윤리적으로 광범위하게 분석한 결과, 유전자 정보를 이용해 그 같은 차별적 대우를 하는 것은 정의와 공평의 원칙에 어긋난다는 결론에 이르렀다. DNA 결함은 본질적으로 보편적이며, 누구도 자신의 DNA 서열을 선택할 수 없기 때문이다. 반면에 보험회사 고객은 자신의 위험성을 알고 보험회사는 그것을 모를 경우, 고객이 의료체계를 남용할 위험도 있다. 규모가 큰 생명보험 계약에는 이 문제가 중요한 쟁점이 될 수도 있다. 그러나 의료보험 전반에 큰 영향을 미치지는 않을 듯 보인다.

이처럼 양쪽을 비교해본 결과, 보험회사와 직장이 유전자에 따른 차별을 하지 못하도록 법적 보호 장치를 마련하는 일이 우선이었다. 이 글을 쓰는 순간에도 우리는 미국 연방 차원에서 효과적인 법률이 제정되기를 기다리는 중이다. 법적 보호 장치가 없다면 사람들은 두려운 마음에 자신에게 매우 유용한 유전자 정보를 얻으려 하지 않을 것이고, 그렇게 되면 개인 맞춤형 의학의 미래는 대단히 부정적이다.

이 논의에서 발생하는, 그리고 당연히 발생해야 하는 또 다른 주요 윤리 문제는 치료 혜택을 받을 수 있는 접근성의 문제다. 이 문제는 미국에서 특히 골칫거리인데, 이 글을 쓰는 시점을 기준으로 미국 시민 가운데 4,000만 명 이상이 의료보험 혜택을 제대로 받지 못하는 실정이다. 전 세계 선진국 가운데 우리 미국만큼 이 문제와 관련한 도덕적 책임의 실패를 외면하는 나라도 없다. 이 비극이 낳은 결과 중 하나는 형편이 어려운 사람들을 대단히 비효율적이고 일회성 치료에 머무르는 응급실로 내몰고 있다는 점이다. 예방까지는 엄두도 못 내고, 달리 도리가 없는 심각한 상태에 처했을 때만 손을 쓴다는 이야기다.

게놈에 관한 새로운 사실이 밝혀지면서 과학의 발전은 더욱 가속화되고 이로써 암, 심장병, 정신질환 등 여러 질병을 예방할 수 있는 매우 효과적인 방법이 등장할 것이다. 하지만 그럴수록 치료 사각지대에 놓인 사람들의 문제는 더욱 심각해질 게 분명하다.

**도덕법을
기반으로 하는
생명윤리**

윤리 문제를 더 깊이 파고들기 전에, 우리가 윤리적 행동을 판단할 때 그 기초가 되는 것부터 살펴보는 게 순서다. 생명윤리 문제는 복잡한 경우가 많다. 그리고 다양한 문화 배경과 종교 전통을 가진 사람들이 주어진 결정의 도덕성을 두고 토론을 벌인다. 비종교적이고 다양한 사회에서, 여러 사람이 서로 다른 상황에서 어떤 행동이 올바른 행동인지를 결정하는 것이 과연 현실적으로 가능할까?

실제로 내가 경험한 바로는 진실만 분명히 밝혀진다면 세계관이 전혀 다른 사람들도 대개는 만족스러운 결론에 도달한다. 언뜻 보기에는 놀라운 일이지만, 나는 그것이 도덕법에는 보편성이 있다는 확실한 예라고 믿는다. 사람은 누구나 옳고 그름을 가리는 판단력을 타고난다. 비록 부주의나 오해로 판단력이 흐려질 수도 있지만, 깊이 생각하면 올바른 판단을 할 수 있다. 보샴(T. L. Beauchamp)과 칠드리스(J. F. Childress)[2]는 거의 모든 문화와 사회에 공통적으로 나타나는, 생명윤리를 지탱하는 네 가지 윤리 원칙을 주장했다.

1. 자율 존중 : 이성적인 인간에게는 부당한 외부 압력 없이 스스로 의사를 결정할 자유가 주어져야 한다는 원칙.
2. 정의 : 모든 사람이 공정하고 도덕적이고 편견 없는 대우를 받아야 한다는 원칙.
3. 선행 : 타인이 최대 이익을 볼 수 있게 배려해야 한다는 원칙.
4. 악행 금지 : (히포크라테스 원칙에 나오듯) "우선 해를 끼치지 말라"는 원칙.

종교인이라면 유대-그리스도교, 이슬람교, 불교, 기타 다른 종교의 성경 또는 경전에서 위의 원칙을 발견할 것이다. 사실 이 원칙을 가장 설득력 있고 강력하게 주장하는 곳은 바로 성경 또는 경전이다. 하지만 유신론자라야 위 원칙에 동의하는 것은 아니다. 음악 이론을 배운 적이 없는 사람도 모차르트 협주곡에 빠져들 수 있다. 도덕법의 기원을 놓고 사람들의 의견이 일치하든 엇갈리든 도덕법은 누구에게나 호소력을 지닌다.

윤리의 기본 원칙은 도덕법에서 나오며 보편적이다. 그러나 그 원칙들이 한꺼번에 충족되지 못할 때, 그리고 균형이 맞아야 하는 그 원칙들에 대해 사람마다 서로 다른 무게를 적용할 때 충돌이 일어날 수 있다. 많은 경우에는 이 문제를 어떻게 다루어야 할지 사회적 합의를 도출해놓았지만, 우리가 이제 곧 다루려는 그렇지 않은 문제에서는 분별 있는 사람들도 윤리 대차대조표를 놓고 합의를 도출하지 못할 것이다.

포유동물이 최초로 복제되던 날

몇 년 전 어느 일요일 오후가 아직도 기억에 생생하다. 그때 기자 한 사람이 우리 집으로 전화를 걸어와 어느 주요 신문에 실린 복제 양 돌리 논문을 어떻게 생각하느냐고 물었다. 당시 나를 포함해 거의 모든 과학자들이 포유류 복제는 불가능하다고 생각하던 터라 그 소식은 충격이었고, 과학적으로도 놀라운 발전이었다. 비록 유기체는 세포 하나하나에 DNA 설계도를 통째로 갖고 있지만, 그 DNA에 되돌릴 수 없는 변화가 일어나면 아무리 정확하고 완벽한 설계도라도 프로그램이 원래대로 다시 작동하기란 불가능하다는 것이 당시의 중론이었다.

그러나 그것은 틀린 생각이었다. 실제로 지난 십여 년 동안 새로운 사실이 속속 밝혀지면서 포유동물의 세포는 놀랍고도 전혀 예상치 못한 가변성을 갖고 있음이 드러났다. 그러다보니 이런 종류의 연구가 가져올 이익과 위험성을 두고 논란이 일기 시작했고, 이 논란은 조금도 수그러들 기미를 보이지 않은 채 사람들 사이에서 격렬히 번져갔다.

그중에서도 인간 줄기세포를 둘러싼 논쟁이 특히 뜨겁게 일었고, 종잡을 수 없는 주장이 난무했다. 따라서 우리는 어느 정도 관련 지식을 알 필요가 있다. 줄기세포는 여러 종류의 세포로 분화할 잠재력을 가진 세포다. 이를테면 골수에 있는 줄기세포는 적혈구, 백혈구, 골세포뿐만 아니라 조건만 맞으면 심장근육세포로도 분화한다. 이런 종류의 줄기세포는 흔히 '성체줄기세포'라고 하여, 배아에서 나온 줄기세포와 구분한다.

정자와 난자가 결합해 생기는 인간 배아는 단 하나의 세포에서 시작한다. 이 세포는 놀라울 정도로 변화무쌍해서, 간세포, 뇌세포, 근육세포, 그리고 100조 개에 이르는 성인의 세포를 구성하는 복잡한 다른 조직으로 분화할 잠재력을 품고 있다. 이제까지 밝혀진 사실로 보건대, 지속적인 복제 능력과 그 어떤 세포로도 분화할 수 있는 잠재력에서 배아줄기세포는 성체줄기세포를 앞선다. 그러나 정의대로라면 인간 배아줄기세포는 당연히 초기 배아에서만 나올 수 있다. 이때 배아는 꼭 단세포 상태일 필요는 없지만, 여러 세포가 모일 경우 공처럼 뭉쳐 i자 위에 있는 점보다도 작은 상태가 되어야 한다.

그러나 돌리는 배아줄기세포에서도, 성체줄기세포에서도 나오지 않았다. 돌리의 탄생에서 가장 극적이고 예상치 못한 점은 돌리가 포유동물에서 이제까지 한 번도 일어난 적이 없는 방법으로,

즉 자연에서는 일어나는 않는 방법으로 탄생했다는 점이다. 〈그림 A.1〉에서 보듯, 체세포핵치환(SCNT)이라 불리는 이 과정은 다 자란 양(공여자)의 유방에서 추출한 단일 세포에서 시작한다. 완벽한 DNA를 갖고 있는 이 공여 세포에서 핵을 떼어내 그 핵을 다른 난세포 안에 있는, 단백질과 신호물질이 풍부한 배반포에 이식한다.

이 난세포는 미리 핵을 완전히 제거해두었기 때문에 필요한 유전자 지시를 내릴 수 없으며, 다만 유전자 지시를 인식하고 수행할 조건만 갖춘 상태다. 원시 환경에 안착한 유방세포 DNA는 시간을 거슬러 올라가, 그 DNA 꾸러미가 젖을 만드는 매우 특수한 세포가 되기까지 거쳐 온 특별한 변화의 과정을 죄다 지워버린다. 그리고 아직 분화하지 않은 원시 상태로 되돌아간다. 그 세포를 다시 양의 자궁에 이식해 마침내 돌리가 탄생했고, 돌리의 세포핵에 있는 DNA는 결국 맨 처음 세포를 공여한 양과 동일한 DNA가 되는 셈

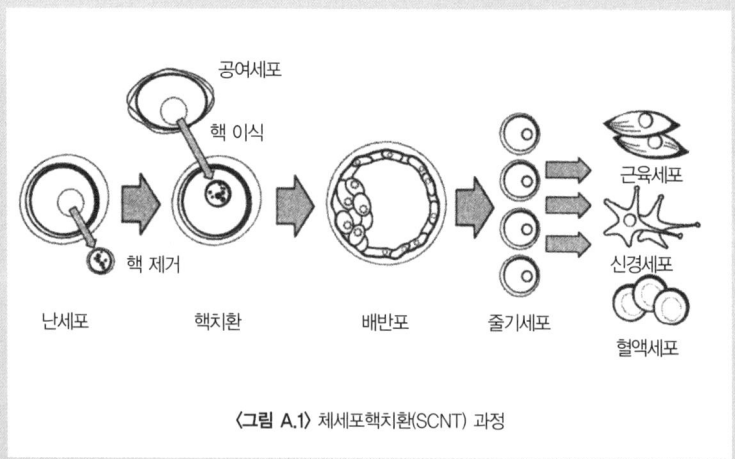

〈그림 A.1〉 체세포핵치환(SCNT) 과정

이다.

  예상을 뛰어넘는 게놈 설계도의 가변성에 과학계와 의료계가 놀라움을 감추지 못했다. 이 사실에 기초해 과학자들은 이제 줄기세포 연구를 단일 세포가 간세포, 신장세포, 뇌세포로 분화하는 과정을 알아낼 절호의 기회로 여기게 되었다. 물론 지금도 윤리 문제가 훨씬 적은 동물의 줄기세포를 연구하면서 기초적인 많은 의문을 해결해가고 있다. 그러나 줄기세포 연구의 의학적 이점 가운데 가장 흥분되는 것은 비록 아직 증명되지는 않았으나 이 연구로 새로운 치료법을 개발할 수 있을지도 모른다는 점이다.

  많은 만성질환이 특정 유형의 세포가 너무 일찍 죽기 때문에 발생한다. 만약 딸아이가 소아당뇨병(유형1)에 걸렸다면, 인슐린을 분비해야 하는 췌장 내 세포가 체내 면역체계의 공격을 받아 죽었다는 뜻이다. 만약 아버지가 파킨슨병에 걸렸다면, 뇌의 특정 부위에 있는 신경세포인 흑색질이 너무 일찍 죽는 바람에 운동기능을 관장하는 정상적인 회로가 훼손되었다는 뜻이다. 사촌이 간이나 신장 또는 심장을 이식해야 하는 환자 명단에 올라 있다면, 그러한 기관이 지속적으로 심각하게 손상되어 더 이상 자기회복이 불가능해졌다는 뜻이다.

  이 손상된 조직이나 기관을 재생할 방법을 찾을 수 있다면 진행성 또는 치명적 만성질환이 효과적으로 치료되거나 나아가 완전히 치유될 수도 있을 것이다. 이런 이유로 '재생의학'은 현재 의료계의 최대 관심사가 되었다. 현재로서는 줄기세포 연구가 이 꿈을 실현할 가장 큰 희망이다.

  그러나 인간 줄기세포 연구를 둘러싸고 사회적, 윤리적, 정치적 논쟁이 뜨겁다. 지금처럼 감정이 격해지고, 다양한 관점이 끓어오르고, 세계관이 충돌하는 일은 일찍이 유례가 없었다. 안타깝게도 그 소용돌이 속에서 과학적 사실은 번번이 실종되고 만다.

우선, 성체줄기세포를 치료에 사용한다고 해서 전에 없던 심각한 윤리 문제가 발생한다고 주장할 사람은 거의 없을 것이다. 성체줄기세포는 살아 있는 사람의 조직에서 떼어낼 수 있는 세포다. 이때 바람직한 시나리오는 그 세포를 환자를 치료하는 데 필요한 유형의 세포로 변형한다고 사람들을 확신시키는 것이다. 예를 들어 골수 줄기세포 몇 개를 수많은 간세포로 변형하는 법을 안다면, 환자 본인의 골수를 이용해 간의 '자가이식'을 실현할 수 있다.

현재 이 방면으로 어느 정도 고무적인 진전도 있고, 성체줄기세포 연구에 상당히 많은 투자도 이루어지고 있는 상황이지만, 인간 성체줄기세포만으로 만성 질병을 앓는 사람들의 필요를 모두 충족할 수 있다고는 아직 장담할 수 없는 상태다. 따라서 인간 배아줄기세포 또는 체세포의 핵치환을 이용하는 방법을 그 대안으로 진지하게 고려중이다.

인간의 배아에서 나오는 줄기세포는 그 어떤 조직으로도 분화할 수 있는 잠재력을 갖고 있다. 그리고 이 과정은 대단히 자연스럽게 진행된다. 그러나 바로 여기서 심각한 윤리 문제가 일어날 수 있으며, 실제로 일어나고 있다. 인간의 정자와 난자가 결합해 생기는 배아는 장차 인간이 될 가능성을 지닌다. 그런 배아에서 줄기세포를 추출하면 배아는 결국 파괴되고 만다(이때 배아를 살릴 수 있는 몇 가지 방법이 제안되기는 했다). 생명은 그것이 잉태되는 순간부터 시작되며 인간의 생명은 바로 그 순간부터 신성하다고 굳게 믿는 사람들에게는 이 같은 연구나 치료법이 용납되지 않는다.

분별 있는 사람들은 그 연구의 타당성을 인정하지 않을 것이고, 강력히 반대하는 경우도 적지 않을 것이다. 용납과 거부 사이에서 어느 지점에 놓이는가는 다음 물음에 어떻게 답을 하느냐에 달렸다. "인간의 생명은 잉태부터 시작될까?"

생명이 어느 순간부터 시작되는가를 두고 과학자, 철학자, 신학자들은 지난 수백 년 동안 토론을 벌여왔다. 이 질문은 사실 과학적 질문이 아닌 까닭에, 인간 배아의 초기 발달 과정에 대해 해부학적이고 분자학적인 사실이 새롭게 밝혀져도 토론에는 큰 도움이 되지 않았다. 수세기에 걸쳐 문화마다 종교마다 각기 다른 생명의 정의를 내놓았고, 오늘날까지도 태아에 영혼이 스며드는 시기를 판단할 때 종교마다 다른 기준을 사용한다.

생물학자의 눈으로 보자면, 일단 정자와 난자가 결합하면 그 뒤에는 예측 가능한 순서에 따라 다음 단계가 진행되는데, 단계가 진전될수록 점점 복잡해지고 단계 간의 구분도 모호해진다. 그러다보니 인간과 '아직 거기까지는 이르지 못한' 배아 사이를 생물학적으로 엄밀히 가르기가 쉽지 않다. 어떤 사람은 신경계가 생기기 전까지는 진정한 인간이라 보기 힘들다며, 그 '원시 선'(해부학적으로 나중에 척수로 발달할 가장 초기 형태이며, 일반적으로 약 15일째 되는 날 생긴다)의 발달 여부가 인간인지 아닌지를 결정하는 기준이 될 수 있으리라고 주장한다. 또 어떤 이는 신경계로 발달할 배아의 잠재력은 잉태 순간부터 생겨나며, 그 잠재력이 실제로 특정 해부학적 구조를 띤 형태로 실현되었는가 안 되었는가는 관련이 없다고 주장한다.

수정된 하나의 난자에서 나온 일란성쌍생아를 이용해 이 문제를 바라보는 흥미로운 견해도 있다. 이 배아는 2세포기로 추정되는 발생 초기 단계에서 둘로 나뉘어 DNA 서열이 똑같은 두 개의 배아가 된다. 그 어떤 신학자도 일란성쌍생아는 영혼이 부족하다거나 둘이 하나의 영혼을 공유한다고 주장하지는 않는다. 따라서 한 인간의 영적 성질이 잉태 순간부터 유일무이하게 정해진다는 주장은 설득력이 떨어진다.

"인간 배아에서 줄기세포를 추출하는 행위가 정당할 때도 있을까?"

인간의 생명은 잉태되는 순간부터 시작하며 배아는 바로 그 순간부터 우리 인간이 누리는 것과 똑같은 도덕적 지위를 누려야 한다고 굳게 믿는 사람이라면 대개 위 질문에 '없다'라고 대답할 것이다. 이들의 입장은 윤리적으로 일관된 입장일 수도 있다. 그러나 인간 배아가 파괴되는 다른 상황에서 이들 중 상당수가 다른 의견을 내놓거나 적어도 도덕적 상대주의 입장을 택했다.

이 다른 상황은 불임 부부 사이에서 최근 널리 이용되면서 이들의 깊은 상심을 치유해주는 해결책으로 각광받는 체외수정 과정에서 일어난다. 체외수정에서는 여성에게 호르몬제를 투여하여 한꺼번에 많은 난자를 배출하게 한 뒤 이 난자를 채취한다. 이 난자를 아버지가 될 사람의 정자와 함께 배양 접시에서 수정시킨다. 이 상태로 3일에서 6일간 관찰하면서 배아가 정상적으로 발생했는지 살핀 다음, 대개는 하나 또는 두 개의 배아를 여성의 몸에 이식해 임신을 기다린다.

이때 배아는 대개 안전하게 이식되고도 남을 만큼의 양이 생기는데, 남은 배아는 보통 냉동 보관된다. 이렇게 보관되는 배아 수가 미국에서만 수십만 개에 이르며, 이 숫자는 꾸준히 증가하고 있다. 다른 부부가 이 배아를 이용해 임신하는 경우도 더러 있으나 이 엄청난 양의 잉여 배아는 결국 폐기되고 말 것이다. 따라서 어떤 상황에서도 인간 배아를 파괴해서는 안 된다고 강력히 주장하려면 체외수정에도 반대해야 한다. 체외수정에서 만들어지는 배아는 남김없이 이식되어야 한다는 주장도 있지만, 그렇게 되면 한꺼번에 많은 아이를 임신해 태아 사망 위험이 증가한다. 현재로서는 이 문제에 이렇다 할 답이 없다.

그러나 인간 배아 연구에 반대했을 많은 사람이, 아이를 갖고자 하는 부부의 소망은 도덕적으로 대단히 고귀하다는 이유로, 체외수정 뒤에 남은 배아가 폐기될지언정 체외수정을 정당화할 수밖에 없다고 주장했다. 지지를 받을 입장이지만, 그 어떤 이익이 돌아온다 해도 인간 배아를 불가피하게 파괴하는 행위는 기어코 막아야 한다는 원칙과 상반된다.

이와 관련해 다음과 같은 질문을 던지는 이들도 많다. 실험에 사용할 배아를 만들 의도로 체외수정이 이루어진 적은 단 한 번도 없었다면, 그리고 체외수정이 이루어진 뒤에 폐기될 운명이 확실한 남은 배아만을 가지고 의학 연구가 행해졌다면, 이 경우에도 도덕적으로 문제가 있을까?

**체세포핵치환,
윤리와 이익
사이에서**

반가운 소식은, 인간 배아를 이용한 줄기세포를 둘러싼 격렬한 논의가 결국에는 불필요한 논의가 될 수도 있다는 점이다. 윤리적으로 문제가 훨씬 적으면서 의학적 효과는 훨씬 뛰어난 새로운 방법을 개발할 수 있기 때문이다. 복제 양 돌리를 탄생시킨 바로 그 체세포핵치환 방법이다.

그러나 체세포핵치환을 이용하는 행위가 용어상으로나 도덕적 논쟁에서나 정자와 난자가 결합해 생긴 인간 배아에서 줄기세포를 추출하는 것과 동일하게 취급되고 있으니, 참으로 안타까운 노릇이다. 공개 토론이 일어나던 초기에 시작되어 지금은 토론에 참여하는 거의 모든 사람이 맹목적으로 받아들이는 이 동일시는 그 두 가지가 근본적으로 다른 방식에서 나온다는 사실을 무시한다. 체세포핵치환은 의학적으로 훨씬 큰 이익을 가져올 수 있으며, 따라서 이 과정을 둘러싼 혼란을 바로잡는 일이 급선무다.

〈그림 A.1〉에서 설명했듯이 체세포핵치환에는 정자와 난자를 섞는 과정이 없다. 살아 있는 동물의 피부나 조직에서 단 하나의 세포를 떼어내 여기서 DNA 설계도를 추출하면 그만이다(돌리의 경우 유방세포를 이용했지만, 사실 어떤 세포도 상관없다). 처음에 제공된 피부세포에 도덕적 가치가 있다고 주장할 사람은 없을 것이다. 실제로 우리 피부세포는 날마다 수만 개씩 죽는다. 마찬가지로 핵을 제거한 난세포, 즉 DNA를 모두 잃은 난세포는 유기체로 성장할 가능성이 '전혀' 없으며, 따라서 이 역시 도덕적 가치가 없다. 이 둘을 합치면 자연에서는 탄생하지 않을, 그러나 궁극적으로 엄청난 잠재력을 지닌 세포가 탄생한다. 하지만 그것을 인간이라 부를 수 있겠는가?

그 궁극적인 잠재력만을 가지고 인간이라 부를 수 있다고 주장한다면, 핵이 제거된 난세포와 결합하기 전의 피부세포에도 똑같은 주장을 해야 하지 않을까? 그것 역시 잠재력이 있으니까.

앞으로 수년 내에 과학자들은 난세포 세포질에 들어있는 신호물질을 발견할 것이다. 피부세포의 핵이 과거를 지우고 다른 형태의 여러 조직으로 변화할 놀라운 잠재력을 발견하게 하는 물질이다. 수년 내에는 난자마저도 전혀 필요 없게 될 수도 있다. 공여자에게서 아무 세포나 떼어내 신호물질이 적절히 섞인 곳에 떨어뜨리기만 하면 그만이다. 이 과정 중 어느 단계에서 인간의 도덕적 가치를 문제 삼겠는가? 이 과정의 결과는 배아줄기세포보다는 성체줄기세포를 닮지 않았는가?

체세포핵치환을 두고 소동이 이는 까닭은 유방세포와 핵을 제거한 난세포의 괴상망측한 융합으로 돌리가 탄생했기 때문이다. 돌리가 탄생한 이유는 체세포핵치환으로 얻은 세포를 일부러 다시 양의 자궁에 넣었기 때문이지, 어쩌다 양이 나온 게 아니다. 이제까지 소, 말, 고양이, 개를 포함해 다양한 포유동물에 이 방법이 쓰였다. 소위 생식복제라 불리는 이 방법은 비주류 연구 집단 두 곳에서 이미 시도되었으리라 보이는데, 그중 한곳은 은색 낙하산복을 입고 외계인에게 납치된 적이 있다고 주장하는, 과학자라고 보기는 힘든 사람이 이끄는 라엘리안운동(Raelian Movement) 집단이다.

그러나 과학자, 윤리학자, 신학자, 입법자들은 인간 생식복제가 어떤 경우에도 일어나서는 안 된다고 만장일치로 주장한다. 이 입장을 내세우는 주된 근거 하나는 그처럼 부자연스러운 방법으로 인간을 복제한다는 것에 대한 강한 도덕적, 신학적 반감이고, 또 하나는 안전성 문제다. 다른 포유동물의 생식복제는 몹시 비효율적이고 심각한 결과를 초래하기 일쑤여서, 복제된 동물 대부분이 유산되거나 태어난 지 얼마 되지 않아 죽었다. 살아남은 몇 안 되는 복제 동물도 어딘가 비정상적인 구석을 갖고 있게 마련이었고, 돌리 역시 관절염과 비만에 시달렸다.

이런 상황에서 인간 체세포를 핵치환하여 원래 여성의 자궁에 재이식하는 일은 없어야 한다는 이야기가 나오는 것은 지극히 당연한 일이다. 누구나 동의할 수 있는 일이다. 그러나 논란이 이는 부분은 인간의 체세포핵치환은 다른 어떤 상황에서도, 즉 온전한 인간을 만들어낼 의도가 전혀 없는 상황에서도 일어나서는 안 되는가 하는 점이다. 이 기술이 가져다줄 잠재적 이점은 엄청나다. 파킨슨병으로 죽어가는 사람에게 필요한 것은 다른 사람이 기증한 줄기세포가 아니라 바로 환자 자신의 줄기세포다.

지난 수십 년간 여러 기관을 이식하면서 알게 된 사실은 다른 사람의 줄기세포를 이식할 경우 심각한 거부 반응이 일어나며, 이를 최소화하려면 환자와 가장 비슷한 조직을 이식해야 하고, 이식한 뒤에는 강력한 면역억제 약물을 처방하면서 그에 따른 합병증을 감수해야 한다. 따라서 환자와 관련이 없는 임의의 공여자에게서 추출한 배아줄기세포를 이용해 다양한 질병을 치료하자는 의견은 이 오랜 경험과는 정면으로 배치된다.

줄기세포 유전자가 환자의 유전자와 일치한다면 상황은 훨씬 나을 것이다. 체세포핵치환의 결과가 정확히 이것이다. 이를 '치료복제'라고도 하는데 이 말에는 지금은 거의 쓸모가 없어진 미사여구적인 부담이 담겨 있다. 객관적인 관찰자라면, 이 방법이 장기적으로 수많은 소모성 질환과 치명적 질병을 치료하는 데 그다지 희망적인 수단이 못 된다고 주장하기가 쉽지 않다. 따라서 우리는 장차 큰 이익을 가져다줄 이 기술이 어떤 도덕적 반대에 부딪힐 수 있는지 세심히 살피고, 반대로 일부 사람들이 생각하는 만큼 그렇게 심각한 문제인지도 따져봐야 한다.

내가 주장하고 싶은 내용은 피부세포와 핵을 제거한 난세포를 결합해 생기는 결과물이 갖는 도덕적 문제는 정자와 난자의 결합에 비해 훨씬 적다는 사실이다. 전자는 자연에서는 생길 수 없는, 오로지 실험실에서만 생기는 창조물이며, 인간 개개인을 창조하는 신의 계획과도 무관하다. 반면에 후자는 지난 수천 년 동안 우리 인간을 비롯한 많은 종을 만들어낸 신의 계획, 바로 그것이다.

나 역시 다른 모든 사람과 마찬가지로 인간을 생식복제한다는 것에는 강력히 반대한다. 인간의 체세포를 핵치환하여 자궁에 이식하는 행위는 대단히 비도덕적이며, 가능한 가장 강력한 근거를 바탕으로 그것에 반대해야 한다. 현재 이와 관련한 의정서를 준비 중인데, 체세포핵치환 과정에서 추출한 하나의 세포를 포도당을 감지하고 인슐린을 분비하는 수준의 세포로 전환하되, 배아나 태아에 이르는 그 어떤 단계로도 나아가지 않는다는 내용이다. 이 기술로 조직이 딱 맞는 세포를 만들어 소아당뇨병을 치유한다면 도덕적으로 용납하지 못할 까닭이 없지 않은가.

이 분야 과학은 계속해서 빠르게 발전할 것이 틀림없다. 줄기세포 연구가 의학 분야에서 궁극적으로 어떤 이점을 가져올지는 아직 확실치 않지만 그 가능성은 엄청나다. 이런 연구를 모조리 반대한다면, 도덕적 의무만을 앞세워 고통을 완화해야 하는 윤리적 책임을 방기하는 꼴이다. 일부 종교인에게는 그것이 마땅히 옹호해야 할 입장일지는 모르겠으나, 그 입장을 택하기 전에 반드시 진실을 충분히 검토해야 한다. 이 문제를 단순히 믿음과 무신론 사이의 싸움으로 규정한다면 문제를 한층 더 복잡하게 만드는 것밖에는 안 된다.

의학을 넘어서

얼마 전 조간신문에 미국 대통령이 직면한 다양한 문제를 분석한 기사가 실렸다. 대통령의 주변 상황이 잘 풀리지 않던 시기에 나온 이 기사에는 대통령의 정치 고문이자 친구라는 사람의 말이 인용되었다. 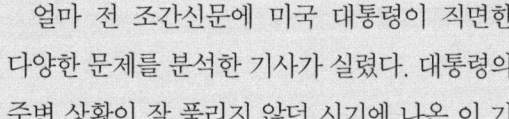 "나는 대통령께서 대통령직에 부담을 느끼는 경우를 본 적이 없다. 그분은 아주 큰일을 처리하도록 만들어진 분이다. DNA부터가 그렇다." 대통령을 칭찬할 목적으로 요즘 유행하는 식의 농담을 한 것일 테지만, 진담일 가능성도 얼마든지 있다.

인간의 행동과 성격도 유전된다는 확실한 증거는 무엇일까? 바로 이 때문에 게놈 혁명이 새로운 윤리적 문제를 일으키는 건 아닐까? 복잡하기 그지없는 인간의 성격에서 유전과 환경의 역할을 대체 어떻게 가려낼 수 있을까? 이 주제에 관해서는 깊이 있는 논문도 많이 나왔다. 그러나 다윈, 멘델, 왓슨, 크릭 같은 사람들보다도 한참 전에 살았던 평범한 사람들은 자연이 우리에게 인간의 다양한 면에서 유전의 영향을 가려낼 훌륭한 기회를 주었다는 사실을 일찌감치 깨달았다. 그것은 바로 일란성쌍생아다.

일란성쌍생아를 만나본 적이 있다면 얼굴도 얼굴이지만 목소리의 높낮이나 심지어는 버릇까지도 똑같을 때가 있다는 사실을 알게 된다. 그러나 자세히 들여다보면 다른 점도 눈에 띈다. 과학자들은 수세기 동안 일란성쌍생아를 연구하면서 인간의 다양한 특성 가운데 선천적 요소와 후천적 요소를 찾아내려고 노력했다.

태어나 곧바로 서로 다른 집에 입양되어 완전히 다른 환경에서 어린 시절을 보낸 일란성쌍생아를 연구한다면 좀 더 편견 없는 세심한 분석을 할 수도 있다. 이처럼 쌍생아를 연구하면 실제로 분자를 들여다보지 않고도 특정 성격에 유전이 미치는 영향을 알아볼 수 있다. 〈표 A.1〉은 쌍생아 연구를 기초로, 특정 성격에서 유전이 얼마나 영향을 미치는가를 비율로 나타낸 것이다. 그러나 여러 가

성격적 특성	유전의 영향
일반적 인지력	50%
외향성	54%
붙임성	42%
양심	49%
신경과민	48%
개방성	57%
공격성	38%
전통지향성	54%

〈표 A.1〉 유전이 인간의 다양한 성격에 영향을 미치는 정도. 위에 나열된 항목은 성격 분석 과학에서 엄격히 정의되는 항목이다. 부샤드(T. J. Bouchard)와 맥규(M. McGue)의 '유전자와 환경이 인간의 심리적 차이에 미치는 영향', 《뉴로바이올(J. Neurobiol)》 54(2003): 4-45. 다른 생물 게놈에서 인간과 유사한 DNA 서열을 찾을 확률.

지 방법론적 이유로, 이 결과를 오차 없는 정확한 자료로 받아들여서는 곤란하다.

이런 연구는 유전이 우리 성격에 중요한 역할을 한다는 것을 보여준다. 가족과 함께 사는 사람이라면 당연하게 받아들일 사실이다. 따라서 게놈 연구로 유전 메커니즘이 그 분자구조까지 상세히 밝혀지기 시작했다고 해서 지나치게 야단법석을 떨 일도 아니다. 그러나 사람들의 반응은 그렇지가 않다.

내가 할머니 눈을 닮았다거나 할아버지 기질을 닮았다고 말하는 것과, 내 게놈의 어느 위치에 T 또는 C가 있어서 그런 특징이 나타나며 내 자식이 그 특징을 물려받을 수도, 그렇지 않을 수도 있다고 말하는 것은 다르다. 인간 행동에 관한 유전자 연구가 정신적 질병 치료에 획기적인 도움을 줄 수 있다고 해도, 그런 연구를 보고 있자면 다소 혼란스럽다. 그것은 우리 곁에 바짝 다가와 우리 자유의지와 개성을, 어쩌면 우리 정신세계까지도 위협할 것만 같다.

그러나 익숙해져야 한다. 인간의 행동 가운데 이미 분자적 정의가 내려진 것도 있다. 몇몇 단체가 발표한 과학 논문을 보면, 신경전달물질인 도파민의 수용체에 흔히 생기는 변이는 표준화된 성격검사 가운데 '새로운 것을 추구하는' 성향에서 몇 점을 받았는가와 관련이 있다. 그러나 이 수용체 변이가 새로운 것을 추구하는 성향에 영향을 미치는 정도는 극히 적다. 따라서 통계적으로 흥미로운 결과일지라도 해당 개인과 본질적으로는 무관하다.

또 어떤 단체는 세로토닌 전달체에서 일어나는 변이를 찾아냈다. 세로토닌은 불안감과 관련 있는 신경전달물질이다. 통계적으로 이 전달체 변이는 개인이 삶에서 큰 스트레스를 겪은 뒤에 심각한 우울증에 빠지는가 안 빠지는가와 관련된다는 보고도 있다. 이 말이 맞는다면, 이는 유전자와 환경의 상호작용을 보여주는 예가 된다.

사람들이 특히 깊은 관심을 보이는 영역은 동성애와 유전자와의 관련성이다. 쌍생아 연구에 따르면 남성 간 동성애에는 유전적 요소가 작용한다. 그러나 남성 일란성쌍생아 중 한 명이 동성애자면 다른 한 명도 동성애자일 확률이 20퍼센트에 이른다는 사실은(참고로 전체 남성 인구 가운데 동성애자는 2~4퍼센트다) 성 지향성에 유전적 요소가 개입하지만 그것은 DNA에 장착된 하드웨어적 영향이 아니라는 점, 그리고 어떤 유전자가 간여하든 그것은 나중에 어떤 성향을 나타낼 수 있다는 뜻이지, 반드시 그렇게 된다는 뜻이 아니라는 점이다.

인간의 특징에는 논쟁을 불러일으킬 만한 것들이 많지만 지능을 둘러싼 논란은 가히 폭발적이다. 지능을 어떻게 정의할지, 그리고 그것을 어떻게 측정할지는 여전히 사회과학의 뜨거운 관심사이지만, 그리고 시중에 나온 다양한 지능지수(IQ) 테스트는 단순히 일반 인지력뿐 아니라 학습과 교양까지도 어느 정도 분명하게 측정해주지만, 지능지수에는 유전적 요소가 강력히 작용하는 것이 사실이다.〈표 A.1〉

이 글을 쓰는 순간에도, 특정 DNA 변이가 지능지수에 간여한다고 밝혀진 바는 없다. 다만 그것을 밝힐 좋은 방법만 개발되면 그 즉시 관련 돌연변이가 십여 개는 발견되리라고 추정한다. 그러나 인간 행동의 다른 면이 다 그러하듯, 여러 변이 가운데 어느 하나가 특별히 큰 영향을 미치지는 않을 것이다(돌연변이 하나가 지능지수를

2점쯤 좌우하려나?).

 범죄 행위도 유전에 영향을 받을까? 다들 익히 알면서도 범죄와 유전을 직접적으로 연관시키지 않지만, 어쨌거나 범죄도 유전의 영향을 받는다는 걸 우리는 이미 알고 있다. 인구 절반에 해당하는 사람이 특별한 유전자 변이를 가지고 있어서 나머지 절반보다 교도소에 수감될 확률이 16배나 높다. 남성에게 있는 Y염색체 이야기다. 그러나 그런 연관관계를 안다고 해서 우리 사회조직이 흔들린 적도, 남성이 저지르는 범죄를 미리 막은 적도 없다.

 그러나 이처럼 자명한 사실은 제쳐두고라도, 반사회적 행동에 미미하게 영향을 미치는 요소가 게놈에서 실제로 발견될 수도 있다. 네덜란드 어느 가족의 흥미로운 사례도 있다. 이 집안에는 반사회적인 범죄 행위를 저지른 남자들이 꽤 많았는데, 이들은 하나같이 X염색체의 한 유전자에서 나타나는 일정한 유전 유형을 가지고 있었다.

 자세히 연구한 결과, X염색체에 있는 모노아민산화효소A(MAOA) 유전자에서 비활성 변이가 발견되었고, 반사회적 행동을 보인 이 집안 남자들은 하나같이 이 변이를 가지고 있었다. 확대 해석하기 힘든 대단히 드문 사례일 수도 있다. 그러나 정상적인 MAOA 유전자에는 발현률이 높은 것과 낮은 것 두 종류가 있음이 밝혀졌다. 발현률이 낮은 유전자를 가진 남자가 법을 어길 확률이 높다는 일반적 증거는 없지만, 오스트레일리아에서 아동학대를 당한 남자아이들을 관찰한 결과, 발현률이 낮은 MAOA를 지닌 아이들이 어른이 되어 반사회적 범죄 행위를 저지르는 확률이 현저히 높았다. 이는 유전자와 환경의 상호작용을 보여주는 또 하나의 예로서, MAOA가 원인이 될 수 있는 유전적 성향은 아동학대라는 환경적 경험이 추가되었을 때만 비로소 나타난다. 그러나 이 상황도 통계상으로만 의미가 있을 뿐 사실은 예외인 사람도 얼마든지 있다.

몇 년 전에 어느 종교 잡지에 실린 기사에서 개인의 영성도 유전자에 영향을 받는가 하는 질문을 보았다. 이제는 결국 유전자결정론을 듣는구나 싶어서 슬며시 웃음이 났다. 그러나 내가 너무 성급했는지도 모른다. 미약하게나마 유전적 요소에 영향을 받는 그 어떤 성격이 다른 성격보다 신의 존재를 받아들일 가능성이 더 크다고도 얼마든지 상상할 수 있는 일이다. 최근의 쌍생아 연구가 보여준 결과도 바로 그것이었다. 비록 흔히 그렇듯 유전의 영향이 대단히 적어 보인다는 단서를 달아야 했지만 말이다.

영성 유전자에 관한 의문은 최근 《신의 유전자(The God Gene)》[3]라는 책이 나오면서 더욱 폭넓은 관심을 끌었다. 이 책의 저자는 이외에도 새로운 것을 추구하는 성향, 불안, 남성 간 동성애에 관한 연구 결과를 발표했다. 이 책은 《타임》 표지를 비롯해 각종 기사의 헤드라인을 장식했지만, 막상 읽어보면 제목이 꽤 과장됐다는 것을 알 수 있다.

저자는 성격 테스트 결과, 가족과 쌍생아 간에 '자기초월'이라는 유전적 특성이 나타났다고 했다. 이 성격은 직접적으로 증명되거나 측정될 수 없는 것을 받아들이는 개인의 능력과 연관되었다. 이 같은 성격에도 유전적 특성이 있다는 사실 그 자체는 그다지 놀랍지 않다. 대부분의 성격에는 그 같은 특성이 있게 마련이니까. 그러나 저자는 여기서 그치지 않고, VMAT2 유전자에서 변이가 생기면 자기초월의 정도가 매우 높게 나타난다고 주장했다. 그러나 그의 자료 가운데 어느 것도 동료의 검토를 거치거나 과학 논문으로 발표되지 않은 탓에, 전문가들은 이 책을 대단히 회의적인 시선으로 바라본다.

《사이언티픽 아메리칸(Scientific American)》에서 어느 평론가는 《신의 유전자》에 적절한 제목을 새로 붙이면서 책을 비꼬았다. 《미발표, 반복불능의 어느 연구에서 밝혀진, 녹색당 가입부터 초감각적 지각에 대한 믿음에 이르기까지 세상 모든 것을 의미할 수 있는 자기초월이라 부르는 요소를 측정하고자 만들어진 심리 설문 결과로 발견된 수많은 유전자 변이 가운데 채 1퍼센트도 되지 않는 단 하나의 유전자》.

이제까지의 내용을 요약하면 이렇다. '인간의 많은 행동적 특성에는 피할 수 없는 유전적 요소가 담겨있다.' 하지만 이 가운데 어느 것도 그 출현을 미리 예견할 정도로 분명한 것은 없다. 어린 시절의 경험을 비롯한 환경과 개인의 자유 선택 의지가 오히려 더 큰 영향을 미친다.

과학자들은 앞으로도 우리 성격을 규정하는 유전적 요소를 계속 발견하겠지만, 그것의 영향력을 과대평가해서는 안 된다. 우리는 모두 특정한 카드 패를 나눠 받았고, 그 패는 결국 드러날 것이다. 하지만 게임에서 그 카드를 어떻게 사용하는가는 우리 손에 달렸다.

인간 개선

공상과학 영화 〈가타카(GATTACA)〉가 그리는 미래사회에서는 질병을 일으키거나 인간 행동을 유발하는 유전자가 모두 밝혀지고, 사람들은 이를 이용해 최적의 조건을 갖춘 아이를 낳는다. 이 섬뜩한 미래상에서 사회는 모든 개인에게서 자유를 박탈하고, 그들이 지닌 DNA에 따라 직업과 삶을 결정해준다. 영화는 유전자결정론이 워낙 정확해서 사회는 이 같은 환경을 감내하리라는 것을 전제로 하지만, 이 체제 밖에서 태어난 영웅은 흡연, 음주, 살해를 일삼는 다른 개선된 개개인들보다 뛰어난 활약을 보이면서 영화의 전제를 반박한다.

이런 종류의 공상과학 이야기가 과연 조금이라도 신뢰할 가치가 있을까? 미래의 인간 개선이라는 주제는 저명한 일부 과학자를 비롯해 많은 사람이 진지하게 관심을 보이는 주제가 분명하다. 2000년에 대통령이 참석한 가운데 백악관에서 '밀레니엄 이브닝' 행사가 열렸을 때 나도 청중으로 참석했는데, 이 자리에서 다른 사람도 아닌 과학계의 최고 권위자 스티븐 호킹 박사가 지금이야말로 인류가 진화를 떠맡아 인간 종의 자기발전을 이룰 체계적 프로그램을 설계할 때라고 주장했다. 신경이 퇴화하는 질병을 앓는 그의 건강을 염려하는 마음에서 어느 면으로는 그의 의도를 이해하는 사람도 있겠지만, 나는 그의 제안이 어쩐지 섬뜩했다. 무엇이 '발전'인지는 누가 결정하나? 인간 종을 개량하려다가 신종 질병에 대한 저항력 같은 중요한 무언가를 잃어버린다면 그 사태가 얼마나 심각할까? 그런 전면적인 재설계가 우리 창조자와 우리와의 관계에 어떤 영향을 미칠까?

그나마 다행스러운 소식은 그 계획이 정말 가능하다 해도, 아직은 아주 먼 훗날의 이야기라는 점이다. 그러나 인간 개선에는 눈앞에 다가온, 그리고 여기서 논의해봄 직한 것도 있다.

우선 개선의 정확한 정의를 내리기가 쉽지 않다는 점부터 인정하자. 질병 치료와 기능 향상을 명확히 나누기도 역시 쉽지 않다. 예를 들어 비만을 생각해보자. 병적인 비만은 심각한 의료 문제와 관련이 있는 게 틀림없고, 따라서 연구와 예방과 치료의 주제가 된다. 반면에 정상적 체중인 사람이 빼빼 마른 슈퍼모델처럼 될 방법을 개발한다면 의학적 성취라고 말하기 어렵다. 그러나 두 가지 극단 사이에 존재하는 몸무게는 연속적인 수치여서, 그 경계가 어디라고 딱 잘라 말하기 어렵다.

우리 자신이나 우리 아이들을 개선한다는 생각은 용납될 수 없으며 위험하기까지 하다고 성급히 단정하기 전에, 우리는 이미 그것을 실행하고 있을 뿐 아니라 심지어는 고집하고 있다는 사실을 기억할 필요가 있다. 우리 아이들이 전염병에 대항할 적절한 면역조치를 받지 못했다면 우리는 무책임한 부모로 인식된다. 여기서 분명히 짚고 넘어갈 게 있다. 면역성을 생기게 하려면 복제된 면역세포를 퍼뜨리거나 심지어는 DNA를 재배치하는데, 이 같은 면역조치는 가장 확실한 인간 개선에 속한다.

마찬가지로 불소를 첨가한 물, 음악 수업, 치열 교정 등이 모두 일반적인 개선에 속한다. 체력을 향상하기 위해 규칙적으로 운동을 하는 행위는 칭찬할 만하다. 그리고 머리 염색이나 성형수술을 쓸데없는 짓이라고 말할지언정 부도덕한 행위라고는 말하지 않는다.

반면에 상황에 따라 판단이 다르겠지만, 현재 이용되는 개선 조치 가운데 어떤 것은 도덕적으로 의문의 여지를 남긴다. 이를테면 뇌하수체호르몬 결핍인 아이에게 성장호르몬 주사를 놓는 것은 용납되겠지만 단지 아이의 키를 더 키울 욕심으로 성장호르몬을 투여한다면 그것을 옳다고 말할 사람은 거의 없다. 또 신장에 문제가 생긴 사람에게 혈액 생성 촉진 호르몬인 에리스로포이에틴을 투여한다면 하늘이 내린 선물이 되겠지만, 운동선수에게 그것을 투여한다면 부도덕하고 불법적인 행위다.

운동과 관련한 또 하나의 예를 보면, 성장인자인 IGF-1을 동물에 투여한 결과 근육 양이 증가했는데, 현재의 검사 체계로는 이를 복용했는지 발견하기가 대단히 어렵다. 다른 스테로이드 약물처럼 이 성장인자도 운동선수가 복용해서는 안 된다고 생각하는 사람이 많다. 그러나 IGF-1은 노화 속도를 늦추는 효과가 있으리라고 추정된다. 만약 그것이 사실이라면, 이 성장인자를 복용하는 것이 부도덕한 일일까?

이제까지 언급한 예 가운데 '생식계열' DNA(부모에서 아이에게 전해지는 DNA)를 바꾸어놓는 것은 없으며, 그런 실험은 가까운 미래에는 결코 일어나지 않을 것이다. 동물을 대상으로는 그 같은 실험을 흔히 하지만, 그것을 인간에게 적용할 경우 몇 세대 뒤에 부작용이 나타날 수 있다는 우려 때문에 인간은 실험 대상에서 제외한다. 그리고 게놈이 조작되어 태어난 미래 후손들은 정작 게놈 조작에 동의할 기회마저 없게 된다. 따라서 윤리적 관점에서도 인간의 생식계열 DNA를 조작하는 일은 앞으로도 오랫동안 논의 주제가 되지 못할 것이다.

다만 한 가지 예외를 인정한다면, 특정 물질을 포함한 인간염색

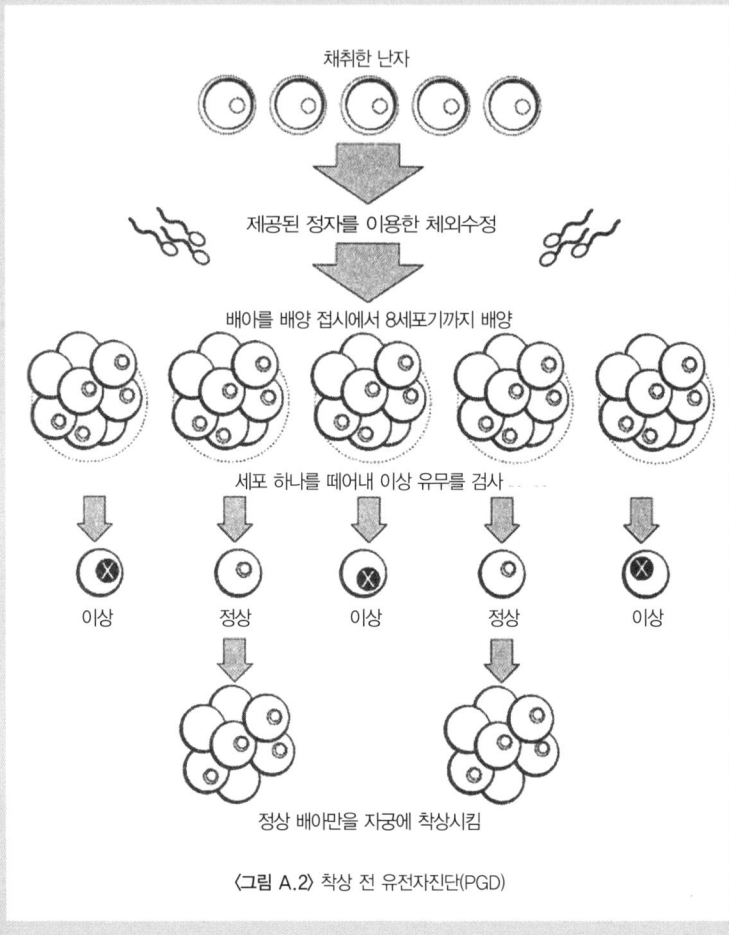

〈그림 A.2〉 착상 전 유전자진단(PGD)

체를 인위적으로 만들되, 그 염색체에 자기파괴 능력이 있어서 이상 징후가 드러나면 곧바로 스스로를 파괴할 수 있는 경우다. 그러나 동물을 대상으로 한다 해도, 그와 같은 협의서를 만드는 일은 아직 머나먼 미래의 이야기다.

그렇다면 인간 유전자풀 조작을 둘러싼 우려는 모두 과장되었다는 말인가? 그렇다. 생식계열 유전자를 조작해 새로운 DNA 구조를 만든다는 부분에서는 그러하다. 하지만 배아를 선택한다는 〈가타카〉 이야기라면 그 우려는 과장이 아니다. 급속도로 확산되는 고도의 기술은 체외수정에서 새로운 변화를 가져왔다. 〈그림 A.2〉에서처럼, 체외수정을 할 때는 모체에서 열 개 정도의 난자를 채취해 아버지가 될 사람의 정자와 함께 접시에서 수정시킨다. 수정된 배아는 분열을 시작한다. 그리고 8세포기에 이르면 각 배아에서 세포를 하나씩 떼어내 DNA 검사를 한다. 검사 결과에 따라 어떤 배아를 재이식하고 어떤 배아를 냉동 또는 폐기할지 결정한다.

테이삭스병이나 낭포성섬유증 같은 심각한 질병에 걸릴 위험이 있는 부부 수백 쌍이 이상이 없는 아이를 출산하기 위해 이미 이 과정을 이용했다. 그러나 장차 테이삭스병에 걸릴 위험이 있는 배아인지를 판별하는 DNA 검사는 아이가 남자인지 여자인지, 또는 BRCA1 유전자 돌연변이처럼 어른이 되어 질병이 생길 위험이 있는지를 판별할 때도 쓰일 수 있다. '착상 전 유전자진단(PGD)'이라 부르는 이 기술을 적용하자면 이처럼 논란이 따른다. 특히 적어도 미국에서는 이 진단법이 사실상 거의 규제를 받지 않고 실행되기에 더욱 그러하다.

PGD 기술이 점점 널리 사용됨에 따라 돈 많은 부부들이 이 기술의 이점을 이용해 손수 설계한 우생학 표본에 따라 부모의 게놈 중에서 최상의 게놈만을 선별해 섞어서 자손에게 최상의 유전적 재능을 부여하는 일이 생기지 않을까? 그다지 바람직하지 않은 변이들을 솎아내고 특정 형질만을 물려주지는 않을까?

이런 식의 접근에는 통계적 문제가 따른다. 부모가 발전시키고 싶어하는 종류의 특성을 관리하는 유전자는 여러 개다. 엄마 쪽에서 최고의 것을, 아빠 쪽에서 최고의 것을 택해 특정 유전자가 만들어지는 경우는 4개의 배아 중 하나에서만 일어난다. 유전자 두 개가 최상으로 만들어지는 경우는 (평균적으로) 배아 16개 중 하나다.

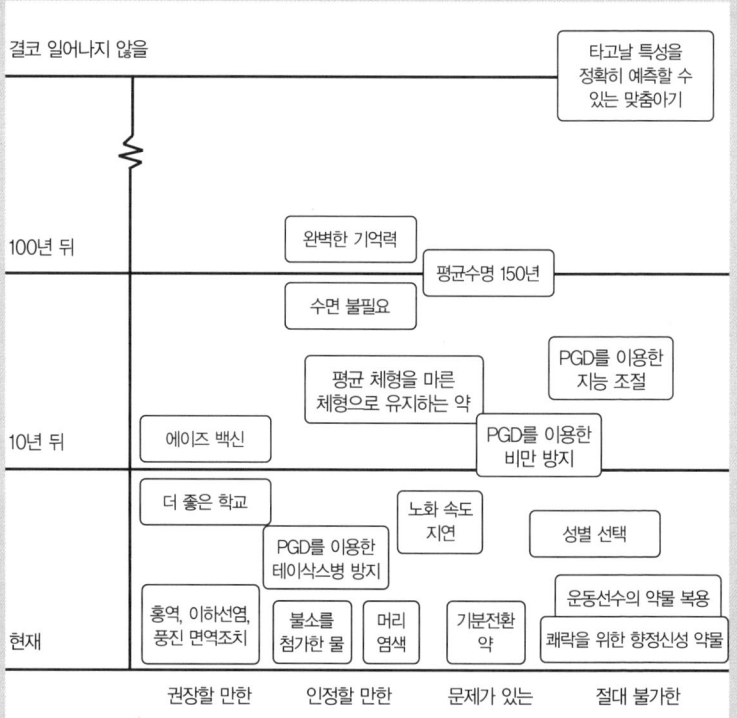

〈그림 A.3〉 다양한 인간 개선 시나리오를 나타낸 그래프. 각 예시가 실제로 일어날 가능성이 얼마나 될지, 그에 해당하는 윤리적 우려가 어느 정도일지는 사람마다 의견이 다르겠지만, 그래프를 관찰하면 상황의 우선순위를 매기는 데 도움이 될 것이다. 그래프 오른쪽 아래로 갈수록 시급하고 문제가 있는 항목이다.

유전자 10개가 최상인 경우는 100만 개 중에 하나가 될까 말까다. 이 개수는 여성이 평생 만드는 난자의 총 개수보다 훨씬 많기 때문에, 이 시나리오가 얼마나 어리석은 시나리오인지 금방 알 수 있다.

이 시나리오가 어리석은 또 한 가지 중요한 이유가 있다. 100만 개에 1개꼴로 생기는 배아가 설사 생겼다 해도, 지능이나 음악 재능 또는 운동 능력 등에 해당하는 유전자 10개를 고르기란 확률적으로 대단히 희박한 일이다. 더군다나 이들 유전자 중에 단독으로 작용하는 것은 하나도 없다. 유전자 주사위를 던져 약간의 최적화된 상황을 만들 수 있다고 해서 어린 시절의 가정교육, 이후의 학교 교육, 훈련 등의 중요성이 무시될 수는 없는 일이다. 어느 부부가 자기들 욕심만 앞세워 유전자 기술을 이용해, 풋볼 팀에서 중요한 쿼터백을 맡고, 교내 오케스트라에서 바이올린 제1주자를 맡고, 수학에서 A^+를 받을 수 있는 아들을 만들려고 했어도, 결국에는 그 아들이 방에 처박혀 비디오 게임을 즐기고, 마약을 하고, 헤비메탈 음악을 듣게 되기 십상이다.

인간 개선 이야기를 마무리하는 차원에서 가능한 시나리오를 2차원 도면에 배치해보는 일도 유용할 것이다. 한 축에는 윤리적 우려 수준을 표시하고, 한 축에는 그 일이 일어날 가능성을 표시한다. 〈그림 A.3〉으로 표현된 이 도면을 보노라면 가장 우려되는 상황, 즉 오른쪽 아래에 있는 상황에 주의를 집중하게 된다.

결론

앞으로 게놈학과 그 관련 분야가 발전하면서 제기될 윤리 문제를 몇 가지 살펴보았지만, 결코 이것이 전부가 아니다. 날마다 새로운 문제가 생기고, 여기서 다룬 문제는 서서히 사라질지도 모른다. 인위적이거나 비현실적인 시나리오가 아니라 실제로 닥칠 수 있는 이런 윤리 문제를 보면서, 우리 사회는 어떤 결론을 내려야 할까?

우선 이 문제의 결론을 그저 과학자에게만 떠맡긴다면 잘못이다. 과학자들은 가능한 일과 그렇지 않은 일을 분명하게 구별할 수 있는 특별한 전문 능력을 지닌 사람이라는 점에서 이 토론의 중요한 역할을 담당한다. 그러나 탁자에 둘러앉은 사람은 과학자만이 아니다. 과학자는 본래 미지의 세계를 탐색하는 일에 굶주린 사람들이다. 과학자들의 도덕의식은 대체적으로 다른 사람들보다 더 나을 것도, 더 못할 것도 없으며, 행여 사람들 사이에 이해 상충이 일어나 비과학자들이 과학에 한계를 설정해놓으면 어쩌나 하는 생각으로 걱정하는 사람들이다.

따라서 여러 사람의 다양한 견해가 논의되어야 한다. 이 같은 토론에 참여하는 사람이라면 과학적 사실을 미리 공부해야만 한다. 그러나 줄기세포를 놓고 일어나는 요즘 토론을 보노라면, 과학적 의미가 분명하게 밝혀지기도 전에 토론자들이 강경한 입장부터 내세우는 바람에 진지한 대화가 불가능해지곤 한다.

만약에 신앙이 있다면 현재의 도덕적, 윤리적 문제를 해결하는 데 도움이 될까? 전문 생명윤리학자라면 대개 아니라고 대답할 것이다. 앞서 말했듯이 자율, 선행, 악행 금지, 정의 같은 윤리 원칙은 종교인에게나 비종교인에게나 똑같이 적용되기 때문이다. 그러나 절대적 진실이란 존재하지 않는다는 포스트모더니즘 시대의 윤리적 근거의 불확실성을 고려할 때, 특정한 신앙에 바탕을 둔 윤리는 자칫 부족하기 쉬운 탄탄한 기반을 제공할 수도 있다. 하지만 나는 종교를 바탕으로 한 생명윤리를 적극 옹호하기가 꺼려진다. 이제까지 역사를 보건대, 종교인들은 신이 결코 의도하지 않은 방식으로 자신의 믿음을 멋대로 이용하여, 사랑이라는 주제를 벗어나 독선과 선동과 극단으로 치달을 위험성을 갖고 있기 때문이다.

종교재판을 행했던 사람들은 자신의 행동이 대단히 윤리적이라고 생각했고, 매사추세츠 세일럼에서 마녀재판을 행했던 사람들도 마찬가지였다. 오늘날 자살폭탄테러를 감행하는 이슬람교도나 낙태 시술 의사를 암살하는 사람들 역시 자신의 도덕적 정당성을 의심치 않는다.

앞으로 과학이 불러오는 어려운 문제에 직면했을 때, 수세기에 걸쳐 실험되고 검증된, 올바르고 고귀한 세상의 모든 전통을 빠짐없이 논의해보자. 그러나 그 위대한 진실을 설명하는 개개인의 해석이 모두 훌륭하리라고는 기대하지 말자.

유전학과 게놈학이라는 과학이 인간에게 '신의 역할'을 허용하기 시작한 걸까? 이 말은 최근의 발전을 우려하는, 비종교인을 포함한 많은 사람들이 흔히 사용하는 표현이다. 만약 인간도 신처럼 무한한 사랑과 박애를 실천할 수 있다면, 과학 발전에 대한 우려는 줄어들 게 분명하다.

그러나 우리의 과거는 그렇게 고상하지 않다. 환자를 치유해야 하는 의무와 해악을 끼칠 행동은 하지 말아야 한다는 도덕적 의무가 서로 충돌할 때면 우리는 어려운 결정에 부딪친다. 그럴 때면 문제를 정면으로 마주하고 상황을 정확히 이해하려고 노력하면서 이해 관계자의 견해를 모두 경청한 다음, 사람들 사이에서 합의를 이끌어내고자 노력하는 길 외에는 다른 대안이 없다. 이 노력이 성공해야 현재 과학적 세계관과 영적 세계관 사이에서 벌어지는 싸움이 종식될 수 있다. 지금 우리에게 절실히 필요한 것은 양쪽 목소리를 경청하는 것이지, 서로를 향해 고함을 지르는 것이 아니다.

저자와의 인터뷰

… 박사님의 어린 시절이 궁금합니다.

저는 버지니아 섀넌도어 계곡에 있는 작은 농장에서 자랐어요. 수도 시설도 없는 곳이었죠. 겨울에는 가축을 돌보느라 아주 힘들었어요. 긍정적으로 보자면 굉장히 목가적으로 들리지요? 하지만 생활도 무척 힘들었고, 공부 또한 쉽지 않았어요. 아버지는 영어학 박사셨고, 어머니는 아주 뛰어난 극작가셨어요. 어머니 생각에, 시골 학교는 아이들이 공부에 흥미를 느낄 만한 곳이 못 되었죠. 그래서 형과 저를 6학년 때까지 집에서 가르치셨어요. 그때가 제 삶에서 아주 중요한 부분이었다는 생각이 들어요. 새로운 정보를 터득하는 재미를 붙인 시기였으니까요.

제가 어떤 주제에 흥미를 느꼈을 때 어머니는 그것을 눈치 채고 제가 그 주제를 계속 파고들게 하는 데 특별한 재주가 있으셨어요. 그러다 재미가 없어질 때쯤이면 우리는 재빨리 다른 주제로 넘어갔죠. 수학이나 언어를 공부할 때도 그랬고, 어머니께는 아주 중요한 주제인 다양한 낱말의 어근을 이해하는 문제도 그랬어요. 학습 계획도 없고 체계적인 교육과정 같은 것도 없었지만 학습 효과는 무척 좋았어요. 그런 경험을 할 수 있었던 저는 정말 행운아였던 것 같아요.

게다가 부모님은 예술에도 조예가 깊으셨어요. 아버지는 작은 대학에서 연극 수업을 하셨는데, 제가 세 살 때는 우리 농장 위쪽에 있는 작은 숲에 여름극장을 만들었어요. 올해로 45회째를 맞았죠. 그 덕에 매해 여름은 진짜 재미있었어요. 재미있는 사람들하며, 여러 제작팀이 북적였으니까요. 아버지는 30년대에 노스캐롤라이나에서 민요도 수집하셨는데, 옛날 음악을 하는 진짜 훌륭한 음악가들을 알고 계셨어요. 그래서 제 주위에는 언제나 음악이 끊이지 않았죠.

그때 제 주위에는 과학이나 의학과 관련된 사람이 아무도 없었어요. 그래서 그 분야에 대해 교육 받을 기회가 전혀 없었는데, 어쩌다 보니 이렇게 그쪽 일을 하게 되었네요. 저는 6학년 때부터 정식으로 학교에 다니기 시작했어요. 할머니가 뇌졸중으로 쓰러지시는 바람에 다 같이 할머니가 계시는 도시로 이사를 가야 했거든요. 어머니는 그곳 학교면 우리를 보내도 괜찮겠다고 판단하신 거죠.

… 사형제 중 막내로 자라 특별했던 점이 있나요?

위에 형 둘하고 저는 나이 차이가 많이 나서, 제가 태어났을 때 형들은 이미 대학생이었어요. 형이라기보다는 삼촌 같았죠. 제 바로 위 형은 저보다 두 살이 많았는데, 저하고 같이 자라는 게 아마 형 입장에서는 훨씬 힘들었을 거예요. 어머니는 저희 둘을 같이 놓고 가르치셨어요. 나이 차이도 별로 안 나는데, 따로 가르치기보다 같이 가르치기가 훨씬 수월했을 테니까요. 그러다보니 형은 버릇없는 동생 때문에 늘 위기의식을 느꼈죠. 저는 무엇이든 형보다 잘하고 싶었거든요. 그 상황이

형에게는 손해였을 거예요. 하지만 저한테는 아주 좋았죠. 아주 즐거웠어요.

… 막내였다는 것이 박사님께 긍정적인 영향을 미쳤다고 생각하시나요?

제게는 좋았던 것 같아요. 그때도 그렇게 생각했는지는 잘 모르겠지만요. 형이랑 싸움이 붙을 때마다 덩치가 큰 형은 항상 이겼어요. 가끔은 제가 점수를 조금 더 딸 때도 있었지만요. 그것 말고는 몇 살 더 먹은 형이 있다는 게 정말 도움이 많이 됐던 것 같아요. 형이 이해한 것을 보면서 그걸 내 힘으로는 어떻게 이해해야 하는지 배웠거든요. 아이들은 으레 자기보다 나이를 조금 더 먹은 누군가를 모방하기 마련인데, 제게는 형이 딱 맞는 대상이었죠.

… 어렸을 때 인상 깊게 읽은 책은 어떤 것이었나요?

저는 프랭크 밤(L. Frank Baum)이 쓴 책은 다 읽었어요. 《오즈의 마법사》뿐만 아니라 나머지 모두요. '둘리틀 선생' 시리즈에도 푹 빠져서, 그 탐험 시리즈를 늘 끼고 살았어요. 어머니는 저를 데리고 도서관에 자주 가시곤 했는데 그것이 제게는 아주 중요한 외출이었죠. 어머니와 같이 책을 고르는 건 제 인생에서 아주 중요한 경험이었어요. 겨울에는 농장에 할 일이 많지 않아서 책을 많이 읽을 수 있는 기회였는데, 이러한 독서는 제 어린 시절에서 아주 큰 부분을 차지해요.

우리는 텔레비전도 없었어요. 부모님은 텔레비전을 악귀만큼이나 해롭게 생각하셨는데, 그 생각도 맞는 것 같아요. 텔레비전에 정신을 빼앗기는 일이 없으니 책이 여러모로 친구 역할을 했죠. 고전을 파고들었다는 이야기는 아니에요. 저는 호머보다 《곰돌이 푸》를 좋아했으니까요.

하지만 디킨스는 아주 좋아했어요. 아버지는 저녁식사가 끝나면 항상 책을 읽으셨어요. 그러면 우리 형제는 자연스레 책을 들고 모두 그 곁에 둘러앉았고, 아버지는 우리가 읽고 있는 책 아무거나 가져다가 책 속의 한 부분을 읽으셨어요. 우리는 그런 식으로 디킨스를 많이 읽었죠.

저는 언어를 좋아하고 그 언어를 읽는 아버지의 목소리를 좋아하게 되었어요. 그리고 따뜻한 불 주위에 둘러앉은 식구들 사이의 유대감 하며…… 그 특별한 시간을 방해할 수 있는 건 아무 것도 없었어요. 부모님은 그런 식으로 독서와 언어, 그리고 가족 간의 유대감을 가르치셨고, 그것이 어떻게 동시에 일어날 수 있는가를 가르치셨는데, 지금 생각해보면 정말 좋은 방법인 것 같아요.

… 다른 아이들과 어울려 학교에 다니지 않고 집에서 교육을 받았던 것이 박사님께 어떤 영향을 미쳤다고 생각하시나요?

제게는 긍정적인 영향을 미쳤던 것 같아요. 공부에 큰 재미를 붙였으니까요. 선생과 학생이 일대일로 만나는 환상적인 수업을 했던 거예요. 물론 사회적인 면으로 보자면 부정적인 영향도 분명 있었을 거예요. 저보다 두 살 많은 형 말고는 같이 놀 친구가 없었으니까요. 3킬로미터 내에는 제 또래 아이들이 없었어요. 그러다가 6학년 때 갑자기 친구들과 어울려야 하는 환경에 놓이면서 적응하느라 꽤 애를 먹었어요. 하지만 극복도 하고 보상도 받고 하면서, 그리 오래 고생하지는 않았던 것 같아요.

… 다른 친구들과 학교에 다닐 수 없어서 속상하지는 않았나요?

운동이나 사회활동, 생일파티 같은 게 아쉽기는 했어요. 다른 아이들

전부 학교에서 재미있게 지내는 것처럼 보일 때면 기분이 썩 좋지는 않았죠. 농장에 있으면 힘든 일도 많이 해야 해서 밖에 나가거나 빈둥거릴 틈이 별로 없었거든요. 하지만 여름에 극장이 문을 열고 이런저런 활동이 시작되면, 제가 이 세상에서 제일 행복한 사람이 된 기분이었어요.

공립학교에 들어갔을 때도 제 관심 분야가 확실치 않았어요. 그때는 트럭 운전사가 되고 싶었어요. 저도 그 정도는 알고 있었으니까요. 여러 해 동안 그 일이 제 삶의 큰 목표였어요.

… 과학자를 꿈꾼 특별한 계기가 있었는지, 만약 있었다면 어떤 계기로 그 일을 하고 싶다는 생각이 들었나요?

고등학교에 들어가서 과학이나 수학에 흥미가 생겼다고 말하는 분들이 간혹 계실 텐데, 그런 분들 누구나 경험하는 일을 저도 경험했던 거예요. 바로 특별한 스승을 만난 건데, 이 분이 진짜 흥미를 이끌어내 주셨어요. 화학을 가르치면서 암기를 강조하지 않고 질문에 답을 찾아내는 인간의 능력을 강조하셨어요. 정말 좋았죠. 과학적인 방법으로, 전에는 알지 못한 사실들을 알아낼 수 있었어요. 저는 수학, 화학, 물리 과목이 참 좋았어요. 체계적이고 원리가 있어서 제 적성에 잘 맞았거든요. 외울 필요가 없었으니까. 저는 암기과목이 싫었어요. 잘하지도 못했고요.

고등학교 10학년, 화학 수업 첫째 날이었어요. 그 선생님은 평생, 어떻게 하면 학생들이 과학에 흥미를 가질까 고민했는데, 이 훌륭한 선생님이 그날 교실에 들어와 이렇게 말씀하셨어요. "오늘은 실험을 하겠어요. 내가 여러분에게 검은 상자를 줄 겁니다. 안에 물건이 들었는데, 물건의 정체를 밝힐 수 있는 모든 방법을 찾아보세요." 내 즉각적인 반응은 "한심한 생각이라니!"였어요. 저는 검은 상자 안에 든 물건의 정체를 밝힐 실험 종류를 나열하기 시작했죠. 그리고 그 일에 빠져들었어요. 누군가가 저더러 좋은 수를 내보라고 한 것이 그때가 처음이 아니었을까 싶어요. 그 전까지는 과학이라고 하면 "여기 이런저런 사실이 있다. 외워라!"가 전부였거든요. 하지만 이번에는 "맞다. 나는 지금 너에게 도전하고 있다. 여기 문제가 있는데 어떻게 풀겠는가?"라는 식이었죠. 뭔가 다르다는 생각이 들었어요.

그 선생님이 그런 방식이었어요. 당시에 맨 처음으로 실험이라는 개념을 떠올렸지만, 그 뒤로도 실험은 무수히 제 앞에 펼쳐졌죠. 선생님은 미지의 세계를 탐색하는 흥미를 자극할 줄 아는 분이셨어요. 그때 그 세계가 저를 사로잡았고, 지금까지도 저를 놓아주지 않네요.

고등학교 때 생물 수업도 들었는데, 저는 그 과목이 영 별로였어요. 암기가 강조되었거든요. 가재의 부위별 명칭 외우기는 흔한 숙제였죠. 저는 큰 재미를 못 느꼈어요. 제가 실수를 한 거죠. 생물에도 원리와 논리가 있다는 걸 깨닫지 못했으니까요. 열다섯인가 열여섯 살에, 생물이나 의학 또는 생명이라 부르는 복잡한 것을 다루는 과학에 나는 흥미가 없다는 결론을 내렸어요. 그런 과목은 체계가 없다는 생각에, 저는 모든 것이 논리적으로 이해되는 화학이나 물리 같은 순수과학만 계속 좋아하기로 했죠. 생물도 재미있을 수 있다는 걸 조금 더 일찍 알았더라면 좋았을 텐데, 아쉽게도 고등학교 때는 생물을 재미있게 배우질 못했어요.

생물 선생님도 좋은 분이셨지만, 생물이 단지 머릿속에 기정사실을 집어넣는 것만이 아니라 머리를 써야 하는 학문이라는 점을 강조하지는 못하셨어요. 예이츠가 아주 훌륭한 말을 했어요. 무척 의미 있는 말이라 제가 남을 가르칠 기회가 생길 때마다 떠올리는 말인데요, "교육은 들통을 채우는 작업이 아니라, 불을 지피는 작업이다"라는 거예요. 10학년 때 그 과학 선생님은 화학과 물리에 불을 지필 줄 아는 분이었어요. 생물 선생님은 들통을 채우는 분이셨고요. 그러니 결과가 판이할 밖에요. 결국 당시의 저는 생물에 흥미를 느끼지 못하는 학생이 된 거죠.

… 박사님은 어렸을 때 1차원적인 아이는 아니셨겠죠? 또 다른 취미는 무엇이었나요?

음악과 극장을 가까이 접하는 가정에서 자란 건 제게 행운이었어요. 네 살 때, 제가 제일 좋아하는 《오즈의 마법사》가 연극으로 만들어져서 어린이극장에서 상연되었어요. 저는 거기서 겁쟁이 사자 역을 맡았었는데, 최고의 배역이었죠. 저는 음악도 아주 좋아해서 피아노도 치고, 기타도 쳤어요. 동네 교회에서 합창단도 했고요. 거기서 정작 교리 같은 건 배우지 않았는데 음악은 아주 많이 배웠어요. 그런데 주위에서 많은 걸 접하고 재미를 느꼈지만, 그래도 과학만큼 저를 사로잡은 건 없었어요. 과학을 알고부터는 거기에 푹 빠져 살았죠.

그러다 열여섯 살에 대학에 들어갔는데, 일찍 진학을 한 것이 긍정적인 면과 부정적인 면 모두 있었어요. 대학생활은 아주 좋았지만, 성숙하지 못한 상태에서 미래를 결정한 것 같아요. 저는 늘상 생명과학은 내 취향이 아니라고만 생각했고, 오로지 물리에만 관심을 가진 채 대학 시절 내내 그것에만 몰두했죠. 화학, 물리, 수학은 가능한 모든 강의를 다 들었는데, 생물은 단 한 번도 듣지 않았어요.

대학을 졸업하고는 당연히 물리화학 분야에서 박사 학위를 준비했죠. 처음 일 년 반은 정말 재미있었어요. 그러다 문득 내가 너무 편협한 선택을 한 게 아닌가 싶은 생각이 들더군요. 그래서 결국 생화학 수업을 하나 들었고, 그러면서 그 분야 대학원생들과 이야기를 나누었어요. '재조합 DNA'라고 하는 눈이 번쩍 뜨이는 분야를 전공하는 대학원생들이었죠. 저는 완전히 빠져들었어요. 그런 느낌은 처음이었거든요. 어찌나 흥미롭던지 정말 흥분되더군요.

그러면서 심란해졌어요. 대학원 2년째에 전공을 잘못 선택했다는 걸 깨달았으니까요. 저는 늦었지만 방향을 바꾸기로 마음먹었어요. 아마 저 같은 경험을 한 사람이 아주 많을 거예요. 다행히 장기적으로 볼 때 그 모든 과정을 거친 게 큰 장점이 되긴 했지만, 당시에는 '이제 내가 무엇을 해야 하지? 하던 일을 아예 그만두어야 하나?' 하고 깊은 고민에 빠졌지요.

… 그 모든 과정을 거친 게 큰 장점이 되리라고 생각하신 이유는 뭔가요?

돌이켜보면 제가 대학과 대학원에서 물리화학에 대해 배운 모든 것이 지금 인간게놈 프로젝트를 진행하는 데 엄청나게 도움이 되고 있어요. 그건 제게 과학의 엄격함을 가르쳐 주었거든요. 제 생각에, 생물이나 의학을 공부하는 사람이라면 생명과학에 전적으로 매달리기 전에 물리를 깊이 공부하는 게 많은 도움이 될 것 같아요. 원칙은 아주 중요하죠. 엉터리 데이터를 받아들이고 싶지 않을 때, 그리고 반드시 받아들일 필요가 없는 상황에서 엄격한 분석을 고집하는 것은 대단히 유용한 훈련이고, 저는 그걸 소중하게 생각하죠. 제가 대학원에서 공부한 양자역학도 지금 제가 연구하는 분야는 아니에요. 하지만 그러한 지적 훈련 과정이 다른 것을 준비하는 데 큰 도움이 되었다고 생각해요.

당시 저는 일종의 위기에 빠졌어요. 두 살짜리 아이까지 있는 형편에 처음부터 다시 시작할 생각을 하고 있었고, 그렇다면 무엇을 해야 하나

고민도 됐죠. 그리고 실험이 내 적성에 맞을지 안 맞을지 확신할 수가 없었어요. 그래서 많은 선택을 놓고 어떤 게 내게 맞을지 여러 날을 밤새워 고민했어요. 그리고 결정했죠. 의학이 어렸을 때부터 꿈꾸던 분야는 아니지만, 내게 정말 흥미로운 분야일 것이다, 의학은 생명과학을 공부할 기회이고, 실험을 하다보면 분명히 나를 사로잡을 무언가가 있을 것이다, 만약 그렇지 않더라도 나는 사람들과 같이 일하는 걸 좋아하지 않나……. 그때 제 마음속에는 다른 사람을 위해 무언가를 해야 한다는 사명감 같은 게 있었어요. 물리를 공부할 때는 느끼지 못한 사명감이었죠. 그리고 산골 마을 의사가 된다 해도 나쁠 건 없을 것 같았어요.

무척 단편적인 생각이었죠. 그런데 그게 어느 정도 통하더군요. 결국 채펄힐에 있는 노스캐롤라이나 의과대학에 들어갔어요. 자아를 찾기에는 더없이 훌륭한 곳이었어요.

의대생이 된 지 몇 달 안 됐을 때의 일이 지금도 어제처럼 생생한데, 그날 소아과 의사 한 분이 수업에 들어오셔서 이야기를 해주셨어요. 유전질환을 앓는 환자 두어 분과 같이 오셨죠. 그때 DNA라고 부르는 놀라운 분자에 아주 작은 변화만 일어나도 얼마나 엄청난 결과를 초래하는가를 똑똑히 보았어요. 염기 서열 철자 중에 딱 하나만 잘못 되어도 그날 함께 온 환자 한 분이 겪고 있는 겸상적혈구빈혈증에 걸릴 수 있는 거죠. 또 갈락토오스혈증에도 걸릴 수 있는데, 그 병에 걸린 갓난아기도 수업에 들어왔었어요. 그리고 어쩌면 수학과 관련된 부분, 그러니까 DNA의 정밀함이나 암호화 능력 같은 부분에 끌렸는지 몰라도(DNA는 어쨌거나 디지털 분자니까요) 그날 그 순간에 아, 이게 바로 내가 원하는 거구나 하는 확신이 들었어요.

정말 오래 걸렸죠. 지금도, 주위 사람들은 자기가 하고 싶은 일을 정확히 정한 것 같은데 왜 나는 아직 꿈을 찾지 못할까 고민하는 젊은 친구들을 보면 남의 일 같지 않아요. 저는 시간을 갖고 천천히 정하라고 말해주고 싶어요. 저는 꿈을 조금 일찍 발견했던 것 같아요. 좋은 꿈이었죠. 그런데 더 좋은 꿈이 있더라고요. 계획을 조금 변경해서 더 개발해야 할 꿈이었어요. 그 변화가 제게 아주 유익했던 것 같아요.

지금 생각해 보면, 저는 과학계에서 최고의 행운아예요. 버지니아의 작은 농장에서 자란 제가 그야말로 깜짝 놀랄 만한 업적을 총괄하는 기회를 잡았으니까요. 과학계를 통틀어 가장 중요한 프로젝트를 총 지휘할 기회를 얻어서 지금까지 그 작업을 체계적으로 해내고 있지요.

역사가들이 우리가 만든 청사진, 작업 목록, DNA 설계도를 읽어본다면 원자를 쪼개거나 달에 착륙한 것보다 더 의미심장한 업적이라고 판단할 거예요. 이 작업은 우리 안으로 들어가는 모험이에요. 한번 생각해 보세요. 우리가 인간으로서 우리의 생물학적 특성들을 수행하도록 지시하는 것이 무엇일까요? 저는 모든 역사가, 생물과 의학의 역사가 이 놀라운 업적을 기점으로 갈라지리라고 생각해요. 인간게놈 서열이 밝혀지기 전에 우리가 알았던 것들과 밝혀진 뒤에 알았던 것들로 말이죠.

… 지금 하시는 일에서 가장 만족스러운 부분은 무엇인가요?

만족은 다양한 형태로 나타나죠. 점점 모습을 드러내는 DNA 설계도를 볼 때도 그렇고요. 올해(1998년)가 가기 전에 다세포 생물인 회충의 DNA 설계도를 완성할 수 있을 거예요. 게놈프로젝트의 일환으로 아주 흥미로운 이정표가 될 거예요. 전에는 한 번도 밝혀진 적이 없는 회충의 DNA에 있는 1억 쌍의 염기가 완전히 밝혀지면 대단한 만족감이 느껴질 거예요. 하물며 지금 우리가 이야기하는 인간게놈 서열이 밝혀진다면 그 기분은 이루 말할 수 없겠죠. 획기적인 이정표를 완성했다는 기쁨이랄까.

무엇보다 의사이기에 이러한 발견이 의학에 커다란 도움이 된다면 더더욱 뿌듯하겠죠. 이제 유전자에 대한 새로운 지식이 생겨서, 유전질환으로 상심한 가족과 이야기를 나눌 때 그분들에게 정확한 사실을 설명해줄 수 있어요. 자기가 심각한 질병으로 죽을 거라고 생각하는 사람에게, 당신은 그런 유전자를 물려받지 않았으니 안심하라는 말도 해줄 수 있고요. 이보다 더한 만족이 어디 있겠어요?

지금은 유전학을 의학에 도입하는 초기 단계지만, 사람들에게 당신은 암이나 헌팅턴 병으로 젊어서 죽는 일은 없을 것이다, 정도는 충분히 말해줄 수 있어요. 다른 사람과 똑같이 앞으로 오래 살 수 있다고 판명이 나서 그런 사실을 알려주면 아마 그들의 인생이 바뀌기도 할 거예요.

… 박사님께서 하시는 일이 수많은 이들의 삶에 영향을 미칠 수 있다는 걸 생각하면 뿌듯하시겠어요.

맞아요. 하지만 이런 이야기를 할 때면 조심스러운 게 하나 있어요. 행여 젊은 사람 중에 내 삶이 수많은 다른 사람에게 큰 영향을 미치지 못한다면, 나는 성공한 사람이 아니다, 나는 능력이 없는 사람이다, 그렇게 생각하는 사람이 있지 않을까 해서요. 그런 일을 몇 번 겪다보니 말하기가 무척 조심스럽네요.

예전에 서아프리카에 있는 작은 선교병원에서 한 달 동안 일한 적이 있어요. 연구 때문에 여러 문제로 골치가 아플 때라 아프리카를 갈 만한 시기는 아니었는데, 정말 가고 싶었거든요. 내가 그곳 삶을 바꿔놓으리라는 원대한 그림을 품고 갔죠. 그런데 두어 주가 지나면서 심각한 좌절감을 겪었어요. 제가 돌볼 환자들이 죄다 안 걸릴 수도 있는 병에 걸려 있더란 말이죠. 공중 보건도 엉망이고, 물도 오염되고, 영양 섭취도 형편없었으니까요. 내가 몇 사람을 살릴 수는 있겠지만, 그 사람들이 다시 원래 환경으로 돌아가면 말짱 헛일이죠. 이 엄청난 인구를 치유하겠다는 제 꿈은 산산조각이 나고 말았어요.

하루는 아침에, 전날 치료했던 젊은 농부를 보러 갔어요. 결핵에 걸린 청년이었는데, 이 친구가 저를 쳐다보며 그러더군요. "제가 보니까, 선생님은 지금 내가 대체 여기 왜 왔을까, 그런 생각을 하고 계신 것 같은데요." 그러더니 "선생님이 여기 오신 이유는 딱 하나예요. 저를 위해 오신 거예요. 그 이유 하나면 충분해요." 그러지 않겠어요? 그 말이 제 가슴을 후비더군요. 살면서 그때 같은 경험은 없었어요. 우리는 원대한 꿈을 품어야 하고, 그걸 추구해야 하죠. 인간이란 원래 그래요. 그래서 우리 도전정신을 숭고하다고 말하겠죠. 하지만 정말 중요한 건 한 인간과 일대일로 만나는 것이라는 점을 절대 잊어서는 안 되요. 내 힘이 닿는 곳에서 다른 사람의 삶을 조금 더 낫게 만들려고 노력해야죠. 그렇게만 할 수 있다면, 평생토록 가끔씩이라도 그런 일을 할 수 있다면, 그건 성공한 삶이에요.

그렇지 않다면 훌륭하고 원대한 꿈을 가졌더라도, 그리고 그 꿈을 어느 정도 실현했더라도, 나중에는 실망하고 좌절하고 뭔가 허전한 느낌을 받을 거예요.

… 인간 게놈을 모두 밝혀내면 우리에게 어떤 영향을 주게 될까요?

저는 인간의 숭고한 임무 중 하나인 의학의 목적이 고통을 완화하는 것이라고 생각해요. 말할 수 없이 고통스러운 병도 있어요. 우리는 이미 천연두나 소아마비 같은 심각한 질병을 퇴치했어요. 소아암 치료법도 개발되어서, 예전 같으면 목숨을 잃었을 아이들도 지금은 정상적인 생활이 가능하죠. 심장병이나 기타 여러 암도 치료 기술이 많이 발전했어요. 하지만 아직도 이해하지 못하는 질병이 너무 많아요.

인간게놈 프로젝트의 목적은 새 창을 열어 분자 수준까지 들여다보자는 거예요. 당뇨병의 원인이 무엇인가? 고혈압, 심장병, 정신분열, 일반적 암의 원인이 무엇인가? 그 정보만 있으면 질병이 생기기 전에 미리 막을 수 있어요. 그게 우리 꿈이고, 아침에 눈을 뜨는 이유예요. 우리 앞에 게놈 지도가 펼쳐진다고 상상한다는 건 대단한 지적 성과지만, 진짜 중요한 건 그 정보를 이용해 고통을 완화하고 사람들을 오래, 건강하게 살게 한다는 점이죠. 그것은 우리가 인간으로서 할 수 있는 대단히 중요한 일이고, 게놈 지도는 바로 그 일을 할 수 있는 도구예요.

… 혹시 작업이 실패해서 유전자 정보를 얻지 못할 가능성을 생각해 보신 적이 있나요?

제가 무척 걱정하는 부분은 이 정보가 어떻게 손에 들어올까, 그리고 어떻게 사용될까, 정보를 손에 넣기가 어려울까, 하는 점이에요. 예전에 운이 좋게도 낭포성섬유증 연구에 참여한 적이 있어요. 카프카스 사람들에게 제일 흔히 발생하는 치명적인 유전질병이죠. 신생아 2,500명당 한 명꼴로 이 병이 나타나요.

30년 전에는 이 병에 걸린 사람의 평균 생존연령이 약 4세였는데, 지금은 30세예요. 의료 기술과 항생제가 꾸준히 발전했고, 질병의 부분적 원인인 영양실조도 많이 개선되었거든요. 그래도 현실은 여전히 참담해요. 20대부터 서서히 내리막길에 접어들어 나중에는 호흡곤란으로 사망에 이르죠. 폐가 제일 많이 망가지거든요.

그런데 10년의 노력 끝에 1989년에 낭포성섬유증과 관련이 있는 유전자를 알아내, 이 병의 비밀을 완전히 벗겨냈어요. 유전자를 알았으니 이제 짐작에 의존하지 않고 문제가 있는 곳을 집중적으로 공략하는 치료법을 개발할 수 있게 된 셈이에요. 말하자면 유전자요법이죠. 이제까지 낭포성섬유증을 유전자요법으로 치료하려는 시도가 여러 차례 있었는데 약물치료도 그중 하나예요. 문제를 정확히 아니까 약물도 새롭게 개발할 수 있는 거죠. 한편으로는 무척 흥분돼요. 절대 발생하지 말았어야 할 낭포성섬유증을 유전자와 약물로 치료하는 법을 임상실험까지 마쳤으니까요. 하지만 아직도 그 병을 완전히 치유하지는 못했어요.

실패에 대한 두려움은 한시적인 두려움이에요. 유전자 정보를 알았으니 낭포성섬유증도 시간이 지나면 치유할 수 있어요. 지금도 치유법을 알아가는 중이니까요. 하지만 그 병으로 고생하는 사람들 살아생전에 그걸 알아낼 수 있을지, 아니면 앞으로 10년, 15년, 또는 20년을 더 기다려야 할지는 저도 몰라요.

유전자와 관련해 제가 무척 걱정하는 실패가 하나 더 있어요. 유전자 정보는 막강한 정보예요. 앞으로 5년에서 10년 사이에 모든 사람의 DNA를 들여다볼 능력이 생겨서 "저 사람은 네 가지 질병에 걸릴 위험이 있다"고 말할 수 있을 거예요. 좋은 소식이 틀림없어요. 내게 어떤 위험이 있는지 알면, 생활 방식과 건강관리 방식을 바꾸고 더 건강하게 살 수 있으니까요. 개인 맞춤형 예방의학이라는 건데, 정말 흥분되는 이야기죠. 하지만 다른 사람이 내 유전자 정보를 알아내어 내가 건강보험 혜택을 받지 못하거나 실직하는 경우가 생긴다면, 사람들은 당연히 그런 정보를 원치 않겠죠. 지금으로서는 어떤 일이 벌어질지 장담할 수 없어요.

 저는 이 유전학 혁명이 초래할 윤리적, 법적, 사회적 결과에 애초 예상보다 훨씬 더 많은 시간을 보내고 있어요. 이 문제를 해결하려면 모든 사람이 소매를 걷어붙이고 나서서, 과학적 성과를 얻을 때만큼이나, 어쩌면 그때보다 더 많이 힘을 쏟아야 해요. 그렇지 않으면 이 희망적인 과학 혁명이 엄청난 희생을 초래할 수도 있어요. 그렇게 되면 정말 비극이죠.

 이번 과학 혁명은 그러한 결과들을 예상해야 할 정도로 아주 드문 혁명이에요. 원자를 쪼갰을 때도 이런 일은 생기지 않았어요. 게놈프로젝트를 처음 시작할 때부터 이 문제에 사용할 예산을 어느 정도 따로 마련해 두었어요. 지금은 생명윤리를 다루는 인류 역사상 최대 규모의 연구 사업에 자금을 대고 있죠. 잘하는 일이라고 긍정적으로 평가하고 싶어요. 하지만 아직은 실험 단계예요. 지금의 연구와 자금 지원이 효과를 낼지는 알 수 없어요. 입법권과 의사 결정권을 가진 사람들의 열정도 필요해요. 그래야 과학에서 정치로 서둘러 옮겨갈 수 있으니까요.

 앞서 얘기했듯, 사람들이 가장 걱정하는 문제는 내 유전자 정보가 허락 없이 유출되어 내가 직장을 잃거나 건강보험 혜택을 받지 못하는 상황이 오지 않을까 하는 것이에요. 이건 꼭 해결해야 할 문제예요. 지금까지는 문제 해결이 아주 느리게 진행됐어요. 어떤 것을 과학적으로 아는 것과 그것을 해결하는 것은 별개의 문제죠. 지금 제가 말씀드릴 수 있는 것은 이 문제를 해결하기 위해 양측이, 그리고 미국 상하원이 무척 노력하고 있다는 점입니다. 미국 대통령께서도 직접 말씀하셨어요. 지난여름 백악관에서 열린 큰 행사에서도 이 문제가 최우선 과제로 거론됐지요. 지금 아홉 달이 지났지만 여전히 문제는 해결되지 않고 있어요. 무언가를 명확하게 해결하려면 참 갑갑한 때가 많죠. 위기가 닥치기 전에, 수천, 수만, 수백만 명이 피해를 보기 전에 미리 손을 쓰기가 그렇게 어렵더군요. 그게 왜 안 될까요?

문제 해결에 적극 반대하는 사람은 없어요. 예상하시겠지만, 사람들이 지금 당장 보험회사에 이래라저래라 하지 않아요. 보험회사더러 회사가 이미 거부하고 있는 사람들을 받아들이라고 요구하는 사람도 없어요. 이 문제로 보험회사 재정이 흔들리지도 않아요. 이제 문제를 해결해야 해요. 저는 엄청난 시간을 들여 제 의견을 말하고 있어요. 그런데 다른 요소들이, 제가 전혀 통제할 수 없는 요소들이 길을 가로막더군요. 정말 갑갑한 노릇이죠.

… 박사님의 가치와 지금 하시는 일의 결과가 서로 상충될 일은 없을까요?

저는 앞으로 유전자 정보가 어떻게 이용될지 궁금해요. 개인의 자질 향상을 이야기할 때면 특히 그렇죠. 유전자 정보를 이용해 심각한 질병을 치료한다면 더 바랄 게 없죠. 하지만 그 범위를 벗어나, 사람의 특성을 바꿔서 인간을 개선하는 문제를 이야기할 때면 제 마음이 아주 불편해져요. 대체 뭐가 개선인지 누가 단정할 수 있을까요?

우리 사회가 유전자 정보를 이용해 인간을 바꾸는 문제를 어디까지 진척시킬까요? 저는 그 주제에 대해서는 무척 보수적입니다. 제 동료들과도 의견이 다르고, 우리 사회의 평균적인 시각에도 반대하니까요. 제가 명심할 점 또 하나는, 이 문제에 관해서는 제 의견이 특별히 영향력이 있으려니 기대하지 말아야 한다는 것이에요. 과학적 사실에 관해서라면 모를까, 유전학의 쓰임새에 관해서라면 저 같은 과학자는 도덕이니 윤리니 하는 문제를 결정할 그 어떤 특별한 능력도 없어요. 그 문제에는 우리 모두가 매달려야 해요. 그리고 그 점에 관해서라면, 이 프로젝트를 이끄는 책임자라고 해서, 윤리적 문제에서도 내 의견을 주장할 특별한 자격이 있다고 생각하지 않으려고 무척 조심하죠. 제가 고민하는 문제는 끊임없이 제 앞을 가로막는 것들이에요.

… 문제를 바라보는 방식에서 엄청난 책임감을 느끼실 텐데, 어떤 식으로 감당하시는지요?

제 주위에는 매순간 제가 의지할 만한 조언을 해주는 지혜롭고 뛰어난 사람들이 많아요. 게놈프로젝트는 여럿이 함께 하는 작업이에요. 제 개인 프로젝트가 아니라, 전 세계 연구소에서 천 명에 가까운 과학자들이 참여하는 프로젝트죠. 미국이 큰 역할을 맡고 있지만, 그 밖에 여러 나라가 참여하고 있어요.

미국에는 수많은 게놈 연구소가 있어요. 거의 모든 영역에 전문가가 있죠. 우리가 일을 책임 있게 잘하는지 점검하고 조언해주는 일에 시간과 노고를 아끼지 않는 사람들도 있어요. 이 일은 무거운 책임이 따르는 일이지만, 저 못지않게 이 일에 희망을 걸고 헌신하는 사람들과 그 무거운 짐을 함께 나눌 수 있어요. 이 일을 혼자서 해야 했다면, 밤에 잠을 잘 수도 없었을 거예요.

… 이 일을 하느라 생활방식이나 가정생활 같은 사생활에 지장을 받지는 않으시나요?

지금 하는 일에 몰입한다고 해서 그걸 미안해 할 마음은 없어요. 사람들 말로는 제가 세 살 때부터 그런 식으로 살았다고 하네요. 저는 원래 그렇게 타고났어요. 하지만 사람들과의 관계는 제게 아주 중요해요. 제게는 훌륭한 두 딸이 있어요. 둘 다 성인이 됐죠. 하나는 의사고, 하나는 사회복지사에요. 아버지와 딸의 관계로는 다른 누구 못지않다고 생각해요. 아주 훌륭한 딸들이에요.

결혼생활은 아쉽게도 여러 이유로 23년 만에 끝이 났어요. 그 일로 몇 해 동안 힘들어 하다가 바로 한 달 전에 재혼했어요. 저는 행복하고 건강한 관계를 유지하는 것과 일에 몰두하는 것을 낙관적으로 생각해요. 일은 다른 모든 것을 희생시킨다는 단순한 생각에 빠지지 않는 것이 제게는 무척 중요하죠.

제게 중요한 또 하나는 신앙인데, 사람들은 그 사실을 놀라워하죠. 과학자라면 으레 내면에서 신과 공존하기가 힘들겠거니 생각하니까요. 하지만 제게는 그것이 오늘날의 나를 있게 하는 한결같은 원칙이에요. 제 신앙은 어렸을 때 생겨서 버릴 수 없었다거나 하는, 사람들이 흔히 생각하는 이유로 생긴 신앙은 아니에요. 제가 신앙을 갖게 된 게 스물일곱 살 때였는데, 하나님을 믿는다는 것이 이치에 닿는 일인지를 논리적으로 다양하게 탐색한 결과였어요. 이치에 닿지 않는다면 하나님을 믿을 수 없는 일이니까요. 제가 분명하게 말할 수 있는 점은 그 문제를 고심한 결과, 제게는 "증거를 보여주면 당신 말을 믿겠어"라고 주장하는 과학자가 되는 것과, 자기만의 신을 굳게 믿는 사람이 되는 것과는 상충하는 부분이 전혀 없다는 사실이에요. 두 영역은 어느 정도는 겹쳐서 나타나지만, 세상을 보는 방식이 다르죠. 과학자인 저로서는 그 둘을 하나로 묶어서 새로 발견한 사실에 영원한 의미를 부여할 수 있다는 점이 무척 기뻐요. 절대 포기하고 싶지 않은 부분이죠.

… 지금의 성과가 나오기까지는 일에 대한 몰입이 핵심이었나요, 아니면 또 다른 요인이 있나요?

누구나 자기가 하는 일에 전심을 다해야 한다고 생각해요. 가치가 있는 일은 힘들고 실패할 확률도 높으니까요. 저는 한평생 실패를 수없이 겪었어요. 질병 유전자를 찾는 일부터가 실패를 거듭하는 과정이고, 과학자로서 이제까지 해온 일이 거의 다 그랬어요. 낭포성섬유증이나 헌팅턴 병을 연구할 때도 그랬고요. 지금은 성인 당뇨병과 관련된 유전자를 찾고 있는데, 이제까지의 연구 중에 가장 어려울 뿐더러 성과가 있을지도 확실치 않아요. 저는 벽에 윈스턴 처칠이 한 말을 붙여놓았어요. "성공은 수그러들지 않는 열정으로 실패에서 실패로 옮겨가는 것에 불과하다."

많은 의미가 담긴 말이죠. 특히 과학에서는 그걸 각오해야 해요. 실험을 열 번 해서 한 번 넘게 성공하는 과학자를 본 적이 없어요. 90퍼센트는 완전히 망치고, 아무 소득도 없고, 완전히 실패한 시간낭비일 뿐이에요. 성공한 10퍼센트만이 새로운 지식으로 남고, 나머지는 기정사실을 확인하는 것뿐이죠. 그러니까 이 일을 하려는 사람은 실패를 당연하게 생각해야 해요. 제 말을 오해하지는 마세요. 이 일을 소명이라고 생각하는 사람에게는 세상에서 이만큼 뿌듯한 일도 없으니까요. 사실 실험하는 족족 성공하는 일이라면 그다지 흥미로운 일은 아닐 거예요. 최첨단 일도 아닐 테고, 이미 알려진 사실을 복제하는 수준의 일이겠죠.

처음에는 익숙해지기 힘든 일이에요. 세상에, 제가 처음 과학에, 그러니까 유전학에 진지하게 발을 들여놓던 때가 생각나네요. 시계는 째깍거리는데, 뭔가 의미 있는 일을 해야 했어요. 빠른 시간에 나를 증명하지 않으면 모두가 나를 정말 한심하고 재주도 없는 사람으로 여길 것 같았으니까요. 그런데 일이 안 풀리더군요. 처음 몇 달 동안은 시도하는 일마다 실패했어요. 그래서 밤에 집에 갈 때 굉장히 우울하고 의기소침하고 "그만두어야 하나?" 하는 생각마저 들더군요. 그때 느낀 강렬한 패배감이 지금도 생생해요. 그렇다고 해서 지금이 그때보다 낫다는 이야기는 아니에요. 지금도 실패율이 그때와 마찬가지지만, 이 바닥에서는 그게 흔한 일이라는 걸 이제는 깨달았죠. 실험에서는 실패해도 상관없어요. 인간 자체가 실패한 건 아니니까요. 바로 그 점을 알아야 해요.

과학자이면서 의사라는 점도 제게는 행운이죠. 두 영역을 한데 섞는다는 건 대단한 일이에요. 진짜 환자와 임상적으로 소통한 다음, 실험실로 돌아가 실험을 하죠. 환자를 진료할 때는 내가 그에게 아무 것도 줄 수 없어도, 그리고 환자의 병을 전혀 손쓸 수 없고 다만 해줄 수 있는 것이라고는 그 사람 손을 붙잡고 앞으로 어떤 일이 닥칠지 이야기해주고 필요하면 함께 울어주는 것이 전부라 해도(이런 일도 가끔 해야 하죠), 그러한 소통을 마치고 나오면 뭔가 중요한 일이 일어났었다는 느낌을 받게 되죠. 비통한 일일 수도 있고, 가슴 아픈 일일 수도 있고, 더러는 뿌듯한 일일 수도 있지만, 어쨌거나 의미 있는 일이고 중요한 일이었어요. 저는 그 점에 의지할 수 있고, 그건 결코 실패가 아니에요.

하지만 실험실은 그렇지 않아요. 실험실에서는 서너 주, 또는 그 이상의 시간 동안, 뭔가 가치 있는 일을 했다는 느낌을 받지 못할 수도 있어요. 하지만 문득 섬광을 보았을 때, 흔한 일은 아니지만 뭔가 번쩍이는 것을 보았을 때, 예전에는 누구도 몰랐던, 그래서 더욱 가치 있는 것을 알게 되죠. 그게 바로 영감의 순간이라는 것이고, 그때까지 오직 하나님만 알던 새로운 현상을 깨닫게 돼요. 그 순간이 연구를 지속하는 힘이에요. 그 힘으로 여러 달 동안 숱한 실패와 잘못된 가설을 견디고, 그 힘으로 다음 단계로 넘어갈 희망을 품죠.

… 박사님이 겪어야 하는 가장 큰 좌절과 실망은 무엇인가요?

끊임없이 좌절하는 부분 하나가 이 나라에서도, 다른 여러 나라에서도, 우리가 연구에서 얻을 수 있는 것들이 과소평가된다는 점이에요. 우리는 우리 의료체계가 세계 최고여야 한다고 생각하죠. 하지만 어느 면에서는 최고인데, 의료 체계의 불평등을 생각하면 최고가 아니죠. 그런데도 연구에 장기적인 투자를 하려들지 않아요.

좋은 아이디어가 있는 과학자들이 제가 일하는 국립보건원을 찾아와요. 그리고 제안을 내놓으면 동료와 전문가들이 평가를 하죠. 대략 4분의 1 정도가 가치를 인정받아 연구비를 지원받아요. 그리고 나머지는 거절되는데, 그 이유가 연구비를 지원해줄 수 없기 때문이에요.

우리는 보건의료 예산의 약 1.5퍼센트를 연구에 사용해요. 기업이라면 사업비에서 고작 1.5퍼센트를 연구에 재투자한다는 건 상상할 수도 없는 일이에요. 그런데 우리는 보건의료 같은 중요한 사업을 그렇게 다루면서도 태연해요. 갑갑한 일이죠. 우리가 해야 할 일이 참 많아요.

… 이 일을 하려면 무엇이 필요할까요? "이 일을 하고 싶습니다" 하면서 찾아오는 젊은이가 있다면 어떤 말씀을 해주시겠어요?

유전학, 게놈학, 분자생물학은 21세기를 이끌어 갈 분야예요. 과학

탐구에 마음을 둔 사람이라면 누구나 영광스러운 길을 갈 거예요. 온갖 종류의 관심을 펼칠 수 있고, 온갖 종류의 학문이 필요한 분야니까요.

자료를 해석할 컴퓨터 과학자도 필요하고, 정보 산출 속도를 높일 엔지니어도 필요하고, 광학을 이해하는 화학자와 물리학자도 필요하고, 생물학자도 아주 많이 필요하고, 거기에 생리학 관계자도 필요해요. 어떻게 이 모든 유전 정보를 얻어서 실제로 간이나 심장을 만들고, 또 어떻게 그것을 움직이게 하는지 알아야 하니까요. 그리고 법을 알고, 법의학이든 차별이나 사생활과 관련한 부분이든 법과 유전학이 맞닿는 부분을 잘 아는 사람도 필요해요. 윤리학자도 필요하고, 신학자도 필요해요. 제 생각에 교회와 과학계 사이에 유전학과 관련해 대화가 너무 없는 것 같아요.

… 이 일에서 성공하려면 어떤 자질이 필요할까요?

다른 과학이 다 그렇듯이 유전학도 인내심이 필요해요. 실험이 늘 성공할 수는 없어요. 여기서 한 시간, 저기서 한 시간, 그렇게 해도 원하는 진전이 안 보일 거예요. 실험은 보통 5시가 넘어서도 계속되는 고약한 습성이 있어요.

특히 유전학을 하려면 과학에 나오는 수학에 관심이 있어야 해요. 유전학은 생물에서도 수학적인 부분과 관련이 깊거든요. DNA가 움직이는 방식은 단순히 알파벳 4개로 구성되는, 일종의 디지털 코드 같은 것이에요. 그러니까 그런 것에 거부감이 없어야 좋겠죠. 계산에 능통할 필요는 없지만요. 저도 유전학자가 된 뒤로 계산을 한 적은 없지만, 그래도 이를테면 확률 같은 개념에 친숙하면 좋겠죠.

마음도 항상 열려 있어야 해요. 유전학자가 시야가 좁으면 연구 효과를 극대화할 수가 없어요. 유전학은 도구이지만 흥미로운 생물학적 문제에 써야 해요. 제가 아는 크게 성공한 유전학자분들은 세포생물학, 생리학, 생화학에 관해서도 책을 엄청나게 많이 읽으세요. 그 분야에 전문가가 되어야 해서가 아니라 그 분야를 두려워하지 않기 위해서예요. 그런 분야의 연구 업적을 가져다 내가 아는 분야에 접목시켜 보세요. 뜻밖의 발견은 그렇게 얻어지는 때가 많아요.

그 외에는 특별한 자질이 필요하다는 생각은 안 들어요. 아인슈타인 같은 천재라야 유전학자로 성공하는 건 아니에요. 지금은 오히려 쉬워졌어요. 유전학 기술이 워낙 빨리 발전하다 보니까, 시간이 없어서 해결하지 못한 흥미로운 문제들이 산적해 있어요. 그런 문제에 관심만 있다면 도구는 얼마든지 가져다 쓸 수 있어요. 흥미로운 것들을 발견할 확률은 아주 높아요.

… 앞으로 또 어떤 도전이 기다리고 있을까요?

이런 중요한 프로젝트를 지휘하다 보면 다음에 어떤 일이 일어날지 예상하기 힘들어요. 지금 맡은 역할이 끝나고 다른 사람이 뒤를 이을 때가 오겠죠. 그리고 제 마음이 끌리는 다른 일이 생길 테고요. 그때를 어떻게 대비해야 할지는 저도 몰라요. 지금 하는 일에 아주 만족하기 때문에 그때 일을 걱정할 틈이 없어요. 지금 이 일을 하리라고는 상상도 못했으니까 다음에 할 일도 지금으로서는 상상할 수 없는 일일 거예요.

자신의 미래를 너무 구체적으로 정하는 것은 정말 좋지 않다는 걸 일찌감치 알게 됐어요. 열다섯 살에 상상한 미래의 모습 그대로 사는 사람을 저는 본 적이 없어요. 미래의 모습은 변하기 마련이라고 생각하는 게 좋겠죠. 그 변화를 계기로 예전에는 생각도 못한 것을 해볼 수 있을 거예요. 그게 늘 새롭게 사는 방법이고, 늘 재미있게 사는 방법이죠. 늘 영감을 얻는 방법이고요. 그건 이 나라에 사는 우리들에게 굉장한 특권이에요.

… 21세기에는 미국에 어떤 도전이 있으리라고 예상하세요?

앞으로 5년 또는 10년 앞을 내다보기는 참 어려운 일이에요. 20년 전에 제가 알았던 것을 생각해 보면, 그때로서는 지금 벌어지는 일을 예상할 수 없었으리라는 생각이 들어요. 우리는 자유세계를 이끄는 지도자로서 우리 책임을 다해야겠죠. 그리고 우리가 우리 국민을 어떻게 대하는가도 곰곰이 생각하면서, 우리가 외면하는 불평등 문제를 뿌리 뽑아야 한다고 생각해요. 선입견과 관련한 불평등이죠. 우리에겐 늘, 우리는 우월하고 다른 사람은 우리보다 못하다고 생각할 구실을 찾아내요.

저는 유전학자로서 인종이라는 것은 원래 존재하지 않는다고 말할 수 있는 때가 오길 기대해요. 관련 자료도 모두 확보할 수 있을 테니까요. 인종은 사회적 산물이거나 문화적 산물일지는 몰라도 과학적 산물이 아닌 것만은 분명해요. 그것과 관련해서 일반적인 사실은 이미 밝혀졌지만, 자세한 사실도 곧 밝혀질 거예요. 반가운 소식이죠. 그 문제는 우리가 대면하기 꺼려하는 우리 사회의 고질적인 병폐니까요. 그리고 21세기에 그 문제를 최우선 과제로 삼아 거기에 집중할 수 있다면 더없이 좋은 일이죠.

의사인 제가 보기에 불평등은 이 외에도 아주 많아요. 4,000만 명이 아무런 의료혜택도 받지 못하는 현실은 정말 참담하죠. 이 분야의 자원 분배는 문명화된 국가 중에 우리가 가장 낮은 수준이에요. 당혹스러운 일인데도 해마다 이런 현실을 그냥 받아들이면서, 우리 의료 체계가 얼마나 훌륭한가를 떠들어 댑니다. 하지만 그런 의료혜택은 돈 있는 사람 이야기지, 돈 없는 사람에게는 소용없는 일이죠. 정의를 내세우는 나라와는 도무지 어울리지 않는 일이에요. 의료혜택을 받는 것은 특권이 아니라 권리라고 생각해요. 우리는 그 권리를 모든 사람에게 공평하게 제공하지 않고 있어요.

자유세계의 지도자에다 훌륭한 자원까지 지닌 나라라면 연구에 더 많은 투자를 해야 해요. 제 분야의 연구만을 말하는 것이 아니에요. 모든 종류의 연구를 장려해야 해요. 우주, 물리, 화학, 공학에서 진행되는 일들이 모두 흥미진진해요. 이런 분야가 앞으로 어떻게 서로 맞물릴지 지금은 전혀 알 수가 없어요. 여기에 더 많은 가치를 부여해야 해요. 우리는 지금 전쟁을 치르고 있지 않아요. 심각한 적군도 없어요. 역사적으로 볼 때, 미래를 계획하는 일에 더 많은 가치를 부여해야 하는 때가 있다면 지금이 바로 그때예요.

… 처음 이 일을 시작하는 계기를 제공해 준 사람이 있었나요? 박사님을 지켜보고 또한 믿어준 사람은 누구인가요?

대학 4학년 때, 제게는 인생조언자가 한 분 계셨어요. 예일대학에서 조교수로 갓 부임해 오신 분이었어요. 그분은 제 졸업연구 계획을 검토하시고는 아주 많은 시간을 함께 보내면서, 당시 제가 관심이 많았던 양자역학의 이론적 계산에 관한 문제들을 이해하도록 도와주셨어요. 그분 덕에, 내게는 단지 다른 사람의 생각을 모방하는 능력만이 아니라 가끔은 스스로 생각해내는 능력도 있다는 자신감을 갖게 되었죠. 아주 중요한 일이었어요.

진로를 바꿔 의과대학에 진학해 분자생물을 공부하며 실험과 유전학에 몰두하면서부터는 제가 이제까지 만난 사람 중에 제일 뛰어난 분과 같은 실험실을 쓰는 행운을 누렸어요. 한 시간에 새로운 아이디어를 열 개나 내놓는 분이었죠. 그런데 그분은 사람들하고 소통하는 게 서툴렀어요. 꼭 다른 별에 사는 사람 같았죠. 처음 한 달 동안은 그분 이야기를 한마디도 못 알아들었던 것 같아요. 분명히 영어로 말하는데, 통 알아들을 수가 없는 거예요. 그런데 운 좋게도, 그분 마음이 어떤 식으로 움직이는지, 그리고 어떻게 그렇게 독특한 연구를 하고 새로운 아이디어를 내놓는지 알아볼 기회가 생겼어요.

그분 방식은 영감을 불어넣고, 마음을 열게 하고, 직접적 해법을 가로막는 모든 제약을 제거하는 방식이었어요. 누군가가 "그건 당신이 할 수 있는 실험이 아니다"라고 하면, 그분은 "왜? 전에 아무도 했던 사람이 없어서?"라고 되묻죠. 그분은 저를 정말 그렇게 가르치셨어요.

… 나중에 할아버지가 되어 손자 손녀들을 앉혀놓고 책을 읽어주신다면, 어떤 책을 읽어주시겠어요?

분명히 《곰돌이 푸》나 《오즈의 마법사》를 들고, 내 어린 시절에 다시 귀를 기울이면서 그걸 새롭게 만들어 아이들에게 들려주고 싶을 거예요.

… 성인이 되었을 때 박사님에게 큰 영향을 끼친 책이 있나요?

여러 권 있어요. 제 삶을 획기적으로 바꿔놓은 책은 옥스퍼드대학 학자인 C. S. 루이스가 쓴 책일 거예요. 사실 과학이 아니라 신앙에 관한 책이에요. 저는 스물일곱 살 때 인턴 과정을 밟고 있었는데, 꽤나 오만한 무신론자였죠. 그때 문득 이런 생각이 들더군요. '내 인생에서 어떤 결정을 내릴 때는 항상 자료를 모아 그것을 자세히 검토했는데, 왜 유독 한 가지 아주 중요한 결정만큼은 그걸 생략했을까?' 그건 "하나님을 믿는가, 믿지 않는가?"라는 문제였어요.

그 문제에 관해서는 제대로 된 기초 지식이 없던 터라 대학에 갔을 때, 신앙은 과거 미신의 잔재이고 지금은 그것을 뛰어넘었다고 말하는 사람들과 토론을 할 수가 없더군요. 저는 그 말이 맞을 거라고 생각했고, 그 견해를 지지하기도 했어요. 스물일곱에, 그것도 인턴을 하면서, 일어나지 말았어야 할 끔찍한 이유로 죽어가는 젊은이도 보고, 이런저런 복잡한 일들을 수없이 지켜보던 젊은이로서는 답이 없어 보이는 두려운 질문을 도저히 피해 갈 수 없었죠. 그래서 해결해야겠다고 결심했어요.

어떤 분이 제게 C. S. 루이스가 쓴 《순전한 기독교》라는 작은 책을 알려주었어요. 저는 신앙은 비이성적이라고 굳게 믿으면서 나름대로 논리를 폈는데, 제 논리가 그 책에 다 나왔더군요. 그리고 그 논리가 얼마나 허점투성이인가를 증명해 보였어요. 게다가 그 논리를 뒤집어, 주위의 증거를 볼 때 믿음을 선택하는 것이 가장 이성적인 결론이라는 확신을 심어주었죠. 그건 일종의 충격적인 계시 같은 것이었고, 일 년 가까이 심각하게 고민하다가 결국 받아들이기로 결심했어요. 저는 지금도 이따금씩 그 책을 다시 읽으면서, 그곳에서 진실을 찾아내요. 물론 루이스가 그 진실을 처음 발견한 건 아니에요. 다만 그분은 감정상 신앙을 받아들이려 하지 않는 사람들에게 그 진실을 대단히 설득력 있게 표현하죠. 저도 그런 사람이었고요.

… 성취에 대해, 젊어서는 몰랐지만 지금은 알게 된 것이 있다면 무엇인가요?

무언가를 성취하려면, 내가 짜릿한 흥분을 느낄 수 있는 분야를 찾아야 해요. 물론 한 번도 좋아한 적 없는 분야에서 상당한 성취를 이루는 사람도 있지만, 그런 사람은 말하자면 그렇게 해야만 했던 사람들이죠. 우리 미국인은 아주 운이 좋은 사람들이에요. 선택권이 있으니까요. 사람들이 전부 다 성취를 하는 건 아니지만, 어쨌거나 성취하는 사람들이 있잖아요.

내가 가진 자원을 충분히 활용하려면 내가 하는 일에 홀딱 반해야 해요. 한참 자랄 때는 내가 홀딱 반할 일이 어떤 일일지 몰랐죠. 좋아하는 일은 아주 많지만, 지금처럼 정말 편안함을 느낄 일을 찾을 수 있을지 확신이 서지 않았어요. 다른 사람들도 마찬가지일 거라 생각해요.

젊었을 때는 참 두렵죠. 내가 푹 빠질 만한 일을 절대 못 찾을 것 같고, 평생 상실감을 느낄 것 같고, 여전히 내 적성을 찾지 못한 것 같고, 어쩌면 내게 맞는 일은 아예 없을 것도 같으니까요. 하지만 언젠가는 나타나죠. 그건 성취 방정식에서 아주 중요한 부분이에요.

결심을 해야 한다면, 필요할 경우 밤 1시까지 앉아서, 의미 있는 결과를 얻을 때까지 몇 번이고 실험을 하는 겁니다. 저는 어렸을 때 그렇게 몰두하거나 열심히 해본 적은 없어요. 내가 좋아하는 어떤 일에서 무언가를 얻으려면 그게 꼭 필요한데 말이죠.

어렸을 때는 자신에게 초점을 맞추게 마련이죠. 제가 또 하나 깨달은 건 성취다운 성취를 이루려면 다른 사람과 함께 일하든가 다른 사람의 도움을 받아야 한다는 것이에요. 제가 직접 경험한 사실이죠. 결과가 좋은 일은 하나같이 여러 동료나 친구들과 협력해서 했던 일이었어요. 여럿이 함께 일하면 혼자 일할 때보다 훨씬 더 의미 있는 결과가 나오죠. 혼자 힘으로만 위대한 업적을 이룬 사람도 더러는 있겠지만 많지는 않을 거예요. 저는 그런 사람이 되고 싶지 않아요. 지금도 다른 사람들과 같이 일하는 걸 좋아하죠.

… 20세기에 가장 중요한 문서는 무엇이라고 생각하시나요?

아무래도 제가 과학자이니 제 분야를 생각하게 되는데요. 20세기에 가장 중요한 문서는 1953년 4월 25일 《네이처》에 실린 한 페이지 글이라고 할 수 있을 겁니다. 제임스 왓슨과 프랜시스 크릭이 생명체를 구성하는 DNA 이중나선 구조를 밝힌 글이죠. 그 글이 실린 뒤로 모든 것이 바뀌었어요. 그 아름다운 구조는 생명이 존재하는 방식의 아주 중요한 특징들을 곧바로 아주 장황하게 설명해주었거든요.

시간이 흐른 뒤에도 그 문서가 20세기 과학에서 가장 중요한 문서가될 거예요. 그리고 21세기 상반기에 가장 중요한 문서는 인간게놈 서열을 밝힌 우리 몸의 설계도, 우리의 청사진이라고 믿고 싶네요. 아주 방대한 문서죠. 그걸 모두 출력해서 보관하려면 저장 공간이 아주 많이 필요할 거예요. 문서의 중요성으로 치면, 그걸 따를 게 없죠.

… 박사님께서는 아메리칸드림이 어떤 의미를 가질까요?

내게 영감을 주는 분야를 따라가는 기회예요. 집안 배경이나 내가 가진 자원의 정도에 상관없이, 내가 끌리는 흥미로운 분야를 배우고 추구하는 기회죠. "당신한테는 맞지 않는 일이다"라고 말하는 부당한 규칙에 방해받지 말아야 해요.

아메리칸드림이 곧 현실이 될 때가 많지만, 우리는 그보다 더 잘할 수도 있어요. 꿈은 곧 현실이라고 말하는 게 제게는 어려운 일이 아니에요. 어렸을 때 우리 식구들은 배움을 중요하게 여겼어요. 저는 거의 태어나는 순간부터 훌륭한 기회를 많이 접했죠. 하고 싶은 일을 못할 정도로 심각하게 아팠던 적도 없었어요. 가족은 안정적이어서, 부모님은 곧 66번째 결혼기념일을 맞이하실 거고요. 대단한 축복이죠. 사람들이 다 그런 축복을 받는 건 아니잖아요. 아메리칸드림은 바로 그런 기회를 계속 가능하게 만드는 것이라고 생각해요.

… 부모님께서는 지금 박사님의 모습을 어떻게 생각하시나요?

부모님은 무척 개방적이고, 생명의 신비에 관해서라면 어떤 분야든 아주 좋아하세요. 아들 하나가 다른 세 아들과 달리 어쩌다 과학과 의학에 흥미를 붙였죠. 부모님은 그걸 아주 좋아하세요. 그래서 늘 100퍼센트 지지를 보내주시죠. 유전학에 관해서라면 손에 넣을 수 있는 정보는 전부 가져다 읽으세요. 그랬다가 제가 전화하거나 찾아뵈면 그 주제로 이야기를 하고 싶어 하세요. "요전에 나온 유방암 유전자 기사는 무슨 얘기냐? 낭포성섬유증 유전 치료는 오늘 어찌 됐어?" 아주 대단한 팬이시죠. 인간에 대한 부모님의 굉장한 관심을 보여주는 것이기도 해요. 그건 일찍부터 제게 가르쳐주신 것이죠. 세상을 좁은 시야로 바라보면서 만족해하는 사람도 아주 많아요. 그게 편하니까요. 하지만 부모님은 제게, 그렇게 살면 잃어버리는 게 많다고 가르쳐주셨죠.

아주 특별한 대화였습니다. 대단히 감사합니다.

— 〈아메리칸 드림〉 1998. 5. 23.

옮긴이의 말

우주와 생명의 신비 뒤에 숨은 '배후세력'을 찾아서

 사람들을 만났을 때, 상대의 성향을 확실히 알지 않는 한 피하게 되는 이야기가 있다. 하나는 정치요, 하나는 종교다. 이 분야에서 성향이 다른 사람들끼리 이야기를 나누다보면 핏대를 올리거나, 혀를 끌끌 차거나, 적어도 씁쓸한 기분으로 돌아서기 십상이다. 사실 서로 간의 불신이나 대립은 정치보다도 종교가 더 심각하다. 아주 고질적이라는 점에서, 국경이 따로 없다는 점에서, 그리고 그 폐해가 아주 심각할 수 있다는 점에서 그러하다.

 이런 대립과 갈등은 비단 종교가 다른 사람들 사이에서, 그리고 종교인과 비종교인 사이에만 일어나는 문제는 아니다. 종교가 같은 사람들 사이에서도, 그리고 종교계와 과학계 사이에서도 이런 문제가 흔히 발생한다.

 이 책을 쓴 콜린스 박사는 불가지론자에서 무신론자로, 그리고 다시 하나님을 믿는 신앙인으로 전향한 사람이다. 그러다 보니 비종교인이 종교를 삐딱하게 바라보는 시선을 누구보다도 잘 안다. 그런데 재미있는 사실은 그가 세계 최고의 유전학자라는 점이다. 그것도 화학, 물리, 생물, 의학을 두루 섭렵한 과학계의 팔방미인이다. 이런 과학자가 바라보는 종교는 어떤 모습일까?

종교와 과학에 깊이 발을 담근 저자에게는 두 분야의 고질적 불화가 갑갑하고 안타깝기만 하다. 무턱대고 하나님을(또는 다른 신을) 비호감 목록에 올려놓은 하나님의 안티 팬들. 과학은 종교에 해가 된다고 생각하는, 그래서 종교는 비과학적이라고 말하는 꼴이 되어버린 하나님의 주먹구구식 열혈 팬들. 이들을 보다 못해 콜린스 박사님이 한마디 하신다. 안티 팬들이여, 하나님의 존재를 진지하게 고민해본 적이 있는가? 주먹구구식 열혈 팬들이여, 과학을 알기는 아는가?

사실 모든 종류의 대립과 갈등은 상대를 제대로 이해하지 못해서, 또는 이해할 마음조차 없어서 생기는 경우가 많다. 종교도 마찬가지다. 콜린스 박사는 신앙에 회의를 품는 비종교인들에게 잘못된 '사람'을 보지 말고 참된 '하나님'을 보라고 말한다. 인간의 이성을 강조하는 과학에 거부감을 느끼는 종교인들에게는 과학을 하나님에 대한 '도전'으로 보지 말고 하나님의 놀라운 창조력을 보여주는 '증거'로 보라고 말한다.

저자도 처음에는 하나님을 믿지 않았지만, 우주와 생명의 비밀을 알면 알수록 그 신비로움과 경이로움을 이해하기에 자연의 법칙은 뭔가 부족했다. 그 비밀이 수학, 물리, 화학, 생물학을 동원해도 풀리지 않아서가 아니라, 오히려 과학적 법칙에 따라 극도로 정교하게 맞물려 돌아가는 통에, 그것을 설명하려면 '자연스럽다'거나

'우연'이라는 말로는 턱없이 부족하다. 과학자들이 독실한 신앙인이 되는 경우도 대개 이 때문이다. 물론 과학적으로 설명이 가능하기에 더욱 신을 믿지 않기도 한다.

콜린스 박사는 과학계에서 이제까지 발견한, 그리고 그가 직접 알아낸 사실들을 열거하며, 독자들에게 한번 진지하게 생각해보라 한다. 가령 인간은 탁월한 지적 능력으로 우주의 대폭발을 알아냈지만, 그것에 얽힌 신비를 풀다보면 단순히 '거듭된 우연'으로만 해석하기에는 고개가 설레설레 흔들어지는 구석이 한둘이 아니다. 스티븐 호킹 박사도 우주의 대폭발에서 '종교적 암시'를 읽었고 '초자연적 존재'를 상상했다. 생명체의 미세한 게놈을 연구해도 마찬가지다. 그 신비로움에 빠져들다 보면 자연선택이나 적자생존에 숨은, 우연을 가장한 '배후세력'을 의심하지 않을 수 없다.

콜린스 박사는 그 배후로 하나님을 '지목'한다. 그가 총감독을 맡고 있는 인간게놈 프로젝트는 그에게 "하나님이 생명을 창조할 때 사용한 DNA 언어"를 해독하는 일이며, 다윈의 진화론은 하나님의 놀라운 설계 능력을 보여주는 증거물이다. 그리고 여기에 과학으로 설명할 수 없는 한 가지가 더 있다. 인간의 마음속에 보편적으로 존재하는, 옳고 그름을 판단하는 '도덕법'이다. 저자에게 도덕법은 하나님의 존재를 확신케 하는 결정적 증거가 된다.

콜린스 박사는 이 책의 목적을 "현대 과학에 대한 이해가 신에 대한 믿음과 조화를 이룰 수 있는 방법을 고민하는 것"이라고 했다. 놀랍게도 과학 선진국인 미국에서, 전 국민의 3분의 2가 다윈의 진화론을 부정하거나 판단을 유보했다. 저자는 모든 생명과학의 토대가 되는 진화론을 하나님에 대한 도전으로 여기는 일부(또는 다수) 종교인들의 태도는 제 무덤을 파는 몰상식한 행태라고 지적한다. 창조론, 지적설계론도 어설픈 근거로 유신론을 옹호하는 탓에 되레 무신론자들의 비웃음을 살 뿐이다. 과학을 아예 부정하든 과학을 적극 이용하든, 이들 모두가 과학을 제대로 이해하지 못해 과학과 종교 간의 불필요한 불화를 조장한다.

저자는 비종교인에게도 간곡히 권한다. 하나님을 거부하더라도 한번 진지하게 고민이나 해보라고. 막연히 "알고 싶지 않다"는 이유로 거부한다면, 무턱대고 하나님을 맹신하는 것과 무엇이 다른가? 그리고 불가지론이 힘을 얻으려면 "신의 존재를 인정한다거나 부정한다는 모든 증거를 충분히 검토한 뒤에 도달한 것이라야 한다"고 말한다. 그러면서 알베르트 아인슈타인의 말을 들려준다. "종교 없는 과학은 절름발이이며, 과학 없는 종교는 장님이다."

콜린스 박사는 그리스도인이지만, 타 종교를 배척하지 않는다. "어느 한 가지 신앙을 가진 사람이 타인의 영적 경험을 무시하는 경우를 볼 때면 한숨이 절로 나온다. 안타까운 일이지만 특히 그리스도인들이 이런 성향을 보인다. 개인적으로 나는 예수 그리스도 안에 나타난 하나님의 계시가 내 믿음의 핵심일지언정, 다른 영적 전통에서도 많은 것을 배우고 그것을 존중한다." 단지 그리스도인이나 비종교인뿐만 아니라 타 종교인도 이 책을 읽어볼 가치가 있음을 보여주는 부분이다.

아울러 〈부록〉에는 인간게놈 프로젝트를 총 지휘하는 사람으로서, 연구 과정에서 느끼고 체험한 생명윤리 문제를 전문적이면서도 대단히 흥미롭게 설명한다. 유전자 조작, 인간 복제와 같은 말에 지레 거부감을 느끼는 사람들, 유전자 과학이 많은 난치병을 치료해주리라는 낙관적인 기대로 부푼 사람들 모두가 꼭 읽어봐야 할 대단히 유익한 글이다.

경이로운 자연과 생명을 보며 그것을 '신의 언어'로 해석하든 '인간의 언어' 또는 '자연의 언어'로 해석하든 그것은 우리 독자의 몫일 것이다. 하지만 일단 그 언어를 자세히 들여다보자. 인간게놈 프로젝트로 인간 유전자 지도를 완성한 세계적인 유전학자의 안내를 따라서.

주석

머리말

1 R. Dawkins, "Is Science a Religion?", *The Humanist* 57(1997): 26-29.

2 H. R. Morris, *The Long War Against God* (New York: Master Books, 2000).

1 과학과 신앙의 간극

1. 무신론에서 믿음을 갖기까지

1 C. S. Lewis, "The Poison of Subjectivism," in *C. S. Lewis, Christian Reflections*, edited by Walter Hooper (Grand Rapids: Eerdmans, 1967), 77.

2 J. Chittister in F. Franck, J. Roze, and R. Connolly (eds.), *What Does It Mean To Be Human? Reverence for Life Reaffirmed by Responses from Around the World* (New York: St. Martin's Griffin 2000), 151.

3 C. S. Lewis, *Mere Christianity* (Westwood: Barbour and Company, 1952), 21.

4 S. Vanauken, *A Severe Mercy* (New York: HarperCollins, 1980), 100.

2. 세계관 전쟁 한가운데

1 P. Tillich, *The Dynamics of Faith* (New York: Harper & Row, 1957), 20.

2 C. S. Lewis, *Surprised by Joy* (New York: Harcourt Brace, 1955), 17.

3 S. Freud, *Totem and Taboo* (New York: W. W. Norton, 1962).

4   A. Nicholi, *The Question of God* (New York: The Free Press, 2002).

5   C. S. Lewis, *Mere Christianity* (Westwood: Barbour and Company, 1952), 115.

6   A. Dillard, *Teaching a Stone to Talk* (New York: HarperPerennial, 1992), 87-89.

7   Alister McGrath, *The Twilight of Atheism* (New York: Doubleday, 2004), 26쪽에 인용된 볼테르(Voltaire)의 말.

8   C. S. Lewis, *The Problem of Pain* (New York: MacMillan, 1962), 23.

9   상동, 25.

10 상동, 35.

11 상동, 83.

12 D. Bonhoeffer, *Letters and Papers from Prison* (New York: Touchstone, 1997), 47.

13 C. S. Lewis, *Miracles: A Preliminary Study* (New York: MacMillan, 1960), 3.

14 상동, 167.

15 J. Polkinghorne, *Science and Theology—An Introduction* (Minneapolis: Fortress Press, 1998), 93.

2 인간 존재에 관한 심오한 질문들

3. 우주의 기원

1   E. Wigner, "The Unreasonable Effectiveness of Mathematics in the Natural Sciences," *Communications on Pure and Applied Mathematics* 13, no. 1 (Feb. 1960).

2   S. Hawking, *A Brief History of Time* (New York: Bantam Press, 1998), 210.

3   R. Jastrow, *God and the Astronomers* (New York: W. W. Norton, 1992), 107.

4   상동, 14.

5   Hawking, *Brief History*, 138.

6   철저하고 엄격한 수학적 논리로 이 원칙을 조목조목 열거한 내용은 J. D. Barrow and F. J. Tipler, *The Anthropic Cosmological Principle* (New York:

Oxford University Press, 1986)을 참조할 것.

7   I. G. Barbour, *When Science Meets Religion* (New York: HarperCollins, 2000).

8   Hawking, *Brief History*, 144.

9   Barrow and Tipler, *Principle*, 318쪽에 인용된 프리먼 다이슨(F. Dyson)의 말.

10 M. Browne, "Clues to the Universe's Origin Expected (*New York Times*, March 12, 1978)"에 인용된 아노 펜지어스(A. Penzias)의 말.

11 J. Leslie, *Universes* (New York: Routledge, 1989).

12 Hawking, *Brief History*, 63.

13 John Hammond Taylor, S.J.가 번역하고 주석을 단 Saint Augustine, *The Literal Meaning of Genesis* (New York: Newman Press, 1982), 1:41.

4. 미생물, 그리고 인간

1   W. Paley, *The Works of William Paley*, edited by Victory Nuovo and Carol Keene (New York: Thoemmes Continuum, 1998)

2   C. R. Woese, "A New Biology for A New Century," *Microbiology and Molecular Biology Reviews* 68 (2004): 173-86.

3   D. Falk, *Coming to Peace with Science* (Downers Grove: Intervarsity Press, 2004).

4   C. R. Darwin, *The Origin of Species* (New York: Penguin, 1958), 456.

5   B. B. Warfield, "On the Antiquity and the Unity of the Human Race," *Princeton Theological Review* 9 (1911): 1-25.

6   Darwin, *Origin*, 452.

7   상동, 459.

8   Kenneth R. Miller, *Finding Darwin's God* (New York: HarperCollins, 1999), 287쪽에 인용된 다윈의 말.

5. 신의 설계도 해독하기

1   R. Cook-Deegan, *The Gene Wars* (New York: Norton, 1994).

2   J. E. Bishop and M. Waldholz, *Genome* (New York: Simon & Schuster, 1990); K. Davies, *Cracking the Genome* (New York: Free Press, 2001); J. Sulston and F. Ferry, *The Common Thread* (Washington: Joseph Henry Press, 2002); I. Wickelgren, *The Gene Masters* (New York: Times Books, 2002); J. Shreeve, *The Genome War* (New York: Knopf, 2004).

3   T. Dobzhansky, "Nothing in Biology Makes Sense Except in the Light of

Evolution," *American Biology Teacher* 35(1973): 125-29.

3 과학에 대한 믿음, 신에 대한 믿음

6. 창세기, 갈릴레오, 그리고 다윈

1 Saint Augustine, *The City of God* XI.6.

2 Saint Augustine, *The Literal Meaning of Genesis* 20:40.

3 A. D. White, *A History of the Warfare of Science with Theology in Christendom* (New York, 1898); www.santafe.edu/~shalizi/ White 참조.

4 http://en.wikipedia.org/wiki/Galileo_Galilei 참조.

5 Augustine, *Genesis* 19:39.

6 Galileo, letter to Grand Duchess Christina, 1615.

7. 첫 번째 선택, 무신론과 불가지론

1 Saint Augustine, *Confessions* Ⅰ.i.1.

2 E. O. Wilson, *On Human Nature* (Cambridge: Harvard University Press, 1978) 192.

3 R. Dawkins, "Is Science a Religion?", *The Humanist* 57(1997): 26-29.

4 S. Clemens, *Following the Equator* (1897).

5 R. Dawkins, *The Selfish Gene*, 2nd ed. (Oxford: Oxford University Press, 1989), 198.

6 상동, 200-201.

7 S. J. Gould, "Impeaching a Self-Appointed Judge" (review of Phillip Johnson's *Darwin on Trial*), *Scientific American* 267 (1992): 118-21.

8 *The Encyclopedia of Religion and Ethics*, edited by James Hastings(1908)에 인용된 헉슬리(T. H. Huxley)의 말.

9 http://en.wikipedia.org/wiki/Charles_Darwin%27s_views_on_ religion 참조.

8. 두 번째 선택, 창조론

1 B. B. Warfield, *Selected Shorter Writings* (Phillipsburg: PRR Publishing, 1970), 463-65.

9. 세 번째 선택, 지적설계론

1. 지적설계론에 관한 상세한 정보는 다음 책을 참조할 것. W. A. Dembski and M. Ruse, eds., *Debating Design: From Darwin to DNA* (Cambridge: Cambridge University Press, 2004)

2. 이 예는 다음 책에서 더욱 상세히 다루었다. K. R. Miller, *Finding Darwin's God* (New York: HarperCollins, 1999), 152-61.

3. C. Darwin, *The Origin of Species* (New York: Penguin, 1958), 171.

4. K. R. Miller, "The Flagellum Unspun," in Dembski and Ruse, *Debating Design*, 81-97.

5. Darwin, *Origin*, 175.

6. W. A. Dembski, "Becoming a Disciplined Science: Prospects, Pitfalls, and Reality Check for ID" (keynote address, Research and Progress in Intelligent Design Conference, Biola University, La Mirada, Calif., Oct. 25, 2002).

7. W. A. Dembski, *The Design Revolution* (Downers Grove: Intervarsity, 2004), 282.

8. R. Dawkins, *River Out of Eden: A Darwinian View of Life* (London: Weidenfeld and Nicholson, 1995).

10. 네 번째 선택, 바이오로고스

1. 해당 예는 다음 책을 참고할 것. R. C. Newman, "Some Problems for Theistic Evolution," *Perspectives on Science and Christian Faith* 55 (2003): 117-28.

2. Pope John Paul II, "Message to the Pontifical Academy of Sciences: On Evolution," Oct. 22, 1996.

3. Cardinal Christoph Schönborn, "Finding Design in Nature," *New York Times*, July 7, 2005.

4. T. Dobzhansky, "Nothing in Biology Makes Sense Except in the Light of Evolution," *American Biology Teacher* 35 (1973): 125-29.

5. C. S. Lewis, *The Problem of Pain* (New York: Simon & Schuster, 1996), 68-71.

11. 진리를 찾는 사람들

1. C. S. Lewis, *Mere Christianity* (Westwood: Barbour and Company, 1952), 50.

2. L. Strobel, *The Case for Christ* (Grand Rapids: Zondervan 1998); C. L. Blomberg, *The Historical Reliability of the Gospels* (Downers Grove:

Intervarsity, 1987); G. R. Habermas, *The Historical Jesus: Ancient Evidence for the Life of Christ* (New York: College Press, 1996).

3   F. F. Bruce, *The New Testament Documents, Are They Reliable?* (Grand Rapids: Eerdmans Publishing Co., 2003).

4   Lewis, *Mere Christianity*, 45.

5   A. Einstein, "Science, Philosophy and Religion: A Symposium" (1941).

6   J. Polkinghorne, *Belief in God in an Age of Science* (New Haven: Yale University Press, 1998), 18-19.

7   D. G. Frank, "A Credible Faith," *Perspectives in Science and Christian Faith* 46 (1996): 254-55에 인용된 코페르니쿠스의 말.

부록 | 생명윤리학, 과학과 의학의 도덕적 실천

1   수전과 그 가족이 경험한 이야기는 M. Waldholz, *Curing Cancer* (New York: Simon & Schuster, 1997), 2-5장에 자세히 나와 있다.

2   T. L. Beauchamp and J. F. Childress, *Principles of Biomedical Ethics*, 4th ed. (New York: Oxford University Press, 1994).

3   D. L. Hamer, *The God Gene* (New York: Doubleday, 2004).

찾아보기

ㄱ

가설 36, 64, 69, 80, 84~86, 94~95, 97, 100, 145, 192, 204, 295
가짜 유전자 141~142
가톨릭교회 47, 65, 158
갈라파고스제도 101
갈릴레오 65, 90, 149, 157~161
강한 핵력 78~79
개미 집단 34
개인적 불신에 근거한 주장 188
게놈 24, 113~114, 116~117, 120~122, 125, 127~128, 130~131, 134~138, 140~141, 144, 150, 179, 191, 200, 213, 241, 244, 249, 258~260, 262, 267, 269, 287, 289, 307
겸상적혈구빈혈증 24, 113, 283
계몽주의 166
고세균 95
고통 25~26, 28, 32, 33, 39, 41, 49, 50~54, 113, 126, 212, 223, 224, 232, 241, 258, 287
공룡 100, 152, 176
교황 요한 바오로 2세 160, 201, 204
교황 피우스 12세 87
교황청과학아카데미 204
그레고어 멘델 105
그리스도교 26, 47, 55, 87, 150, 153, 155, 158~159, 170, 175, 189, 201, 222, 224, 228, 245
기도 9, 58, 122, 164, 212, 216, 220~221, 234
　기본 신념 184
기적 Guattari, Félix 39, 50~51, 54~60, 70, 209, 211, 218

ㄴ

난소암 240
낭포성섬유증 연구 119, 287
네안데르탈인 101
닐스 보어 Niels Bohr 22, 84

ㄷ

다니엘 데닛 Daniel C. Dennett 165, 186
다윗(성경의 인물) 81, 85
다중우주설 80

단백질 합성 114, 120, 128, 130, 137
당뇨병(유형1) 249
대럴 포크 Darrel Falk 176
대진화 135~136, 175
대파멸 71
대폭발 68, 70~73, 77~78, 80~82, 85~87, 154, 309
도덕법 27~31, 35~36, 43~44, 46, 49, 60, 63, 76, 86, 144, 153, 169, 180, 202, 203, 209, 211, 220, 231, 244~246, 307
도덕적 악 51
도파민 260
도플러효과 69
돌리(복제 양) 246~248, 254~256
돌연변이 119, 131, 133~137, 139, 142, 143, 188, 190, 239, 240, 243, 261, 262, 269
동성애 261, 263
드레이크방정식 75
디스커버리학회 186
디트리히 본회퍼 Dietrich Bonhoeffer 53

ㄹ

라엘리안운동 255
라플라스 후작 83
랍치 추이 Lap-Chee Tsui 118
로버트 윌슨 Robert W. Wilson 70
로버트 재스트로 Robert Jastrow 72
로잘린드 프랭클린 Rosalind E. Franklin 106
루가복음 224, 227
루이스 C. S. Lewis 22, 27~28, 30, 33, 35, 40~41, 43~44, 49, 51, 55, 59, 168, 210~211, 218, 222, 225~226, 300~301
리보솜 108, 111, 109

리처드 도킨스 Richard Dawkins 9, 165, 167, 186

ㅁ

마르크스주의 48
마르틴 루터 158
마이모니데스 Maimonides 201
마이클 베히 Michael Behe 185, 187
마태오복음 222, 224, 228
마틴 루터 킹 46
막스 플랑크 Max Planck 84
말라리아 136, 215
매덜린 머레이 오헤어 Madalyn Murray O'Hair 164
매클린 매카티 Maclyn McCarty 106
면역성 266
모노아민산화효소A MAOA 262
모리스 윌킨스 Maurice Wilkins 106
모세(성경의 인물) 46, 54
무신론 p. 17, 21~22, 26~27, 34~36, 43, 45, 48, 53, 158, 163~169, 171~172, 181, 185~186, 197, 200, 206, 220, 230, 232, 258
무에서 시작된 창조 71, 140
무하마드(이슬람교의 예언자) 47, 54~55
물리적 악 51
미국과학연맹 American Scientific Affiliation 200
미국국립보건원 121

ㅂ

바버라 웨버 Barbara Weber 238
바이오로고스 BioLogos 199, 205~206
반물질 70~71, 77
방사능 붕괴를 이용한 연대측정 179
버제스셰일 화석 170

버즈 올드린 Buzz Aldrin 164
베드로후서 155
베르너 하이젠베르크 Werner K. Heisenberg 22, 84
베이즈 정리 55~57
벤저민 워필드 Benjamin Warfield 102, 181
보샴 T. L. Beauchamp 245
복제 24, 94~96, 108, 114, 138, 184, 192, 195, 246, 254~257, 266, 293, 308
볼테르 46
부활 55, 161, 222~224
불가지론 20~22, 71, 103, 149, 163~164, 170~173, 305, 308
불교 47, 87, 245
불안감 260
불확정성원리 66, 85, 87
브렌트 달림플 Brent Dalrymple 93
비만 256~266, 270
빈틈을 메우는 신 이론 196
빌 클린턴 6
빌라도 225

ㅅ

사성제 53
사회생물학 31, 33
산상설교 47
새로운 것을 추구하는 성향 260, 263
새뮤얼 모스 Samuel Morse 164
새뮤얼 윌버포스 Samuel Wilberforce 102
생명윤리학 237, 272
　생명의 기원 96~98, 146, 185
생식계열 DNA 267
생식복제 255~257
선천성대사이상 105
선행 245, 272

설계론(argument from design) 91, 111, 167
성 아우구스티누스 88, 165, 168, 177~178, 201
성격의 유전 가능성 258~263
성경 10, 43~44, 65, 72, 81, 83, 88, 153, 155~157, 159~161, 164, 166, 177~178, 180~181, 200, 207~209, 211, 217, 224, 233, 245
성장호르몬 267
성체줄기세포 247, 250, 255
세균의 편모 187, 194, 197
세로토닌 260
세포질 107~108, 255
셀레라 Celera 123~125
소진화 135~136, 175
소행성 충돌 100
쇤보른(Schonborn) 추기경 204
수정을 거치는 유전 104
수평적 유전자 전이 95
쉘던 베너컨 Sheldon Vanauken 37
스콥스의 '원숭이 재판' 104
스탠리 밀러 Stanley Miller 95
스티븐 제이 굴드 Stephen Jay Gould 10, 99, 170
스티븐 호킹 66, 68, 265, 307
시계공 비유 91
시편 81, 85, 159, 178
신 가설 85~86
신앙 6, 8~10, 17, 19, 25~27, 33, 40, 46~47, 53~54, 83, 88, 98, 100, 145~146, 149, 160~162, 165, 167~169, 171, 174, 177~178, 180, 197, 199~201, 203~204, 211~213, 219, 226, 228, 230, 232, 272~273, 292, 300, 306, 308
신은 희망사항이라는 이론 43~44

심프슨 G. G. Simpson 170
십자군 원정 47
쌍생아 연구 252, 258~259, 261, 263
쐐기 문서 186
쓰레기 DNA 114, 120, 130, 139, 176

ㅇ

아가페 35, 218
아노 펜지어스 Arno Penzias 70, 80
아맨드 니콜라이 Armand Nicholi 43
아사 그레이 Asa Gray 170, 201
아서 에딩턴 Arthur S. Eddington 236
아서 피콕 Arthur Peacocke 146
아이작 뉴턴 83, 166
아치볼드 개로드 Archibald Garrod 105
아폴로 11호(우주선) 164
아폴로 8호(우주선) 163
악행 금지 245, 272
알리스터 맥그래스 Alister McGrath 167
알베르트 아인슈타인 22, 84, 229, 308
암흑물질 71
암흑에너지 71
애니 딜라드 Annie Dillard 45
애리 패트리노스 Ari Patrinos 125
앤서니 플루 Anthony Flew 206
앨런 로막스 18
앨프레드 러셀 월리스 Alfred Russel Wallace 102
야고보서 234
약물유전학 242
약한 핵력 79
양심 31, 33, 50, 52, 259
양자 역학 66~67, 84
어니스트 러더퍼드 Ernest Rutherford 66
어셔 주교 156

언어 발달 29, 143
에드워드 윌슨 Edward O. Wilson 33, 167
에드윈 허블 Edwin P. Hubble 69
에리스로포이에틴 267
엔트로피 97
엘론 칼리지 18
엘리너 루스벨트 Eleanor Roosevelt 17
열역학 제2법칙 96~97, 176
염기 95, 106, 107~109, 110, 112~114, 120, 125, 134, 283, 285
염기쌍 108, 117, 125, 139
염색체 107, 116~117, 119, 128, 138~141, 143, 176, 238, 262, 267~268
염색체 건너뛰기 117
영성 10, 167, 233, 263
예수 그리스도 221, 224, 226~227, 308
오랑우탄 132, 141
오스카 쉰들러 31, 35
오즈월드 에이버리 Oswald T. Avery 106
오컴의 면도날 67, 81, 197
요나(성경의 인물) 211
요한복음 205, 224
욥기 178, 211
우주 11, 20, 22, 28, 35~37, 42, 51~52, 58, 63~66, 68~83, 85~87, 90, 93, 95~97, 104, 144, 146, 153, 157, 163~164, 173~176, 178~180, 198, 201~202, 206~207, 211~212, 219, 228, 230~231, 299, 305~307
원시 선 251
원시반복요소(ARE) 138~140
윌리스 램 Willis E. Lamb 67
윌리엄 뎀스키 William Dembski 185, 196
윌리엄 앤더스 William Anders 163
윌리엄 오컴 William of Ockham 67

윌리엄 윌버포스 William Wilberforce 46
윌리엄 페일리 William Paley 91, 152, 187
유대교 153, 201
유물론 42, 57~58, 60, 67, 143, 166, 171, 181, 186, 212, 218~219
유신론 36, 58, 67, 83, 87, 186, 201, 202~206, 208, 212, 308
유신론적 진화 201~206, 208, 212
유전암호 6, 23, 110, 133
유전자 7, 25, 33~34, 96, 105, 108, 111~120, 122~123, 126, 128~131, 136~138, 141~143, 167, 169, 176, 188, 190, 192, 200, 209, 237~240, 242~244, 248, 256, 260~265, 268~271, 285, 287~290, 293, 304, 308~309
유전자 복제 192
유전자연대 126
유전적 기초 115
유진 위그너 Eugene P. Wigner 68
의학유전학 24, 200, 237, 249
이동유전자 138~140, 154
이슬람교 47, 54, 87, 153, 201, 245
이신론 36, 220
이안 바버 Ian Barbour 80
이중나선구조 95, 96, 106~107, 121, 125, 213, 303
이타주의 31~35, 169, 173
인간 개선 265, 266, 270~271
인간게놈 6~8, 25, 113~115, 120~130, 138, 141~142, 228, 237, 241, 282, 284~286, 302, 307~309
인간게놈 프로젝트 7, 25, 114, 121~124, 126~127, 241, 282, 287, 307~309
인간의 혈액응고 191~193
인간이 아닌 영장류 34

인류 지향적 원칙(Anthropic Principle) 79, 83
일반상대성이론 69
임마누엘 칸트 63

ㅈ

자살폭탄테러 273
자연선택 34, 86, 102, 111, 131, 134, 143~144
자연주의 101, 167, 176, 218, 229
자유의지 49~52, 84, 86, 203, 232, 260
장 칼뱅 158
재조합된 DNA 110
적극적 무신론과 소극적 무신론 165
적극적 불가지론과 소극적 불가지론 172
적극적 묵인 22, 233
전도서 159
전령RNA(mRNA) 108~109
젊은지구창조론 174~180
제3유형의 분비장치 195
제임스 러벨 James Lovell 163
제임스 왓슨 James D. Watson 96, 106, 121, 303
조류독감 136
조안 치티스터 Joan Chittister 32
존 레슬리 John Leslie 82
존 폴킹혼 John Polkinghorne 50, 59, 229
종교재판 47, 159, 273
줄기세포 연구 249~250, 257
중력 29, 64, 69, 71, 73, 77, 79, 96, 103, 145
지구밖문명탐사계획(SETI) 연구소 76
지그문트 프로이트 43, 166
지능의 유전 가능성 261, 271
지적설계론 183~186, 189~191, 193~194, 196~197, 204, 308

지하드 47
진화론 9~11, 34, 101~104, 131, 134, 137, 144~145, 150~152, 155, 157, 160, 162, 166~168, 172~173, 177, 185, 188, 201, 204~205, 206, 208, 210, 212, 218, 307

ㅊ

착상 전 유전자진단(PGD) 268~269
착한 사마리아인들의 이야기 227
찰스 다윈 101, 134, 159
찰스 월컷 Charles D. Walcott 170
창세기 72, 87~88, 141, 151, 153~156, 160, 164, 174~175, 177~178, 207~209, 211
창조론 137, 174, 176~177
창조연구학회 175
천체물리학 64
체세포핵치환 248, 254~258
체외수정 252~253, 268~269
초신성 73~74
치료복제 256
칠드리스 J. F. Childress 245
침묵하는 돌연변이 133, 137
침팬지 130, 132, 140~142,

ㅋ

카를 마르크스 48
카스파제-12 142
카치니(Caccini) 신부 158
칼 워스 Carl Woese 94
캄브리아기 폭발 99, 152
케네스 밀러 Kenneth Miller 179
케플러 65, 90
코란 55, 153
콜린 매클라우드 Colin M. MacLeod 106

쿼크 66, 77
크레이그 벤터 John Craig Venter 7, 124
큰가시고기 135~137
클로로퀸 저항력 136
키케로 91

ㅌ

탈출기 54
태아 헤모글로빈 112~113
태양중심설(지동설) 90
테레사 수녀 32, 35
테오도시우스 도브잔스키 Theodosius Dobzhansky 144, 171, 201, 208
테이삭스병 269~270
토마스 아퀴나스 168
토머스 베이즈 Thomas Bayes 55
토머스 헉슬리 Thomas Henry Huxley 21, 102, 171~172
특이점 70

ㅍ

파울 틸리히 Paul J. Tillich 39
파킨슨병 249, 256
팽창 69, 71, 73, 77~78, 87
펜실베이니아 도버 교육위원회 183
편형동물 193
평행우주 81
폴 디랙 Paul Dirac 22
프랑스혁명 46, 166
프랜시스 크릭 Francis H. C. Crick 96, 106, 303
프랭크 드레이크 Frank Drake 74, 76
프랭크 보먼 Frank F. Borman 163
프리먼 다이슨 Freeman Dyson 80
프톨레마이오스 체계 158

필립 존슨 Phillips Johnson 185~186

ㅎ

하이젠베르크의 불확정성원리 85
해럴드 유리 Harold Urey 95
핵융합 73
헨리 모리스 Henry Morris 10, 175, 179
　형성 70, 71, 73~74, 77, 86, 186, 193, 197
호모 사피엔스 29
호빗 101
화석 기록 99, 100~101, 129, 131, 135, 175, 209
환원 불가능한 복잡성 184~185, 189, 191
힌두교 47, 87, 201

기타

《고백록(Confessions)》(아우구스티누스) 155, 165
《고통의 문제(The Problem of Pain)》(루이스) 49
《과학과 화해하기(Coming to Peace with Science)》(포크) 176
《기적(Miracles)》(루이스) 55
《네 가지 사랑(The Four Loves)》(루이스) 33
《눈먼 시계공(The Blind Watchmaker)》(도킨스) 167
《다윈의 블랙박스(Darwin's Black Box)》(베히) 185
《다윈의 신을 찾아서(Finding Darwin's God)》(밀러) 179
《도킨스의 신(Dawkins' God)》(맥그래스) 167
《돌에게 말하는 법 가르치기(Teaching a Stone to Talk)》(딜라드) 45
《두 가지 주요 세계 체계에 관한 대화 (Dialogue Concerning the Two Chief World Systems)》(갈릴레오) 159

《루이스 VS 프로이트(The Question of God)》(니콜라이) 43
《생명, 그 경이로움에 대하여(Wonderful Life)》(굴드) 99
《순전한 기독교(Mere Christianity)》(루이스) 27, 301
《시간의 역사(A Brief History of Time)》(호킹) 66, 68, 80
《신과 천문학자(God and the Astronomers)》(재스트로) 72
《신의 유전자(The God Gene)》(해머) 263~264
《심판대의 다윈(Darwin on Trial)》(존슨) 185
《악마의 사도(A Devil's Chaplain)》(도킨스) 167
《예기치 못한 기쁨(Surprised by Joy)》(루이스) 41
《오를 수 없는 산을 오르며(Climbing Mount Improbable)》(도킨스) 167
《이기적 유전자(The Selfish Gene)》(도킨스) 167
《이중나선(The Double Helix)》(왓슨) 106
《인간 본성에 관하여(On Human Nature)》(윌슨) 167
《인간의 유래(The Descent of Man)》(다윈) 102
《자연신학(Natural Theology)》(페일리) 91
《종교와 윤리 백과사전》 30
《종의 기원(Origin of Species)》(다윈) 102~103, 105, 134, 161, 211~212
《지구의 나이(The Age of the Earth)》(달림플) 93
《진리의 쐐기를 박다(The Wedge of Truth)》(존슨) 186
《진화, 신앙의 사이비 친구?(Evolution: The Disguised Friend of Faith?)》(피콕) 144
《창세기 홍수(The Genesis Flood)》 175

《문자 그대로의 창세기의 의미(The Literal Meaning of Genesis)》(아우구스티누스) 155
《토템과 터부(Totem und Tabu)》(프로이트) 43
BRCA1 유전자 238~239, 243, 269
CFTR 유전자 119
DNA 6~7, 23~24, 34, 58, 68, 94~97, 104, 106, 109~116, 118, 120~122, 127~135, 138~139, 141, 143~144, 176, 178, 192, 228, 240~243, 246, 248~249, 252, 254, 258~259, 261, 265~267, 269, 282~285, 288, 196, 303, 307
EDA 유전자 136
FOXP2 유전자 143
IGF-1 267
MYH16(단백질 합성) 142
RNA 23, 96~97, 108~110, 111, 114, 187
VMAT2 유전자 263
X염색체 116, 262
Y염색체 116, 262